高等院校土建类专业"互联网＋"创新规划教材

# 荷载与结构设计方法（第3版）

主　编　许成祥　何培玲

北京大学出版社

PEKING UNIVERSITY PRESS

# 内 容 简 介

本书参照国家最新规范及教育部原高等学校土木工程专业指导委员会对土木工程专业学生的基本要求和审定的教学大纲而编写。全书主要内容包括重力荷载、风荷载、地震作用、侧向压力、其他荷载与作用、荷载的统计分析、结构构件抗力的统计分析、结构可靠度分析与计算、概率极限状态设计法。各章除附有思考题和习题外，还附有教学目标和教学要求，便于教学使用。

本书可作为高等学校土木工程及相关专业的教材，也可作为相关从业人员的学习参考用书。

**图书在版编目(CIP)数据**

荷载与结构设计方法/许成祥，何培玲主编. —3 版. —北京：北京大学出版社，2023.6
高等院校土建类专业"互联网+"创新规划教材
ISBN 978-7-301-34095-0

Ⅰ. ①荷… Ⅱ. ①许…②何… Ⅲ. ①建筑结构—结构载荷—结构设计—高等学校—教材 Ⅳ. ①TU312

中国国家版本馆 CIP 数据核字（2023）第 106163 号

| | |
|---|---|
| 书　　　名 | 荷载与结构设计方法 （第3版） |
| | HEZAI YU JIEGOU SHEJI FANGFA（DI - SAN BAN） |
| 著作责任者 | 许成祥　何培玲　主编 |
| 策 划 编 辑 | 卢 东　吴 迪 |
| 责 任 编 辑 | 林秀丽 |
| 标 准 书 号 | ISBN 978 - 7 - 301 - 34095 - 0 |
| 出 版 发 行 | 北京大学出版社 |
| 地　　　址 | 北京市海淀区成府路 205 号　100871 |
| 网　　　址 | http://www. pup. cn　新浪微博：@北京大学出版社 |
| 电 子 邮 箱 | 编辑部 pup6@ pup. cn　总编室 zpup@ pup. cn |
| 电　　　话 | 邮购部 010 - 62752015　发行部 010 - 62750672　编辑部 010 - 62750667 |
| 印 刷 者 | 河北滦县鑫华书刊印刷厂 |
| 经 销 者 | 新华书店 |
| | 787 毫米×1092 毫米　16 开本　15 印张　383 千字 |
| | 2006 年 7 月第 1 版　2012 年 8 月第 2 版 |
| | 2023 年 6 月第 3 版　2023 年 6 月第 1 次印刷 |
| 定　　　价 | 45. 00 元 |

第 3 版

前言

"荷载与结构设计方法"是土木工程专业必修的专业基础课程。该课程分两部分：一部分介绍工程结构可能承受的各种荷载与作用；另一部分介绍工程结构设计的可靠度背景。通过对本课程的学习，学生应掌握工程结构设计时需考虑的各种主要荷载，这些荷载产生的背景，以及各种荷载的计算方法；还应掌握结构设计的主要概念、结构可靠度原理和满足可靠度要求的结构设计方法。

本书参照教育部高等学校土木工程专业教学指导分委员会对土木工程专业学生的基本要求和审定的教学大纲而编写。教材编写内容力求做到符合国家现行结构设计规范、规程和标准要求，反映工程结构荷载取值和结构设计方法在理论和实践上的新进展。

本书的编写分工为：第 1~6 章由武汉科技大学许成祥修订；第 7~10 章由南京工程学院何培玲修订。全书由许成祥统稿。

由于编者知识有限，书中难免有不足之处，敬请广大读者批评指正。

编者

# 目　录

# 第1章

## 绪论

### 教学目标

（1）掌握结构上的作用及作用效应的基本概念。

（2）了解工程结构设计理论的发展概况。

### 教学要求

| 知识要点 | 能力要求 | 相关知识 |
| --- | --- | --- |
| 结构上的作用 | （1）掌握结构上的作用的基本概念；<br>（2）掌握结构上的作用的分类 | （1）直接作用；<br>（2）间接作用；<br>（3）永久作用；<br>（4）可变作用；<br>（5）偶然作用；<br>（6）固定作用；<br>（7）自由作用；<br>（8）静态作用；<br>（9）动态作用；<br>（10）有界作用；<br>（11）无界作用 |
| 作用效应 | （1）掌握作用效应的概念；<br>（2）了解作用效应的计算方法 | （1）作用效应；<br>（2）作用和作用效应的关系 |
| 工程结构设计方法 | 了解设计理论的演变 | （1）容许应力设计法；<br>（2）破损阶段设计法；<br>（3）多系数极限状态设计法；<br>（4）概率极限状态设计法 |

**基本概念**

作用；作用效应。

**引例**

工程是指用石材、砖、砂浆、混凝土、钢材、钢筋混凝土、木材、塑料、铝合金等建筑材料修建的房屋、道路、桥梁、隧道、运河、堤坝、港口、塔架等工程设施。结构是能承受作用并具有适当刚度、由各连接部件有机组合而成的系统。工程结构就是能为人们的衣食住行提供各种活动所需、功能良好、舒适美观的空间和通道，并具有承受其使用过程中可能出现的各种环境作用而满足安全、适用、耐久的功能。

进行工程结构设计的目的就是保证结构具有足够的抵抗自然界各种作用的能力，满足各种预定的功能要求。结构和结构构件在设计使用年限内及正常的维护条件下，应能保持其使用功能而不需加固。为使工程结构在设计使用年限内具有足够的可靠度，结构设计的第一步就是要确定结构上的作用(类型和大小)。

# 1.1　结构上的作用及作用效应

## 1.1.1　结构上的作用

《建筑结构可靠性设计统一标准》(GB 50068—2018)对结构上的作用有明确的阐述。结构上的作用是指施加在结构上的集中荷载或分布荷载，以及引起结构外加变形或约束变形的原因。

(1) 作用就其形式而言，可分为以下两类。

① 直接作用。当以力的形式作用于结构上时，称为直接作用，习惯上称为荷载。例如，由于地球引力而作用在结构上的结构自重，人群、家具、设备、车辆等的重力荷载，以及雪压力、土压力、水压力等。

② 间接作用。当以变形的形式作用于结构上时，称为间接作用。例如，基础沉降引起结构外加变形；材料收缩或温度变化引起结构约束变形；由于地震造成地面运动，致使结构产生惯性力；等等。

(2) 作用按随时间的变化，可分为以下三类。

① 永久作用。在设计使用年限内，其值不随时间变化，或其变化与平均值相比可以忽略不计，或其变化是单调的并趋于限值的作用，包括结构构件、围护结构、面层及装饰、固定设备、长期储物的自重，土压力，水压力，以及其他永久作用。

② 可变作用。在设计使用年限内，其值随时间变化，且其变化与平均值相比不可以忽略不计的作用。例如，车辆、人群、设备的重力荷载，车辆冲击力和制动力，水位变化的水压力，等等。

③ 偶然作用。在设计使用年限内不一定出现，一旦出现，其值很大且持续时间很短的作用。例如，地震作用、爆炸力、撞击力等。

随时间变化的作用分类是结构作用的基本分类，应用非常广泛。在分析结构可靠时，它直接关系到作用概率模型的选择；在按各类极限状态设计时，它关系到荷载代表值及其效应组合形式的选择：可变作用的相对取值应比永久作用的相对取值大；偶然作用出现的概率小，结构抵抗偶然作用的可靠度可比抵抗永久作用的可靠度小。

（3）作用按随空间的变化，可分为以下两类。

① 固定作用。在结构空间位置上具有固定不变的分布，但其量值可能具有随机性。例如，固定设备、屋顶水箱等的自重。

② 自由作用。在结构空间位置上一定范围内可以任意分布，出现的位置和量值都可能是随机的。例如，车辆、吊车等的重力荷载。

由于自由作用是可以任意分布的，结构设计时应考虑其位置变化在结构上引起的最不利效应分布。

（4）作用按结构的反应特点，可分为以下两类。

① 静态作用。不使结构或结构构件产生加速度或产生的加速度可以忽略不计的作用。例如，结构自重、楼面上人员荷载、雪荷载、土压力等。

② 动态作用。使结构或结构构件产生不可忽略的加速度的作用。例如，地震作用、吊车的重力荷载、设备振动、作用在高耸结构上的风荷载、打桩冲击力等。

在进行结构分析时，对于动态作用应当考虑其动力效应，用结构动力学方法进行分析；或采用乘以动力系数的简化方法，将动态作用转换为等效静态作用。

（5）作用按有无限值，可分为以下两类。

① 有界作用。具有不能被超越的且可确切或近似掌握限值的作用。

② 无界作用。没有明确限值的作用。

## 1.1.2 作用效应

结构或结构构件上的直接作用或间接作用，在结构内产生的内力（如轴力、弯矩、剪力、扭矩等）和变形（如挠度、转角、裂缝等）称为作用效应，一般用 $S$ 表示。当作用为直接作用时，其效应也被称为荷载效应。荷载 $Q$ 与荷载效应之间，一般近似按线性关系考虑，即为式（1-1）。

$$S = CQ \tag{1-1}$$

式中 $C$——荷载效应系数。

均布荷载 $q$ 作用在 $l/2$ 处的简支梁，最大弯矩为 $M = ql^2/8$，$M$ 就是荷载效应，$l^2/8$ 就是荷载效应系数，$l$ 为梁的计算跨度。

结构或结构构件上的作用，除永久作用外，都是不确定的随机变量，有时还与时间变量甚至空间参数有关，所以作用效应一般来说也是随机变量或随机过程，甚至是随机场，它的变化规律与结构可靠度的关系密切。

# 1.2 工程结构设计理论演变简况

工程结构设计的目的在于保证设计的结构或结构构件在施工和使用过程中能满足预期

的安全性和使用性能要求。早期的工程结构设计中，保证结构安全主要依赖于经验。随着科学的发展和技术的进步，工程结构设计理论经历了从弹性理论到极限状态理论的转变，设计方法经历了从定值法到概率法的发展。我国的工程结构设计方法经历了容许应力设计法、破损阶段设计法、多系数极限状态设计法和概率极限状态设计法4个阶段。

## 1.2.1　容许应力设计法

早期由于人们对结构材料的性能及其内在规律尚未完全认识，工程结构设计采用以弹性理论为基础的容许应力设计法。实践证明，这种设计方法与结构的实际情况有很大出入，不能正确揭示结构或结构构件受力性能的内在规律，现在已很少采用。容许应力设计法是建立在弹性理论基础上的设计方法，其表达式见式(1-2)。

$$\sigma \leqslant [\sigma] \tag{1-2}$$

式中　$\sigma$——使用阶段构件在使用荷载作用下，截面上的最大应力；

　　　$[\sigma]$——材料的容许应力。

容许应力设计法计算简单，但其有许多不足之处：①没有考虑材料塑性性质；②没有对使用阶段给出明确的定义，也就是使用荷载的取值原则规定不明确（实际上，使用荷载是由传统经验或个人判断确定的，缺乏科学根据）；③把影响结构可靠度的各种因素（荷载的变异、施工的缺陷、计算公式的误差等）统统归结在反映材料性质的容许应力$[\sigma]$上，显然不够合理；④容许应力的取值无科学依据，仅依经验确定，历史上曾多次提高过材料的容许应力的取值；⑤按容许应力设计法设计的构件是否安全可靠，无法用试验来验证。

## 1.2.2　破损阶段设计法

针对容许应力设计法存在的缺陷，提出了假定材料均已达到塑性状态的破损阶段设计法，依据截面所能抵抗的破损内力建立计算式，见式(1-3)。

$$M \leqslant M_u / K \tag{1-3}$$

式中　$M_u$——构件最终破坏时的承载能力；

　　　$K$——安全系数，用来考虑影响结构安全的所有因素。

破损阶段设计法的优点：①可以反映材料的塑性性质，结束了长期以来假定混凝土为弹性体的局面；②采用安全系数，使构件有了总的安全度的概念；③以承载能力（如$M_u$）为依据，其计算值是否正确可由试验验证。

苏联学者曾把该理论用式(1-4)来表达。

$$KM(\sum q_i) \leqslant M_u(\mu_{f1}, \mu_{f2}, \cdots, a, \cdots) \tag{1-4}$$

式中　$M$——正常使用时，由各种荷载$q_i$所产生的截面内力；

　　　$a$——反映截面尺寸的函数；

　$\mu_{f1}$，$\mu_{f2}$——材料强度的平均值。

破损阶段设计法的理论存在一些重大缺点：①破损阶段计算的构件承载力得以保证，但无法了解构件在正常使用时能否满足正常使用要求；②安全系数$K$的取值仍须靠经验确定，并无严谨的科学依据；③采用笼统的单一安全系数，无法就不同荷载、不同材料构件安全的影响加以区别，不能正确地度量结构的安全度；④荷载 $q_i$ 的取值仍然是经验值；⑤表达式中采用的材料强度是平均值，它不能正确反映材料强度的变异程度，显然是不够合理的。

### 1.2.3 多系数极限状态设计法

由于破损阶段设计法的理论仍有许多缺点，进一步发展的极限状态理论便应运而生。极限状态的主要概念是结构或结构构件进入某种状态后就丧失其原有功能的状态。当时提出了 3 种极限状态，即承载力极限状态、挠度极限状态、裂缝开展宽度极限状态，其表达式分别为式（1-5）～式（1-7）。

$$M \leqslant M_u \tag{1-5}$$
$$f_{max} \leqslant f_{lim} \tag{1-6}$$
$$W_{max} \leqslant W_{lim} \tag{1-7}$$

式中，$f_{max}$，$f_{lim}$——结构的挠度最大值，挠度限值；

$W_{max}$，$W_{lim}$——结构的裂缝宽度最大值，裂缝宽度限值。

这样，它就克服了破损阶段设计法的理论无法了解构件在正常使用时能否满足正常使用要求的缺陷。

### 1.2.4 概率极限状态设计法

概率极限状态设计法是不使结构超越某种规定的极限状态的设计方法，即以概率理论为基础，将作用效应和影响结构抗力的主要因素作为随机变量，根据统计分析确定可靠概率来度量结构可靠度的结构设计方法。其特点是有明确的、用概率尺度表达的结构可靠度的定义，通过预先规定的可靠指标值，使结构各构件间及不同材料组成的结构之间有较为一致的可靠度水平。

国际上把处理可靠度的精确程度分为以下 3 个水准。

（1）水准Ⅰ——半概率法。对荷载效应和结构抗力的基本变量部分地进行数理统计分析，并与工程经验结合引入某些经验系数，所以尚不能定量地估计结构的可靠度。

（2）水准Ⅱ——近似概率法。该法对结构可靠度赋予概率定义，以结构的失效概率或可靠指标来度量结构可靠度，并建立了结构可靠度与结构极限状态方程之间的数学关系，在计算可靠指标时考虑了基本变量的概率分布类型，并采用了线性化的近似手段，在设计截面时一般采用分项系数的实用设计表达式。目前我国的《工程结构可靠性设计统一标准》（GB 50153—2008）、《建筑结构可靠性设计统一标准》（GB 50068—2018）都采用了这种近似概率法，并在此基础上颁布了各种结构设计的规范。

（3）水准Ⅲ——全概率法。这是完全基于概率论的结构整体优化设计方法，要求对整个结构采用精确的概率分析，以求得结构最优失效概率作为可靠度的直接度量，由于这种方法无论在基础数据的统计方面还是在可靠度计算方面都不成熟，目前仍处于研究探索阶段。

# 本 章 小 结

施加在结构上的集中荷载或分布荷载，以及引起结构外加变形或约束变形的原因被称为结构上的作用。由于作用在结构内产生内力（如轴力、弯矩、剪力、扭矩等）和变形（如挠度、转角、裂缝等），即为作用效应；当作用为直接作用（荷载）时，其效应也被称为荷载效应。作用可按随时间的变化、空间的变化，结构反应特点和有无限值进行分类。随着科学的发展和技术的进步，工程结构设计理论经历了从弹性理论到极限状态理论的转变，设计方法也经历了从定值法到概率法的发展。我国的工程结构设计方法经历了容许应力设计法、破损阶段设计法、多系数极限状态设计法和概率极限状态设计法 4 个阶段。

# 思 考 题

1. 工程结构设计的目的是什么？
2. 什么是施加在结构上的作用？作用与荷载的概念有什么不同？
3. 工程结构设计中，如何对结构上的作用进行分类？
4. 作用和荷载分别有哪些类型？
5. 什么是概率极限状态设计法？为什么目前采用的方法称为近似概率设计法？

# 习 题

1. 判断题

（1）严格意义上讲，只有直接作用才能称为荷载。

（2）土压力、风压力和水压力是荷载，由爆炸、离心作用等产生的作用在物体上的惯性力不是荷载。

（3）按照间接作用的定义，温度作用、基础不均匀沉降引起结构外加变形、车辆制动力、地震作用等均是间接作用。

（4）只有直接作用才能引起结构效应，间接作用并不能引起结构效应。

2. 名词解释

（1）结构上的作用。

（2）偶然作用。

（3）作用效应。

（4）概率极限状态设计法。

# 第2章
# 重力荷载

## 教学目标

（1）掌握各种重力荷载的取值。
（2）掌握各种重力荷载的计算方法。

## 教学要求

| 知识要点 | 能力要求 | 相关知识 |
|---|---|---|
| 结构自重 | 掌握结构自重的计算方法 | （1）结构的材料种类；<br>（2）材料体积；<br>（3）材料重度 |
| 土体自重应力 | 掌握土体自重应力的计算方法 | （1）天然重度；<br>（2）有效重度 |
| 雪荷载 | （1）掌握雪荷载的计算方法；<br>（2）了解基本雪压的取值原则和分布特点；<br>（3）了解雪荷载的影响因素 | （1）基本雪压；<br>（2）积雪分布系数 |
| 汽车荷载、人群荷载 | （1）掌握汽车荷载的组成；<br>（2）掌握汽车荷载、人群荷载的确定方法 | （1）公路等级；<br>（2）汽车荷载等级 |
| 吊车荷载 | （1）掌握吊车荷载的相关概念；<br>（2）掌握吊车荷载的计算方法 | （1）吊车工作制等级；<br>（2）工作级别；<br>（3）机构分级 |
| 楼面和屋面活荷载 | （1）了解楼面和屋面活荷载的取值原则；<br>（2）掌握楼面和屋面活荷载的计算方法 | （1）标准值；<br>（2）组合值；<br>（3）频遇值；<br>（4）准永久值 |
| | （3）了解施工、检修集中荷载及栏杆顶部活荷载的标准值 | 倾覆 |

**基本概念**

重力荷载；基本雪压；吊车工作制等级；吊车工作级别；吊车机构分级。

**引例**

地球上的物体均会受到地球引力的作用而产生重力，该重力导致的荷载即称为重力荷载，主要包括结构自重、土体自重应力、雪荷载、汽车荷载、人群荷载、吊车荷载、楼面和屋面活荷载等。

## 2.1 结 构 自 重

结构自重是由地球引力产生的材料重力，由于其变异性不大，而且多为正态分布，一般以其分布的平均值作为标准值，即可按结构设计规定的尺寸和材料或结构构件单位体积（或单位面积）的自重平均值作为自重标准值。一般而言，具体可以根据结构构件的材料种类、构件的体积和材料重度计算结构自重［式(2-1)］。结构自重一般按照均匀分布的原则计算，在施工阶段，构件在吊装运输或悬臂施工时引起的结构内力，有可能大于正常设计荷载产生的内力，因此，在施工阶段验算构件的强度和稳定时，构件自重应乘以适当的动力系数。

$$G_k = \gamma V \qquad\qquad (2-1)$$

式中　$G_k$——结构自重；

　　　$\gamma$——构件的材料重度；

　　　$V$——构件的体积，一般按照设计规定的尺寸确定。

常用材料和构件的重度见《建筑结构荷载规范》(GB 50009—2012)附录 A。式(2-1)适用于一般建筑结构、桥梁结构及地下结构等构件自重的计算，但要注意土木工程中结构各构件的材料重度可能不同，计算结构自重时可将结构人为地划分为许多基本构件，然后叠加即得到结构总自重，见式(2-2)。

$$G = \sum_{i=1}^{n} \gamma_i V_i \qquad\qquad (2-2)$$

式中　$G$——结构总自重；

　　　$n$——组成结构的基本构件数；

　　　$\gamma_i$——第 $i$ 个基本构件的材料重度；

　　　$V_i$——第 $i$ 个基本构件的体积。

在工程的简化设计及施工验算中，为应用方便起见，有时将建筑看成一个整体，建筑结构自重简化为平均楼面恒载：一般木结构建筑为 $2.0 \sim 2.5 \text{kN/m}^2$，钢结构建筑为 $2.5 \sim 4.0 \text{kN/m}^2$，钢筋混凝土结构建筑为 $5.0 \sim 7.5 \text{kN/m}^2$。

## 2.2 土体自重应力

土是由土颗粒、水和气所组成的三相非连续介质。若把土体简化为连续体，则应用连续介质力学（如弹性力学）来研究土中应力的分布。在计算土中应力时，通常将土体视为均匀连续的弹性介质。假设天然地面是一个无限大的水平面，土体在自重作用下只产生竖向变形，而无侧向变形和剪切变形，因此在任意竖直面和水平面均无剪应力存在。土中任意截面都包括土体骨架的面积和孔隙的面积，土体自重应力计算时只考虑土中某单位面积上的平均应力。实际上，只有通过土颗粒接触点传递的粒间应力才能使土颗粒彼此挤紧，引起土体变形。因此粒间应力是影响土体强度的重要因素，粒间应力又称为有效应力。若土层天然重度为 $\gamma$，在深度 $z$ 处 $\alpha$-$\alpha$ 水平截面 [图 2.1(a)]，土体因自重产生的竖向应力 [式(2-3)] 可取该截面上单位面积的土柱体的重力。

$$\sigma_{cz} = \gamma z \qquad (2-3)$$

自重应力 $\sigma_{cz}$ 沿水平面均匀分布，且与 $z$ 成正比，即随深度按线性规律增加，如图 2.1(b) 所示。

(a) 深度 $z$ 处 $\alpha$-$\alpha$ 水平截面上的土体自重应力  (b) 自重应力沿深度的分布

**图 2.1  均质土中竖向自重应力**

一般情况下，土由不同重度的土层所组成，如图 2.2 所示，天然地面下深度 $z$ 范围内各层土的厚度自上而下分别为 $h_1$, $h_2$, $\cdots$, $h_i$, $\cdots$, $h_n$，则多层土深度 $z$ 处的土体自重应力的计算见式(2-4)。

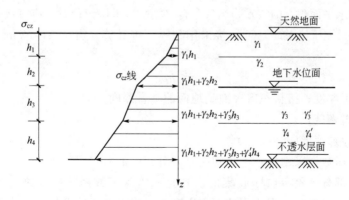

**图 2.2  多层土自重应力沿深度的分布**

$$\sigma_{cz} = \gamma_1 h_1 + \gamma_2 h_2 + \cdots + \gamma_n h_n = \sum_{i=1}^{n} \gamma_i h_i \qquad (2-4)$$

式中  $n$——从天然地面起到深度 $z$ 处的土层数；

$h_i$——第 $i$ 层土的厚度；

$\gamma_i$——第 $i$ 层土的天然重度。

若土层位于地下水位以下，由于受到水的浮力作用，单位体积中，土颗粒所受的重力扣除浮力后的重度称为土的有效重度 $\gamma_i'$［式（2-5）］。

$$\gamma_i' = \gamma_i - \gamma_\omega \qquad (2-5)$$

其中，$\gamma_\omega$ 为水的重度，一般取值为 $10\text{kN/m}^3$，这时计算土体自重应力以土的有效重度 $\gamma_i'$ 代替天然重度 $\gamma_i$。

地下水位以下，若埋藏有不透水的岩层或不透水的坚硬黏土层，由于不透水层中不存在水的浮力，所以不透水层界面以下的土体自重应按上覆土层的水土总重量计算。在上覆土层与不透水层界面处的土体自重有突变。

# 2.3 雪 荷 载

## 2.3.1 基本雪压

### 1. 基本雪压的取值原则

根据当地气象台（站）观察并收集的每年最大雪压或雪深资料，经概率统计得出的 50 年一遇的最大雪压（重现期为 50 年的最大雪压），即为当地的基本雪压。在确定基本雪压时，观察并收集每年最大雪压或雪深的场地应符合下列规定。

（1）场地周围的地形应空旷平坦。

（2）积雪的分布保持均匀。

（3）设计项目地点应在场地的地形范围内，或它们具有相同的地形。

（4）对积雪局部变异特大的地区，以及特殊地形的山区，应予以专门调查和特殊处理。

雪压是单位水平面积上的雪重。当气象台（站）有雪压记录时，应直接采用雪压数据计算基本雪压；当无雪压记录时，可间接采用积雪深度计算。雪压 $S(\text{kN/m}^2)$ 可按式（2-6）确定。

$$S = h\rho g \qquad (2-6)$$

式中　$h$——积雪深度，指从积雪表面到地面的垂直深度；

　　　$\rho$——积雪密度；

　　　$g$——重力加速度（$9.8\text{m/s}^2$）。

历年最大雪压数据采用每年 7 月到次年 6 月间的最大雪压。

由于我国大部分气象台（站）收集的资料是积雪深度数据，相应的积雪密度数据不齐全，当缺乏同时、同地平行观测到的积雪密度时，均以当地的平均积雪密度来估算。考虑到我国国土幅员辽阔，气候条件差异较大，对不同的地区取用不同的平均积雪密度：东北及新疆北部地区取 $150\text{kg/m}^3$；华北及西北地区取 $120\text{kg/m}^3$，其中青海取 $200\text{kg/m}^3$；淮河、秦岭以南地区一般取 $150\text{kg/m}^3$，其中江西、浙江取 $200\text{kg/m}^3$。

表 2-1 为全国主要城市的雪压和风压。

表 2-1 全国主要城市的雪压和风压

| 省市区 | 城市 | 风压/(kN/m²) | | | 雪压/(kN/m²) | | | 雪荷载准永久值系数分区 |
|---|---|---|---|---|---|---|---|---|
| | | $R=10$ | $R=50$ | $R=100$ | $R=10$ | $R=50$ | $R=100$ | |
| 北京 | 北京市 | 0.30 | 0.45 | 0.50 | 0.25 | 0.40 | 0.45 | II |
| 天津 | 天津市 | 0.30 | 0.50 | 0.60 | 0.25 | 0.40 | 0.45 | II |
| 上海 | 上海市 | 0.40 | 0.55 | 0.60 | 0.10 | 0.20 | 0.25 | III |
| 重庆 | 重庆市 | 0.25 | 0.40 | 0.45 | — | — | — | — |
| 河北 | 石家庄市 | 0.25 | 0.35 | 0.40 | 0.20 | 0.30 | 0.35 | II |
| | 张家口市 | 0.35 | 0.55 | 0.60 | 0.15 | 0.25 | 0.30 | II |
| | 承德市 | 0.30 | 0.40 | 0.45 | 0.20 | 0.30 | 0.35 | II |
| | 秦皇岛市 | 0.35 | 0.45 | 0.50 | 0.15 | 0.25 | 0.30 | II |
| | 唐山市 | 0.30 | 0.40 | 0.45 | 0.20 | 0.35 | 0.40 | II |
| 山西 | 太原市 | 0.30 | 0.40 | 0.45 | 0.25 | 0.35 | 0.40 | II |
| | 大同市 | 0.35 | 0.55 | 0.65 | 0.15 | 0.25 | 0.30 | II |
| | 临汾市 | 0.25 | 0.40 | 0.45 | 0.15 | 0.25 | 0.30 | II |
| | 运城市 | 0.30 | 0.45 | 0.50 | 0.15 | 0.25 | 0.30 | II |
| 内蒙古 | 呼和浩特市 | 0.35 | 0.55 | 0.60 | 0.25 | 0.40 | 0.45 | II |
| | 包头市 | 0.35 | 0.55 | 0.60 | 0.15 | 0.25 | 0.30 | II |
| | 赤峰市 | 0.30 | 0.55 | 0.65 | 0.20 | 0.30 | 0.35 | II |
| 辽宁 | 沈阳市 | 0.40 | 0.55 | 0.60 | 0.30 | 0.50 | 0.55 | I |
| | 锦州市 | 0.40 | 0.60 | 0.70 | 0.30 | 0.40 | 0.45 | II |
| | 鞍山市 | 0.30 | 0.50 | 0.60 | 0.30 | 0.45 | 0.55 | II |
| | 大连市 | 0.40 | 0.65 | 0.75 | 0.25 | 0.40 | 0.45 | II |
| 吉林 | 长春市 | 0.45 | 0.65 | 0.75 | 0.30 | 0.45 | 0.50 | I |
| | 四平市 | 0.40 | 0.55 | 0.60 | 0.20 | 0.35 | 0.40 | II |
| | 通化市 | 0.30 | 0.50 | 0.60 | 0.50 | 0.80 | 0.90 | I |
| 黑龙江 | 哈尔滨市 | 0.35 | 0.55 | 0.70 | 0.30 | 0.45 | 0.50 | I |
| | 齐齐哈尔市 | 0.35 | 0.45 | 0.50 | 0.25 | 0.40 | 0.45 | I |
| | 佳木斯市 | 0.40 | 0.65 | 0.75 | 0.60 | 0.85 | 0.95 | I |
| 山东 | 济南市 | 0.30 | 0.45 | 0.50 | 0.20 | 0.30 | 0.35 | II |
| | 烟台市 | 0.40 | 0.55 | 0.60 | 0.30 | 0.40 | 0.45 | II |
| | 威海市 | 0.45 | 0.65 | 0.75 | 0.30 | 0.50 | 0.60 | II |
| | 青岛市 | 0.45 | 0.60 | 0.70 | 0.15 | 0.20 | 0.25 | II |

| 省市区 | 城市 | 风压/(kN/m²) | | | 雪压/(kN/m²) | | | 雪荷载准永久值系数分区 |
|---|---|---|---|---|---|---|---|---|
| | | $R=10$ | $R=50$ | $R=100$ | $R=10$ | $R=50$ | $R=100$ | |
| 江苏 | 南京市 | 0.25 | 0.40 | 0.45 | 0.40 | 0.65 | 0.75 | Ⅱ |
| | 徐州市 | 0.25 | 0.35 | 0.40 | 0.25 | 0.35 | 0.40 | Ⅱ |
| | 连云港 | 0.35 | 0.55 | 0.65 | 0.25 | 0.40 | 0.45 | Ⅱ |
| | 吴县东山 | 0.30 | 0.45 | 0.50 | 0.25 | 0.40 | 0.45 | Ⅲ |
| 浙江 | 杭州市 | 0.30 | 0.45 | 0.50 | 0.30 | 0.45 | 0.50 | Ⅲ |
| | 宁波市 | 0.30 | 0.50 | 0.60 | 0.20 | 0.30 | 0.35 | Ⅲ |
| | 温州市 | 0.35 | 0.60 | 0.70 | 0.25 | 0.35 | 0.40 | Ⅲ |
| 安徽 | 合肥市 | 0.25 | 0.35 | 0.40 | 0.40 | 0.60 | 0.70 | Ⅱ |
| | 蚌埠市 | 0.25 | 0.35 | 0.40 | 0.30 | 0.45 | 0.55 | Ⅱ |
| | 黄山市 | 0.25 | 0.35 | 0.40 | 0.30 | 0.45 | 0.50 | Ⅲ |
| 江西 | 南昌市 | 0.30 | 0.45 | 0.55 | 0.30 | 0.45 | 0.50 | Ⅲ |
| | 赣州市 | 0.20 | 0.30 | 0.35 | 0.20 | 0.35 | 0.40 | Ⅲ |
| | 九江 | 0.25 | 0.35 | 0.40 | 0.30 | 0.40 | 0.45 | Ⅲ |
| 福建 | 福州市 | 0.40 | 0.70 | 0.85 | — | — | — | — |
| | 厦门市 | 0.50 | 0.80 | 0.95 | — | — | — | — |
| 陕西 | 西安市 | 0.25 | 0.35 | 0.40 | 0.20 | 0.25 | 0.30 | Ⅱ |
| | 榆林市 | 0.25 | 0.40 | 0.45 | 0.20 | 0.25 | 0.30 | Ⅱ |
| | 延安市 | 0.25 | 0.35 | 0.40 | 0.15 | 0.25 | 0.30 | Ⅱ |
| | 宝鸡市 | 0.20 | 0.35 | 0.40 | 0.15 | 0.20 | 0.25 | Ⅱ |
| 甘肃 | 兰州 | 0.20 | 0.30 | 0.35 | 0.10 | 0.15 | 0.20 | Ⅱ |
| | 酒泉市 | 0.40 | 0.55 | 0.60 | 0.20 | 0.30 | 0.35 | Ⅱ |
| | 天水市 | 0.20 | 0.35 | 0.40 | 0.15 | 0.20 | 0.25 | Ⅱ |
| 宁夏 | 银川 | 0.40 | 0.65 | 0.75 | 0.15 | 0.20 | 0.25 | Ⅱ |
| | 中卫 | 0.30 | 0.45 | 0.50 | 0.05 | 0.10 | 0.15 | Ⅱ |
| 青海 | 西宁 | 0.25 | 0.35 | 0.40 | 0.15 | 0.20 | 0.25 | Ⅱ |
| | 格尔木市 | 0.30 | 0.40 | 0.45 | 0.10 | 0.20 | 0.25 | Ⅱ |
| 新疆 | 乌鲁木齐市 | 0.40 | 0.60 | 0.70 | 0.65 | 0.90 | 1.00 | Ⅰ |
| | 克拉玛依市 | 0.65 | 0.90 | 1.00 | 0.20 | 0.30 | 0.35 | Ⅰ |
| | 吐鲁番市 | 0.50 | 0.85 | 1.00 | 0.15 | 0.20 | 0.25 | Ⅱ |
| | 库尔勒 | 0.30 | 0.45 | 0.50 | 0.15 | 0.20 | 0.30 | Ⅱ |

续表

| 省市区 | 城市 | 风压/(kN/m²) | | | 雪压/(kN/m²) | | | 雪荷载准永久值系数分区 |
|---|---|---|---|---|---|---|---|---|
| | | R=10 | R=50 | R=100 | R=10 | R=50 | R=100 | |
| 河南 | 郑州市 | 0.30 | 0.45 | 0.50 | 0.25 | 0.40 | 0.45 | Ⅱ |
| | 洛阳市 | 0.25 | 0.40 | 0.45 | 0.25 | 0.35 | 0.40 | Ⅱ |
| | 开封市 | 0.30 | 0.45 | 0.50 | 0.20 | 0.30 | 0.35 | Ⅱ |
| | 信阳市 | 0.25 | 0.35 | 0.40 | 0.35 | 0.55 | 0.65 | Ⅱ |
| 湖北 | 武汉市 | 0.25 | 0.35 | 0.40 | 0.30 | 0.50 | 0.60 | Ⅱ |
| | 宜昌市 | 0.20 | 0.30 | 0.35 | 0.20 | 0.30 | 0.35 | Ⅲ |
| | 荆州 | 0.20 | 0.30 | 0.35 | 0.25 | 0.40 | 0.45 | Ⅱ |
| | 黄石市 | 0.25 | 0.35 | 0.40 | 0.25 | 0.35 | 0.40 | Ⅲ |
| 湖南 | 长沙市 | 0.25 | 0.35 | 0.40 | 0.30 | 0.45 | 0.50 | Ⅲ |
| | 衡阳市 | 0.25 | 0.40 | 0.45 | 0.20 | 0.35 | 0.40 | Ⅲ |
| | 郴州市 | 0.20 | 0.30 | 0.35 | 0.20 | 0.30 | 0.35 | Ⅲ |
| 广东 | 广州市 | 0.30 | 0.50 | 0.60 | — | — | — | — |
| | 汕头市 | 0.50 | 0.80 | 0.95 | — | — | — | — |
| | 深圳市 | 0.45 | 0.75 | 0.90 | — | — | — | — |
| 广西 | 南宁市 | 0.25 | 0.35 | 0.40 | — | — | — | — |
| | 桂林市 | 0.20 | 0.30 | 0.35 | — | — | — | — |
| | 柳州市 | 0.20 | 0.30 | 0.35 | — | — | — | — |
| | 北海市 | 0.45 | 0.75 | 0.90 | — | — | — | — |
| 海南 | 海口市 | 0.45 | 0.75 | 0.90 | — | — | — | — |
| | 三亚市 | 0.50 | 0.85 | 1.05 | — | — | — | — |
| 四川 | 成都市 | 0.20 | 0.30 | 0.35 | 0.10 | 0.10 | 0.15 | Ⅲ |
| | 绵阳市 | 0.20 | 0.30 | 0.35 | — | — | — | — |
| | 宜宾市 | 0.20 | 0.30 | 0.35 | — | — | — | — |
| | 西昌市 | 0.20 | 0.30 | 0.35 | 0.20 | 0.30 | 0.35 | Ⅲ |
| 贵州 | 贵阳市 | 0.20 | 0.30 | 0.35 | 0.10 | 0.20 | 0.25 | Ⅲ |
| | 遵义市 | 0.20 | 0.30 | 0.35 | 0.10 | 0.15 | 0.20 | Ⅲ |
| 云南 | 昆明市 | 0.20 | 0.30 | 0.35 | 0.20 | 0.30 | 0.35 | Ⅲ |
| | 丽江 | 0.25 | 0.30 | 0.35 | 0.20 | 0.30 | 0.35 | Ⅲ |
| | 大理市 | 0.45 | 0.65 | 0.75 | — | — | — | — |
| 西藏 | 拉萨市 | 0.20 | 0.30 | 0.35 | 0.10 | 0.15 | 0.20 | Ⅲ |
| | 日喀则市 | 0.20 | 0.30 | 0.35 | 0.10 | 0.15 | 0.15 | Ⅲ |

2. 基本雪压的确定

基本雪压应采用按《建筑结构荷载规范》（GB 50009—2012）规定的方法确定 50 年重现期的雪压；对雪荷载敏感的结构，应采用 100 年重现期的雪压。

当城市的基本雪压在表 2−1 中没有给出时，应按《建筑结构荷载规范》（GB 50009—2012）附录 E 规定的方法取用。根据当地年最大雪压或雪深资料，按基本雪压定义，通过统计分析确定，分析时应考虑样本数量的影响。当地没有最大雪压和雪深资料时，可根据附近地区规定的基本雪压或长期资料，通过气象和地形条件的对比分析确定；也可比照《建筑结构荷载规范》（GB 50009—2012）附录 E 中附图 E.6.1 全国基本雪压分布图近似确定。

山区的基本雪压应通过实际调查后确定。当无实测资料时，可按当地邻近空旷平坦地面的基本雪压乘以系数 1.2 采用。

对雪荷载敏感的结构如大跨结构、轻屋盖结构，基本雪压应适当提高，并应由有关结构设计规范具体规定。

3. 我国基本雪压的分布特点

（1）新疆北部是我国突出的雪压高值区。该地区由于冬季受到北冰洋南侵冷湿气流影响，雪量丰富，且阿尔泰山、天山等山脉对气流有阻滞作用，更有利于降雪。加上气温低，积雪可以保持整个冬季不融化，新雪覆盖老雪，形成了特大雪压。在阿尔泰山区域基本雪压可达 $1.00kN/m^2$。

（2）东北地区由于气旋活动频繁，并有山脉对气流起抬升作用，冬季多降雪天气，同时气温低，更有利于积雪。因此东北地区是我国另一个雪压高值区。黑龙江北部和吉林东部地区，基本雪压可达 $0.70kN/m^2$ 以上。而吉林西部和辽宁北部地区，地处大兴安岭的东南背风坡，气流有下沉作用，不易降雪，积雪不多，雪压不大，基本雪压仅为 $0.20kN/m^2$ 左右。

（3）长江中下游及淮河流域是我国南方的一个雪压高值区。该区域冬季积雪情况很不稳定，有些年份的冬季无积雪，而有些年份遇到寒潮南下，冷暖气流僵持，加上水汽充足，遇较低气温即降大雪。若积雪很深，将带来雪灾。1955 年 1 月 1 日，江淮一带普降大雪，合肥雪深达 40cm，南京雪深达 51cm。1961 年 1 月 1 日，浙江中部遭遇大雪，东阳雪深达 55cm，金华雪深达 45cm。江西北部及湖南一些地区也曾出现过 40cm 以上的雪深。因此，这些地区很多地方的基本雪压为 $0.40\sim0.50kN/m^2$。但积雪期较短，短则一两天，长则十来天。

（4）川西、滇北山区的雪压也较高。该地区海拔高、气温低、湿度大，降雪较多而不易融化。但该地区的河谷内，由于落差大，高程相对较低，气温相对较高，积雪不多。

（5）华北及西北大部分地区，冬季温度虽低，但空气干燥，水汽不足，降雪量较少，基本雪压一般为 $0.20\sim0.30kN/m^2$。西北干旱地区，基本雪压在 $0.20kN/m^2$ 以下。燕山、太行山、祁连山等山脉，因受地形影响，降雪稍多，基本雪压可达 $0.30kN/m^2$ 以上。

（6）南岭、武夷山脉以南，冬季气温高，很少降雪，基本无积雪。

## 2.3.2 雪荷载标准值、组合值系数、频遇值系数及准永久值系数

**1. 雪荷载标准值**

雪荷载标准值是屋面水平投影面上的基本雪压,应按式(2-7)计算。

$$s_k = \mu_r s_0 \tag{2-7}$$

式中　$s_k$——雪荷载标准值;

　　　$\mu_r$——屋面积雪分布系数;

　　　$s_0$——基本雪压。

**2. 雪荷载的组合值系数、频遇值系数及准永久值系数**

雪荷载的组合值系数可取 0.7;频遇值系数可取 0.6;准永久值系数应按雪荷载分区Ⅰ、Ⅱ、Ⅲ,分别取 0.5、0.2、0;雪荷载分区应按《建筑结构荷载规范》(GB 50009—2012)附录 E 的规定采用。

## 2.3.3 屋面积雪分布系数

基本雪压是针对平坦的地面上积雪荷载定义的,屋面的雪荷载由于多种因素的影响,往往与地面雪荷载不同。由此产生屋面积雪分布系数 $\mu_r$ 的概念,即屋面水平投影面积上的雪荷载标准值 $s_k$ 与基本雪压 $s_0$ 的比值,实际也就是地面基本雪压换算为屋面雪荷载标准值的换算系数。造成屋面积雪与地面积雪不同的主要原因有风、屋面形式和坡度等。

**1. 风对屋面积雪的影响**

下雪过程中,风会把部分将要飘落或者已经飘积在屋面上的雪吹积到附近地面或邻近较低的物体上,这种影响称为风对雪的飘积作用。当风速较大或房屋处于暴风位置时,部分已经积在屋面上的雪会被风吹走,从而导致平屋面或小坡度(坡度小于 10°)屋面上的雪压一般比邻近地面上的雪压小。如果用平屋面上的雪压值与地面上的雪压值之比 $\mu_e$ 来衡量风的飘积作用大小,则 $\mu_e$ 值的大小与房屋受到的暴风情况及风速的大小有关,风速越大,$\mu_e$ 越小(小于 1)。加拿大的研究表明,对避风较好的房屋 $\mu_e$ 取 0.9,对周围无挡风障碍物的房屋 $\mu_e$ 取 0.6,对完全暴风的房屋 $\mu_e$ 取 0.3。

对于高低跨屋面或带天窗屋面,由于风对雪的飘积作用,会将较高屋面上的雪吹落在较低屋面上,在低屋面处形成局部较大飘积雪荷载。有时这种积雪非常严重,最大可出现 3 倍于地面积雪的情况。低屋面上这种飘积雪大小及其分布情况与高低屋面上的高差有关。由于高低跨屋面交接处存在风涡作用,积雪多按曲线分布堆积(图 2.3)。

对于多跨屋面,屋谷附近区域的积雪会比屋脊区大,其原因之一是风作用下的雪飘积,屋脊处的部分积雪被风吹落到屋谷附近,飘积雪在天沟处堆积较厚(图 2.4)。

图 2.3　高低跨屋面积雪分布　　　　　　图 2.4　多跨屋面积雪分布

**2. 屋面坡度和形式对积雪的影响**

屋面雪荷载分布与屋面坡度密切相关。一般情况下，雪荷载随屋面坡度的增加而减小，主要是风的作用和雪滑移所致。

当屋面坡度大于某一角度时，积雪就会在屋面上产生滑移，屋面坡度越大，滑移的雪越多。屋面表面的光滑程度对雪滑移的影响也较大，对于类似铁皮、石板屋面这样的光滑屋面，雪滑移更易发生。双坡屋面向阳一侧受太阳照射，加之屋内散发的热量，易于使紧贴屋面的积雪融化形成润滑层，导致摩擦力减小，该侧积雪可能滑移，可能出现一坡有雪而另一坡无雪的不平衡雪荷载情况。

雪滑移若发生在高低跨屋面或带天窗屋面，滑移的雪堆积在与高屋面邻接的低屋面上，从而出现很大的局部堆积雪荷载，结构设计时应予以考虑。

当风吹过双坡屋面时，迎风面因"爬坡风"效应，风速增大，吹走部分积雪，屋面坡度越陡这种效应越明显。背风面因风速降低，迎风面吹来的雪往往在背风一侧屋面上飘积，引起屋面不平衡雪荷载，结构设计时应予以考虑。

因此，《建筑结构荷载规范》（GB 50009—2012）规定，不同屋面形式的积雪分布系数 $\mu_r$（屋面荷载与地面荷载之比）按表 2 - 2 采用。

表 2 - 2　不同屋面形式的积雪分布系数 $\mu_r$

| 项次 | 类别 | 屋面形式及积雪分布系数 | 项次 | 类别 | 屋面形式及积雪分布系数 |
|---|---|---|---|---|---|
| 1 | 单跨单坡屋面 | $\mu_r$ 对应 $\alpha$ 表：$\alpha$ ≤25° 30° 35° 40° 45° 50° 55° ≥60°；$\mu_r$ 1.0 0.85 0.7 0.55 0.4 0.25 0.1 0 | 3 | 拱形屋面 | 均匀分布的情况 $\mu_r$；不均匀分布的情况 $0.5\mu_{r,m}$，$\mu_{r,m}$，$l_c/4$ $l_c/4$ $l_c/4$ $l_c/4$，$l_c$；$\mu_r = l/(8f)$ $(0.4 \leq \mu_r \leq 1.0)$，60°，$f$，$l$；$\mu_{r,m} = 0.2 + 10f/l$ $(\mu_{r,m} \leq 2.0)$ |
| 2 | 单跨双坡屋面 | 均匀分布的情况 $\mu_r$；不均匀分布的情况 $0.75\mu_r$，$1.25\mu_r$；$\alpha$；$\mu_r$ 按第 1 项规定采用 | 4 | 带天窗的坡屋面 | 均匀分布的情况 1.0；不均匀分布的情况 1.1 0.8 1.1；$\alpha$ |

续表

| 项次 | 类别 | 屋面形式及积雪分布系数 | 项次 | 类别 | 屋面形式及积雪分布系数 |
|---|---|---|---|---|---|
| 5 | 带天窗有挡风板的屋面 | 均匀分布的情况 1.0<br>不均匀分布的情况 1.0 1.4 0.8 1.4 1.0<br>（坡度 $\alpha$） | 8 | 高低屋面 | 不均匀分布的情况1：$\mu_{r,m}$ 1.0 1.0 ; 1.0 1.0（$a$）<br>不均匀分布的情况2：1.0 2.0 1.0 ; 1.0 2.0 1.0（$a$）<br>（$h$, $b_1$, $b_2$; $b_1$, $b_2<a$）<br>$a=2h(4\text{m}<a<8\text{m})$<br>$\mu_{r,m}=(b_1+b_2)/2h\ (2.0\leqslant\mu_{r,m}\leqslant 4.0)$ |
| 6 | 多跨单坡屋面（锯齿形屋面） | 均匀分布的情况 1.0<br>不均匀分布的情况1 0.6 1.4 0.6 1.4 0.6 1.4（$l/2$ $l/2$）<br>不均匀分布的情况2 2.0 2.0 2.0 $\mu_r$ $\mu_r$ $\mu_r$（$l/2$ $l/2$, $\alpha$）<br>（$l$ $l$）<br>$\mu_r$ 按第1项规定采用 | 9 | 有女儿墙及其他突起物的屋面 | $\mu_{r,m}$ $\mu_r$ $\mu_{r,m}$（$a$ $a$, $h$）<br>$a=2h$<br>$\mu_{r,m}=1.5h/s_0\ (1.0\leqslant\mu_{r,m}\leqslant 2.0)$ |
| 7 | 双跨双坡或拱形屋面 | 均匀分布的情况 1.0<br>不均匀分布的情况1 $\mu_r$ 1.4 $\mu_r$<br>不均匀分布的情况2 $\mu_r$ 2.0 $\mu_r$（$\alpha$, $f$）<br>（$l$ $l$）<br>$\mu_r$ 按第1项或第3项规定采用 | 10 | 大跨屋面（$l>100\text{m}$） | $0.8\mu_r$ $1.2\mu_r$ $0.8\mu_r$（$l/4$ $l/2$ $l/4$）<br>（$l$）<br>1. 还应同时考虑第2项、第3项的积雪分布；<br>2. $\mu_r$ 按第1项或第3项规定采用 |

注：1. 第2项单跨双坡屋面仅当 $20°\leqslant\alpha\leqslant 30°$ 时，可采用不均匀分布情况。

2. 第4项、第5项只适用于坡度 $\alpha\leqslant 25°$ 的一般工业厂房屋面。

3. 第7项双跨双坡或拱形屋面，当 $\alpha\leqslant 25°$ 或 $f/l\leqslant 0.1$ 时，只采用均匀分布情况。

4. 多跨屋面的积雪分布系数，可参照第7项的规定采用。

建筑结构设计考虑积雪分布的原则：屋面板和檩条按积雪不均匀分布的最不利情况采用；屋架和拱壳可分别按全跨积雪均匀分布、不均匀分布和半跨积雪的均匀分布最不利情况采用；框架和柱可按全跨积雪均匀分布情况采用。

对规范屋面形式以外的其他屋面形式，设计人员可根据规范要求推断酌定，例如天沟处及下沉式天窗内建议 $\mu_r$ 取 1.4，长度可取女儿墙高度的 1.2～2.0 倍。

# 2.4 汽车荷载

公路桥梁上行驶的汽车荷载种类繁多，设计时不可能对每种情况都进行计算，而是在设计中采用统一的荷载标准。《公路桥涵设计通用规范》（JTG D60—2015)中规定了公路桥涵设计汽车荷载分为公路—Ⅰ级和公路—Ⅱ级两个等级。

汽车荷载由车道荷载和车辆荷载组成。车道荷载由均布荷载和集中荷载组成。

桥梁结构整体计算应采用车道荷载；桥梁结构的局部加载、涵洞、桥台和挡土墙土压力等的计算应采用车辆荷载。车辆荷载与车道荷载的作用不得叠加。

汽车荷载等级应符合表2-3规定。

表 2-3 汽车荷载等级

| 公路等级 | 高速公路 | 一级公路 | 二级公路 | 三级公路 | 四级公路 |
|---|---|---|---|---|---|
| 汽车荷载等级 | 公路—Ⅰ级 | 公路—Ⅰ级 | 公路—Ⅰ级 | 公路—Ⅱ级 | 公路—Ⅱ级 |

汽车荷载等级的选用应根据公路等级和远景发展需求确定。一条公路上的桥涵宜采用同一汽车荷载等级。

公路—Ⅰ级汽车荷载的车道荷载如图2.5所示。

图 2.5 公路—Ⅰ级汽车荷载的车道荷载

（1）均布荷载标准值 $q_K = 10.5 \text{kN/m}$。

（2）集中荷载标准值 $p_K$ 按以下规定选取。

① 当桥梁计算跨径 $L_0 \leq 5\text{m}$ 时，$p_K = 270\text{kN}$。

② 当桥梁计算跨径 $L_0 \geq 50\text{m}$ 时，$p_K = 360\text{kN}$。

③ 当桥梁计算跨径 $5\text{m} < L_0 < 50\text{m}$ 时，$p_K$ 值采用直线内插法求得。

（3）计算剪力效应时，上述集中荷载的标准值应乘以系数1.2。

（4）桥梁设计时，应根据规范确定的设计车道数布置车道荷载。每条设计车道上均应布置车道荷载。

① 纵向：均布荷载标准值 $q_K$ 应满布于使结构产生最不利荷载效应的同号影响线上；集中荷载标准值 $p_K$ 只作用于相应影响线中一个影响线峰值处。

② 横向：均布荷载和集中荷载都分布在设计车道3.5m宽度内。

公路—Ⅰ级汽车荷载的车辆荷载以一辆标准车表示，车辆荷载的立面、平面布置如图2.6所示，其主要技术指标应符合表2-4的规定。

(a) 立面布置

图 2.6 车辆荷载的立面、平面布置

(b) 平面布置

注:图中尺寸单位为 m，荷载单位为 kN。

**图 2.6 车辆荷载的立面、平面布置（续）**

**表 2-4 车辆荷载的主要技术指标**

| 项目 | 技术指标 |
|---|---|
| 车辆重力标准值/kN | 550 |
| 前轴重力标准值/kN | 30 |
| 中轴重力标准值/kN | $2\times120$ |
| 后轴重力标准值/kN | $2\times140$ |
| 轴距/m | $3+1.4+7+1.4$ |
| 轮距/m | 1.8 |
| 前轮着地宽度及长度/m | $0.3\times0.2$ |
| 中、后轮着地宽度及长度/m | $0.6\times0.2$ |
| 车辆外形尺寸(长×宽)/m | $15\times2.5$ |

车辆荷载在每条设计车道上布置一辆单车。车辆荷载的横向布置应符合图 2.7 的规定，并应按规范的规定计算横向折减。

公路—Ⅱ级汽车荷载的车道荷载标准值应取公路—Ⅰ级汽车荷载的车道荷载标准值的75%；公路—Ⅱ级汽车荷载的车辆荷载标准值应与公路—Ⅰ级汽车荷载的车辆荷载标准值相同。重型车辆少的四级公路的桥梁设计所采用的汽车荷载标准值可取公路—Ⅰ级汽车荷载标准值的 60%。

**图 2.7 车辆荷载的横向布置（尺寸单位：m）**

桥涵设计车道数应符合表 2-5 的规定。

**表 2-5 桥涵设计车道数**

| 桥面宽度 $W$/m | | 桥涵设计车道数 |
|---|---|---|
| 车辆单向行驶 | 车辆双向行驶 | |
| $W<7.0$ | — | 1 |
| $7.0\leqslant W<10.5$ | $6.0\leqslant W<14.0$ | 2 |
| $10.5\leqslant W<14.0$ | — | 3 |
| $14.0\leqslant W<17.5$ | $14.0\leqslant W<21.0$ | 4 |

| 桥面宽度 W/m | | 桥涵设计车 |
|---|---|---|
| 车辆单向行驶 | 车辆双向行驶 | 道数 |
| $17.5 \leqslant W < 21.0$ | — | 5 |
| $21.0 \leqslant W < 24.5$ | $21.0 \leqslant W < 28.0$ | 6 |
| $24.5 \leqslant W < 28.0$ | — | 7 |
| $28.0 \leqslant W < 31.5$ | $28.0 \leqslant W < 35.0$ | 8 |

施加于大跨桥梁上的汽车荷载应考虑纵向折减。当桥梁计算跨径 $L_0 \geqslant 150m$ 时，汽车荷载应按表 2-6 规定的纵向折减系数进行折减。当为多跨连续结构时，整个结构均应按桥梁最大的计算跨径考虑汽车荷载的纵向折减。

表 2-6　纵向折减系数

| 计算跨径 $L_0$/m | 纵向折减系数 |
|---|---|
| $150 \leqslant L_0 < 400$ | 0.97 |
| $400 \leqslant L_0 < 600$ | 0.96 |
| $600 \leqslant L_0 < 800$ | 0.95 |
| $800 \leqslant L_0 < 1000$ | 0.94 |
| $L_0 \geqslant 1000$ | 0.93 |

多车道桥梁上的汽车荷载应考虑横向折减。当桥涵设计车道数大于 2 时，汽车荷载应按表 2-7 规定的横向折减系数进行折减，但折减后的汽车荷载不得小于 2 条设计车道的汽车荷载。

表 2-7　横向折减系数

| 桥涵设计车道数 | 横向折减系数 |
|---|---|
| 3 | 0.78 |
| 4 | 0.67 |
| 5 | 0.60 |
| 6 | 0.55 |
| 7 | 0.52 |
| 8 | 0.50 |

# 2.5　人　群　荷　载

设有人行道的公路桥梁进行荷载计算时，应同时计算人行道上的人群荷载。桥梁计算跨径较小时，人群荷载所占总荷载的比例较大。当桥梁计算跨径小于或等于 50m 时，人

群荷载一般取值为 $3.0\mathrm{kN/m^2}$；当桥梁计算跨径大于 150m 时，人群荷载按 0.85 折减，取值为 $2.5\mathrm{kN/m^2}$。由于人群荷载取值来源于城市桥梁行人的高峰期，而公路桥梁上一般行人较少，采用此值应该是偏于安全的。专用人行桥梁人群荷载取值为 $3.5\mathrm{kN/m^2}$，也可根据实际情况或参照所在地区城市桥梁设计的规定确定。对于城镇郊区行人密集的桥梁，其人群荷载取值在调查统计的基础上再提高 15%。公路桥梁上的人行道板可以一块板为单元，按标准值 $4.0\mathrm{kN/m^2}$ 的均布荷载计算。计算人行道栏杆时，作用在栏杆立柱顶上的水平推力一般取值为 $0.75\mathrm{kN/m}$；作用在栏杆扶手上的竖向力一般取值为 $1.0\mathrm{kN/m}$。

# 2.6 吊 车 荷 载

## 2.6.1 吊车工作制等级与工作级别

工业厂房因工艺上的要求常设有吊车，按吊车荷载设计结构时，有关吊车的技术资料（包括吊车的最大或最小轮压）都应由制造厂提供。因此，设计时应以制造厂当时的产品规格作为设计依据。

对不同类型和不同工作要求的吊车应采用不完全相同的设计计算。对一台构造简单、工作清闲或由标准部件组成的吊车，其计算可简略一些，而不要求按规范所列的全部内容逐项进行设计计算，但必须保证安全和可靠。

1. 吊车整机的分级

吊车整机的工作级别，由吊车的使用等级和吊车的起升荷载状态级别两个因素决定。

（1）吊车的使用等级。

吊车的使用等级表明了该吊车使用频繁程度，由吊车的总工作循环数决定，它可以由吊车预计的使用年数（该吊车报废或被更新之前的使用年数）、每年平均的工作日数、每工作日内平均的工作循环数的乘积得到。

吊车的设计预期寿命是指设计预设的该吊车从开始使用到最终报废时能完成的总工作循环数。吊车的一个工作循环是指从起吊一个物品起，到能开始起吊下一个物品时止，包括吊车运行及正常的停歇在内的一个完整的过程。

吊车的使用等级是将吊车可能完成的总工作循环数划分成 10 个等级，用 $U_0$，$U_1$，$U_2$，…，$U_9$ 表示，见表 2-8。

表 2-8 吊车的使用等级

| 使用等级 | 总工作循环数 $C_T$ | 使用频繁程度 |
|---|---|---|
| $U_0$ | $C_T \leqslant 1.60 \times 10^4$ | 很少使用 |
| $U_1$ | $1.60 \times 10^4 < C_T \leqslant 3.20 \times 10^4$ | |
| $U_2$ | $3.20 \times 10^4 < C_T \leqslant 6.30 \times 10^4$ | |
| $U_3$ | $6.30 \times 10^4 < C_T \leqslant 1.25 \times 10^5$ | |
| $U_4$ | $1.25 \times 10^5 < C_T \leqslant 2.50 \times 10^5$ | 不频繁使用 |

| 使用等级 | 总工作循环数 $C_T$ | 使用频繁程度 |
|---|---|---|
| $U_5$ | $2.50 \times 10^5 < C_T \leqslant 5.00 \times 10^5$ | 中等频繁使用 |
| $U_6$ | $5.00 \times 10^5 < C_T \leqslant 1.00 \times 10^6$ | 较频繁使用 |
| $U_7$ | $1.00 \times 10^6 < C_T \leqslant 2.00 \times 10^6$ | 频繁使用 |
| $U_8$ | $2.00 \times 10^6 < C_T \leqslant 4.00 \times 10^6$ | 特别频繁使用 |
| $U_9$ | $4.00 \times 10^6 < C_T$ | |

（2）吊车的起升荷载状态级别。

吊车的起升荷载是指吊车在实际的起吊作业中每次吊运的物品质量（有效起重量）与吊具及属具质量的总和（即起升质量）的重力。吊车的额定起升荷载是指吊车起吊额定起重量时能够吊运的物品最大质量与吊具及属具质量的总和（即总起升质量）的重力，其单位为牛顿（N）或千牛（kN）。

吊车的起升荷载状态级别是指在该吊车的设计预期寿命期限内，它的各个有代表性的起升荷载值的大小及各相应的起吊次数，与吊车的额定起升荷载的大小及总的起吊次数的比值情况。

吊车的起升荷载状态级别表明了该吊车起升荷载的轻重程度，由式（2-8）计算出吊车的荷载谱系数 $K_p$。

$$K_p = \sum \left[ \frac{C_i}{C_T} \left( \frac{p_{Q_i}}{p_{Q_{max}}} \right)^m \right] \qquad (2-8)$$

式中　$K_p$——吊车的荷载谱系数；

$C_i$——与吊车各个有代表性的起升荷载相应的工作循环数，$C_i = C_1$，$C_2$，$C_3$，…，$C_n$；

$C_T$——吊车总工作循环数，$C_T = \sum\limits_{i=1}^{n} C_i = C_1 + C_2 + C_3 + \cdots + C_n$；

$p_{Q_i}$——能表征吊车在预期寿命期限内工作任务的各个有代表性的起升荷载，$p_{Q_i} = p_{Q_1}$，$p_{Q_2}$，$p_{Q_3}$，…，$p_{Q_n}$；

$p_{Q_{max}}$——吊车的额定起升荷载；

$m$——幂指数，为了便于吊车的起升荷载状态级别的划分，约定 $m$ 取 3。

式（2-8）展开后变为式（2-9）。

$$K_p = \frac{C_1}{C_T} \left( \frac{p_{Q_1}}{p_{Q_{max}}} \right)^3 + \frac{C_2}{C_T} \left( \frac{p_{Q_2}}{p_{Q_{max}}} \right)^3 + \frac{C_3}{C_T} \left( \frac{p_{Q_3}}{p_{Q_{max}}} \right)^3 + \cdots + \frac{C_n}{C_T} \left( \frac{p_{Q_n}}{p_{Q_{max}}} \right)^3 \qquad (2-9)$$

由式（2-9）算得吊车荷载谱系数后，即可按表 2-9 确定该吊车相应的起升荷载状态级别。

表 2-9　吊车的荷载谱系数及起升荷载状态级别

| 荷载谱系数 $K_p$ | 荷载状态级别 | 说明 |
|---|---|---|
| $K_p \leqslant 0.125$ | $Q_1$ | 很少吊运额定荷载，经常吊运较轻荷载 |
| $0.125 < K_p \leqslant 0.250$ | $Q_2$ | 较少吊运额定荷载，经常吊运中等荷载 |
| $0.250 < K_p \leqslant 0.500$ | $Q_3$ | 有时吊运额定荷载，较多吊运较重荷载 |
| $0.500 < K_p \leqslant 1.000$ | $Q_4$ | 经常吊运额定荷载 |

(3) 吊车整机的工作级别。

根据吊车的 10 个使用等级和 4 个起升荷载状态级别，吊车整机的工作级别划分为 $A_1 \sim A_8$ 共 8 个级别，见表 2-10。

表 2-10 吊车整机的工作级别

| 起升荷载状态级别 | 荷载谱系数 $K_p$ | 吊车的使用等级 | | | | | | | | | |
|---|---|---|---|---|---|---|---|---|---|---|---|
| | | $U_0$ | $U_1$ | $U_2$ | $U_3$ | $U_4$ | $U_5$ | $U_6$ | $U_7$ | $U_8$ | $U_9$ |
| $Q_1$ | $K_p \leqslant 0.125$ | $A_1$ | $A_1$ | $A_1$ | $A_2$ | $A_3$ | $A_4$ | $A_5$ | $A_6$ | $A_7$ | $A_8$ |
| $Q_2$ | $0.125 < K_p \leqslant 0.250$ | $A_1$ | $A_1$ | $A_2$ | $A_3$ | $A_4$ | $A_5$ | $A_6$ | $A_7$ | $A_8$ | $A_8$ |
| $Q_3$ | $0.250 < K_p \leqslant 0.500$ | $A_1$ | $A_2$ | $A_3$ | $A_4$ | $A_5$ | $A_6$ | $A_7$ | $A_8$ | $A_8$ | $A_8$ |
| $Q_4$ | $0.500 < K_p \leqslant 1.000$ | $A_2$ | $A_3$ | $A_4$ | $A_5$ | $A_6$ | $A_7$ | $A_8$ | $A_8$ | $A_8$ | $A_8$ |

2. 机构的分级

(1) 机构的使用等级。

机构的设计预期寿命是指设计预设的该机构从开始使用起到预期更换或最终报废为止的总运转时间，它只是该机构实际运转小时累计之和，而不包括工作中此机构的停歇时间，机构的使用等级是按该机构的总运转时间分成 10 个等级，以 $T_0$，$T_1$，$T_2$，…，$T_9$ 表示，见表 2-11。

表 2-11 机构的使用等级

| 使用等级 | 总运转时间 $t_T/h$ | 机构运转频繁情况 |
|---|---|---|
| $T_0$ | $t_T \leqslant 200$ | 很少使用 |
| $T_1$ | $200 < t_T \leqslant 400$ | |
| $T_2$ | $400 < t_T \leqslant 800$ | |
| $T_3$ | $800 < t_T \leqslant 1500$ | |
| $T_4$ | $1500 < t_T \leqslant 3200$ | 不频繁使用 |
| $T_5$ | $3200 < t_T \leqslant 6300$ | 中等频繁使用 |
| $T_6$ | $6300 < t_T \leqslant 12500$ | 较频繁使用 |
| $T_7$ | $12500 < t_T \leqslant 25000$ | |
| $T_8$ | $25000 < t_T \leqslant 50000$ | 频繁使用 |
| $T_9$ | $50000 < t_T$ | |

(2) 机构的荷载状态级别。

机构的荷载状态级别表明了机构所受荷载的轻重情况。机构的荷载谱系数可用式(2-10)计算。

$$K_m = \sum_{i=1}^{n} \left[ \frac{t_i}{t_T} \left( \frac{p_i}{p_{max}} \right)^m \right] \tag{2-10}$$

式中 $K_m$——机构的荷载谱系数；

$t_i$——机构承受各个大小不同等级荷载的相应持续时间，$t_i = t_1$，$t_2$，$t_3$，$\cdots$，$t_n$；

$t_T$——机构承受所有大小不同等级荷载的时间总和，$t_T = \sum\limits_{i=1}^{n} t_i = t_1 + t_2 + t_3 + \cdots + t_n$；

$p_i$——能表征机构在服务期内工作特征的各个大小不同等级的荷载，$p_i = p_1$，$p_2$，$p_3$，$\cdots$，$p_n$；

$p_{max}$——机构承受的最大荷载；

$m$——同式$(2-9)$。

式$(2-10)$展开后变为式$(2-11)$。

$$K_m = \frac{t_1}{t_T}\left(\frac{p_1}{p_{max}}\right)^3 + \frac{t_2}{t_T}\left(\frac{p_2}{p_{max}}\right)^3 + \frac{t_3}{t_T}\left(\frac{p_3}{p_{max}}\right)^3 + \cdots + \frac{t_n}{t_T}\left(\frac{p_n}{p_{max}}\right)^3 \qquad (2-11)$$

由式$(2-11)$算得机构荷载谱系数的4个范围值后，即可按表$2-12$确定机构相应的荷载状态级别。

表 2-12　机构的荷载谱系数及荷载状态级别

| 机构荷载谱系数 $K_m$ | 荷载状态级别 | 说明 |
|---|---|---|
| $K_m \leqslant 0.125$ | $L_1$ | 机构很少承受最大荷载，一般承受轻小荷载 |
| $0.125 < K_m < 0.250$ | $L_2$ | 机构较少承受最大荷载，一般承受中等荷载 |
| $0.250 \leqslant K_m \leqslant 0.500$ | $L_3$ | 机构有时承受最大荷载，一般承受较大荷载 |
| $0.500 < K_m \leqslant 1.000$ | $L_4$ | 机构经常承受最大荷载 |

（3）机构的工作级别。

机构工作级别是将各单个机构分别作为一个整体进行的荷载大小程度及运转频率情况总的评价，它概略地表示了由该机构的使用等级（设计寿命、运转小时数）和荷载状态级别（反映荷载轻重状态的级别或荷载谱系数）所决定的机构工作的总体状态，但它并不表示该机构中所有的零部件都有与此相同的荷载及运转情况。

根据机构的4个荷载状态级别和10个使用等级，机构单独作为一个整体进行分级的工作级别划分为 $M_1 \sim M_8$ 共8个级别，见表$2-13$。

表 2-13　机构的工作级别

| 荷载状态级别 | 机构的使用等级 | | | | | | | | | |
|---|---|---|---|---|---|---|---|---|---|---|
| | $T_0$ | $T_1$ | $T_2$ | $T_3$ | $T_4$ | $T_5$ | $T_6$ | $T_7$ | $T_8$ | $T_9$ |
| $L_1$ | $M_1$ | $M_1$ | $M_1$ | $M_2$ | $M_3$ | $M_4$ | $M_5$ | $M_6$ | $M_7$ | $M_8$ |
| $L_2$ | $M_1$ | $M_1$ | $M_2$ | $M_3$ | $M_4$ | $M_5$ | $M_6$ | $M_7$ | $M_8$ | $M_8$ |
| $L_3$ | $M_1$ | $M_2$ | $M_3$ | $M_4$ | $M_5$ | $M_6$ | $M_7$ | $M_8$ | $M_8$ | $M_8$ |
| $L_4$ | $M_2$ | $M_3$ | $M_4$ | $M_5$ | $M_6$ | $M_7$ | $M_8$ | $M_8$ | $M_8$ | $M_8$ |

## 2.6.2 吊车竖向荷载和水平荷载

### 1. 吊车竖向荷载标准值

桥式吊车由大车(桥架)和小车组成,大车在吊车梁的轨道上沿厂房纵向行驶,小车在大车的轨道上沿厂房横向行驶,带有吊钩的起重卷扬机安装在小车上。当小车以额定的最大起重量开到大车某一极限位置时(图2.8),一侧的每个大车轮压即为吊车的最大轮压标准值 $P_{\max,k}$,另一侧的每个大车轮压即为吊车的最小轮压标准值 $P_{\min,k}$。设计中吊车竖向荷载标准值应采用吊车最大轮压标准值和最小轮压标准值。最大轮压标准值在吊车生产厂提供的各类型吊车技术规格中已明确给出,一般由工艺提供,或可查阅产品手册得到。最小轮压标准值则往往需由设计者自行计算,其计算如下。

**图 2.8 吊车荷载示意图**

(1) 对每端有2个车轮的吊车(如电动单梁起重机、起重量不大于50t的普通电动吊钩桥式起重机等),其最小轮压标准值见式(2-12)。

$$P_{\min,k}=\frac{G+Q}{2}g-P_{\max,k} \qquad (2-12)$$

(2) 对每端有4个车轮的吊车(如起重量超过50t的普通电动吊钩桥式起重机等),其最小轮压标准值见式(2-13)。

$$P_{\min,k}=\frac{G+Q}{4}g-P_{\max,k} \qquad (2-13)$$

式中  $P_{\min,k}$——吊车的最小轮压标准值;

$P_{\max,k}$——吊车的最大轮压标准值;

$G$——吊车的总质量;

$Q$——吊车的额定起重量;

$g$——重力加速度(9.8m/s²)。

吊车荷载是移动的,利用结构力学中影响线的概念,即可求出通过吊车梁作用于排架柱上的最大竖向荷载和最小竖向荷载,进而求得排架结构的内力。

## 2. 吊车竖向荷载的动力系数

当计算吊车梁及其连接的强度时，吊车竖向荷载应乘以动力系数。其动力系数可按表 2-14 取用。

表 2-14　吊车竖向荷载的动力系数

| 吊车类别 | 动力系数 |
|---|---|
| 悬挂吊车、电动吊车、整机工作级别为 $A_1 \sim A_5$ 的吊车 | 1.05 |
| 整机工作级别为 $A_6 \sim A_8$ 的软钩吊车、硬钩吊车、其他特种吊车 | 1.10 |

## 3. 吊车水平荷载标准值

吊车水平荷载有纵向荷载和横向荷载两种。

(1) 吊车纵向水平荷载标准值。

吊车纵向水平荷载标准值应取作用在一边轨道上所有刹车轮的最大轮压之和的 10%。该项荷载的作用点位于刹车轮与轨道的接触点，其方向与轨道方向一致。

(2) 吊车横向水平荷载标准值。

吊车横向水平荷载标准值应取横行小车质量与额定起重量之和乘以软（硬）钩吊车相应的系数，其方向与轨道方向垂直，按式(2-14)计算。

$$H = \alpha_H (Q + G_1) g \tag{2-14}$$

式中　$H$——吊车横向水平荷载标准值；

$\alpha_H$——系数（对软钩吊车：当额定起重量不大于 10t 时，应取 0.12；当额定起重量为 16~50t 时，应取 0.10；当额定起重量不小于 75t 时，应取 0.08。对硬钩吊车：应取 0.20；横向水平荷载应等分于吊车桥架的两端，分别由轨道上的车轮传至轨道，其方向与轨道方向垂直，并考虑正反方向刹车情况）；

$Q$——吊车的额定起重量；

$G_1$——小车质量。

## 4. 多台吊车的组合

设计厂房的吊车梁和排架时，考虑参与组合的吊车台数是根据所计算的结构能同时产生效应的吊车台数确定的。它主要取决于柱距大小和厂房跨度数量，其次是各吊车同时聚集在同一柱距范围内的可能性。对于单跨厂房，同一跨度内，两台吊车以邻近距离运行是常见的；3 台吊车相邻运行十分罕见，即使偶然发生，由于柱距所限，能对一榀排架产生的影响也只限于两台。因此，单跨厂房设计吊车梁和排架时，最多考虑两台吊车。

对于多跨厂房，在同一柱距内同时出现超过两台吊车的机会增加。但考虑到隔跨吊车对结构影响减弱，为了计算上的方便，容许在计算吊车竖向荷载时，最多只考虑 4 台吊车。而在计算吊车水平荷载时，由于同时启动和制动吊车的机会很小，容许最多只考虑两台吊车。

对于多层吊车的单跨或多跨厂房的每个排架，参与组合的吊车台数应按实际情况考虑；当有特殊情况时，参与组合的吊车台数也应按实际情况考虑。

计算排架考虑多台吊车水平荷载时，对单跨或多跨厂房的每个排架，参与组合的吊车台数不应多于两台。

按照以上组合方法，吊车荷载不论是由两台吊车还是由 4 台吊车引起的，都按照各台吊车同时处于最不利位置，且同时满载的极端情况考虑，实际上这种极端情况出现的概率是极小的。从概率观点来看，可将多台吊车共同作用时的吊车荷载组合予以折减。在实测调查和统计分析的基础上，可得到多台吊车的荷载折减系数(表 2 - 15)。

表 2 - 15　多台吊车的荷载折减系数

| 参与组合的吊车台数/台 | 折减系数 | |
|:---:|:---:|:---:|
| | $A_1 \sim A_5$ | $A_6 \sim A_8$ |
| 2 | 0.90 | 0.95 |
| 3 | 0.85 | 0.90 |
| 4 | 0.80 | 0.85 |

注：对于多层吊车的单跨或多跨厂房，计算排架时，参与组合的多台吊车的荷载折减系数应按实际情况考虑。

5. 吊车荷载的组合值、频遇值及准永久值

吊车起吊重物处于工作状态时，一般很少持续地停留在某个位置上，所以在正常条件下，吊车荷载作用的时间是短暂的，因此设计厂房排架时，在荷载准永久组合中不考虑吊车荷载。但在吊车梁按正常使用极限状态设计时，可采用吊车荷载的准永久值计算吊车梁的长期荷载效应。

吊车荷载的组合值系数、频遇值系数及准永久值系数可按表 2 - 16 的规定采用。

表 2 - 16　吊车荷载的组合值系数、频遇值系数及准永久值系数

| 吊车整机的工作级别 | | 组合值系数 $\psi_c$ | 频遇值系数 $\psi_f$ | 准永久值系数 $\psi_q$ |
|:---:|:---:|:---:|:---:|:---:|
| 软钩吊车 | $A_1 \sim A_3$ | 0.70 | 0.60 | 0.50 |
| | $A_4$、$A_5$ | 0.70 | 0.70 | 0.60 |
| | $A_6$、$A_7$ | 0.70 | 0.70 | 0.70 |
| | $A_8$ | 0.95 | 0.95 | 0.95 |
| 硬钩吊车 $A_1 \sim A_8$ | | 0.95 | 0.95 | 0.95 |

# 2.7　楼面和屋面活荷载

《建筑结构荷载规范》(GB 50009—2012)

## 2.7.1　楼面活荷载的取值原则

1. 楼面活荷载的标准值

虽然《建筑结构荷载规范》（GB 50009—2012)对一般民用建筑和某些

类别的工业建筑有明确的楼面活荷载取值规定，但设计中有时会要求确定规范中未明确的楼面活荷载，此时可按下列方法确定其标准值。

（1）对该种楼面活荷载的观测进行统计，当有足够资料并能对其统计分布做出合理估计时，则在房屋设计基准期（50年）楼面活荷载最大值的分布上，根据协定的百分位值取某分位值作为该种楼面活荷载的标准值。所谓协定的百分位值，原则上可取楼面活荷载最大值分布上能表征其集中趋势的统计特征值，例如均值、中值或众值（概率密度函数的峰值），当认为数据代表性不够充分或统计方法不够完善时，也可取更完全的高分位值。

（2）对不能取得足够资料进行统计的楼面活荷载，可根据已有的工程经验，通过分析判断后，协定一个可能出现的楼面活荷载最大值作为该类楼面活荷载的标准值。楼面活荷载在楼面上的位置是任意的，为方便起见，工程设计时一般可将楼面活荷载处理为等效均布活荷载。楼面活荷载标准值与房屋使用功能有关，根据楼面上人员活动状态和设施分布情况，其取值大致可分为7个档次：①活动人员较少的楼面，如住宅、旅馆、医院、教室等，活荷载标准值可取 $2.0\text{kN/m}^2$；②活动人员较多且有设备的楼面，如食堂和餐厅（在某一时段有较多人员聚集）、办公楼内的档案室和资料室（可能堆积较多文件资料），活荷载标准值可取 $2.5\text{kN/m}^2$；③活动人员很多且有较重设备的楼面，如活动人员很多的礼堂、剧场、影院以及有较多洗衣设备的公共洗衣房，活荷载标准值可取 $3.0\text{kN/m}^2$；④活动人员很集中，有时很拥挤或有较重设备的楼面，如商店、展览厅，既有拥挤的人群，又有较重的物品，活荷载标准值可取 $3.5\text{kN/m}^2$；⑤人员活动比较剧烈的楼面，如健身房、舞厅，由于人的跳跃、翻滚会引起楼面瞬间振动，通常把楼面静力荷载适当放大以考虑这种动力效应，活荷载标准值可取 $4.0\text{kN/m}^2$；⑥储存物品的仓库的楼面，如藏书库、档案库、储藏室等，柜架上往往堆满图书、档案和物品，活荷载标准值可取 $5.0\text{kN/m}^2$；⑦有大型机械设备的楼面，如建筑物内的通风机房、电梯机房，因运行需要放有重型设备，活荷载标准值可取 $6.0\sim7.5\text{kN/m}^2$。

（3）对房屋内部设施比较固定的情况，设计时可直接按给定的荷载布置图或按对结构安全产生最不利效应的荷载布置图，对结构进行计算。

（4）对使用性质类同的房屋，如内部配置的设施大致相同，一般可对其进行合理分类，在同一类别的房屋中，选取各种可能的荷载布置图，经分析研究后选出最不利效应的荷载布置作为该类房屋楼面活荷载标准值的确定依据，采用等效均布荷载方法求出楼面活荷载标准值。

**2. 楼面活荷载准永久值**

对《建筑结构荷载规范》（GB 50009—2012)未明确的楼面活荷载准永久值可按下列原则确定。

（1）按可变荷载准永久值的定义，由荷载任意时点分布上的中值确定。

（2）对有可能将可变荷载划分为持久性和临时性两类荷载时，可直接引用持久性荷载分布中的规定分位值为该楼面活荷载的准永久值。

（3）当缺乏系统的观测资料时，可根据楼面使用性质的类同性，参照《建筑结构荷载规范》（GB 50009—2012)中给出的楼面活荷载准永久值系数，分析比较后确定楼面活荷载准永久值。

**3. 楼面活荷载频遇值**

对《建筑结构荷载规范》（GB 50009—2012)未明确的楼面活荷载频遇值可按下列原则

确定。

（1）按可变荷载频遇值的定义，可近似地在荷载任意时点分布上取其超越概率为较小值的荷载值，该荷载值超越概率建议不大于10％。

（2）当缺乏系统的观测资料时，可根据楼面使用性质的类同性，参照《建筑结构荷载规范》（GB 50009—2012)中给出的楼面活荷载频遇值系数，分析比较后确定楼面活荷载频遇值。

#### 4. 楼面活荷载组合值

可变荷载的组合值的定义是指按该荷载与主导荷载组合后取值的超越概率与该荷载单独出现时取值的超越概率相一致的原则确定。

在大量数据分析的基础上，认为楼面活荷载组合值一般情况可取 $0.7kN/m^2$，此外为偏于保守又规定取值不得小于其频遇值。

#### 5. 楼面活荷载的动力系数

楼面在荷载作用下的动力响应来源于其作用的活动状态，大致可分为两大类：一类是在正常活动下发生的楼面稳态振动，例如机械设备的运行，车辆的行驶，竞技运动场上观众的持续欢腾、跳舞和走步等；另一类是偶尔发生的楼面瞬态振动，例如重物坠落、人自高处跳下等。前一类作用在结构上可以是周期性的，也可以是非周期性的；后一类是冲击荷载，引起的振动都将因结构阻尼而消逝。

楼面设计时，对一般结构的荷载效应，可不经过结构的动力分析，而直接对楼面上的静力荷载乘以动力系数作为楼面活荷载，按静力分析确定结构的荷载效应。

在很多情况下，由于荷载效应中的动力部分比重不大，在设计中往往可以忽略，或直接包含在楼面活荷载标准值的取值中。对冲击荷载，由于其影响比较明显，在设计中应予以考虑。《建筑结构荷载规范》（GB 50009—2012)明确规定，搬运和装卸重物以及车辆启动和刹车时的动力系数可取 1.1～1.3；屋面上直升机的活荷载应考虑动力系数，具有液压轮胎起落架的直升机的动力系数可取 1.4。此外冲击荷载只传至直接承受该荷载的楼板和梁。当楼面放有特别重的设备、无过道的密集书柜、消防车等大型车辆时，应另行考虑。

### 2.7.2 民用建筑楼面均布活荷载

#### 1. 民用建筑楼面均布活荷载标准值及其组合值、频遇值和准永久值系数

民用建筑楼面活荷载是指建筑物中的人群、家具、设施等产生的重力作用，这些荷载随时间发生变化，位置也是可变化的，亦称为可变荷载。楼面活荷载按其随时间变化的特点，可分为持久性活荷载和临时性活荷载两部分。持久性活荷载是指楼面上某个时段内基本保持不变的荷载，如住宅内的家具、物品、常住人员等，这些荷载在住户搬迁入住后一般变化不大。临时性活荷载是指楼面上偶尔出现的短期荷载，如聚会的人群、装修材料的堆积等。《建筑结构荷载规范》（GB 50009—2012)在调查和统计的基础上给出了民用建筑楼面均布活荷载标准值及组合值、频遇值和准永久值系数(表 2-17)，设计时对于表 2-17中列出的项目应直接取用所给的数据。

表 2-17　民用建筑楼面均布活荷载标准值及其组合值、频遇值和准永久值系数

| 项次 | 类别 | | | 标准值/ $(kN/m^2)$ | 组合值 系数 $\psi_c$ | 频遇值 系数 $\psi_f$ | 准永久值 系数 $\psi_q$ |
|---|---|---|---|---|---|---|---|
| 1 | （1）住宅、宿舍、旅馆、办公楼、医院病房、托儿所、幼儿园 | | | 2.0 | 0.7 | 0.5 | 0.4 |
| | （2）试验室、阅览室、会议室、医院门诊室 | | | 2.0 | 0.7 | 0.6 | 0.5 |
| 2 | 教室、食堂、餐厅、一般资料档案室 | | | 2.5 | 0.7 | 0.6 | 0.5 |
| 3 | （1）礼堂、剧场、影院、有固定座位的看台 | | | 3.0 | 0.7 | 0.5 | 0.3 |
| | （2）公共洗衣房 | | | 3.0 | 0.7 | 0.6 | 0.5 |
| 4 | （1）商店、展览厅、车站、港口、机场大厅及其旅客等候室 | | | 3.5 | 0.7 | 0.6 | 0.5 |
| | （2）无固定座位的看台 | | | 3.5 | 0.7 | 0.5 | 0.3 |
| 5 | （1）健身房、演出舞台 | | | 4.0 | 0.7 | 0.6 | 0.5 |
| | （2）运动场、舞厅 | | | 4.0 | 0.7 | 0.6 | 0.3 |
| 6 | （1）书库、档案库、贮藏室 | | | 5.0 | 0.9 | 0.9 | 0.8 |
| | （2）密集柜书库 | | | 12.0 | 0.9 | 0.9 | 0.8 |
| 7 | 通风机房、电梯机房 | | | 7.0 | 0.9 | 0.9 | 0.8 |
| 8 | 汽车通道及客车停车库 | （1）单向板楼盖（板跨不小于 2m）和双向板楼盖（板跨不小于 3m×3m） | 客车 | 4.0 | 0.7 | 0.7 | 0.6 |
| | | | 消防车 | 35.0 | 0.7 | 0.5 | 0.0 |
| | | （2）双向板楼盖（板跨不小于 6m×6m）和无梁楼盖（柱网不小于 6m×6m） | 客车 | 2.5 | 0.7 | 0.7 | 0.6 |
| | | | 消防车 | 20.0 | 0.7 | 0.5 | 0.0 |
| 9 | 厨房 | （1）餐厅 | | 4.0 | 0.7 | 0.7 | 0.7 |
| | | （2）其他 | | 2.0 | 0.7 | 0.6 | 0.5 |
| 10 | 浴室、卫生间、盥洗室 | | | 2.5 | 0.7 | 0.6 | 0.5 |
| 11 | 走廊、门厅 | （1）宿舍、旅馆、医院病房、托儿所、幼儿园、住宅 | | 2.0 | 0.7 | 0.5 | 0.4 |
| | | （2）办公楼、餐厅、医院门诊部 | | 2.5 | 0.7 | 0.6 | 0.5 |
| | | （3）教学楼及其他可能出现人员密集的情况 | | 3.5 | 0.7 | 0.5 | 0.3 |

续表

| 项次 | | 类别 | 标准值/<br>(kN/m²) | 组合值<br>系数 $\psi_c$ | 频遇值<br>系数 $\psi_f$ | 准永久值<br>系数 $\psi_q$ |
|---|---|---|---|---|---|---|
| 12 | 楼梯 | (1) 多层住宅 | 2.0 | 0.7 | 0.5 | 0.4 |
| | | (2) 其他 | 3.5 | 0.7 | 0.5 | 0.3 |
| 13 | 阳台 | (1) 可能出现人员密集的情况 | 3.5 | 0.7 | 0.6 | 0.5 |
| | | (2) 其他 | 2.5 | 0.7 | 0.6 | 0.5 |

注：① 本表所给各项数据适用于一般使用条件，当使用荷载较大、情况特殊或有专门要求时，应按实际情况采用。

② 当书架高度大于 2m 时，第 6 项书库活荷载尚应按每米书架高度不小于 2.5kN/m² 确定。

③ 第 8 项中的客车活荷载仅适用于停放载人少于 9 人的客车；消防车活荷载适用于满载总重为 300kN 的大型车辆；当不符合本表的要求时，应将车轮的局部荷载按结构效应的等效原则换算为等效均布活荷载。

④ 第 8 项消防车活荷载，当双向板楼盖板跨为 3m×3m～6m×6m 时，应按跨度线性内插法确定。

⑤ 第 12 项楼梯活荷载，对预制楼梯踏步平板，尚应按 1.5kN 集中荷载验算。

⑥ 本表各项荷载不包括隔墙自重和二次装修荷载；对固定隔墙的自重应按永久荷载考虑，当隔墙位置灵活自由布置时，非固定隔墙的自重应取不小于 1/3 的每延米长墙重（kN/m）作为楼面活荷载的附加值（kN/m²）计入，且附加值不应小于 1.0kN/m²。

**2. 民用建筑楼面均布活荷载标准值折减**

作用在楼面上的活荷载不可能以标准值的大小同时布满所有的楼面，因此在设计梁、墙、柱和基础时，还要考虑实际荷载沿楼面分布的变化情况，即在确定梁、墙、柱和基础的荷载标准值时，还应按楼面活荷载标准值乘以折减系数。折减系数的确定是一个比较复杂的问题，按照概率统计方法来考虑实际荷载沿楼面分布的变化情况尚不成熟，目前多数国家均采用半经验的传统方法，即根据荷载从属面积的大小来确定折减系数。

（1）国际通行做法。

国际通行做法是按下述不同情况对楼面均布活荷载乘以折减系数 $\lambda$。

① 计算梁的楼面活荷载效应。

住宅、办公楼等房屋或其房间的楼面均布活荷载计算见式(2-15)。

$$\lambda = 0.3 + \frac{3}{\sqrt{A}} \quad (A > 18\text{m}^2) \tag{2-15}$$

式中　$\lambda$——楼面均布活荷载；

　　　$A$——所计算楼面梁的从属面积，指向梁两侧各延伸 1/2 梁间距范围内的实际楼面面积。

公共建筑或其房间的楼面均布活荷载计算见式(2-16)。

$$\lambda = 0.5 + \frac{3}{\sqrt{A}} \quad (A > 18\text{m}^2) \tag{2-16}$$

② 计算多层房屋的柱、墙或基础的楼面活荷载效应。

住宅、办公楼等房屋的楼面均布活荷载计算见式(2-17)。

$$\lambda = 0.3 + \frac{0.6}{\sqrt{n}} \tag{2-17}$$

式中 $n$——所计算截面以上楼层数，$n \geqslant 2$。

公共建筑的楼面均布活荷载计算见式(2-18)。

$$\lambda = 0.5 + \frac{0.6}{\sqrt{n}} \qquad (2-18)$$

(2)《建筑结构荷载规范》(GB 50009—2012)的规定。

《建筑结构荷载规范》(GB 50009—2012)在借鉴国际标准的同时，结合我国设计经验做了合理的简化与修正，给出了设计梁、墙、柱及基础时，不同情况下楼面均布活荷载按楼层的折减系数(表 2-18)，设计时可根据情况直接取用。

① 设计梁时楼面均布活荷载的折减系数。

a. 当楼面梁从属面积超过 $25m^2$ 时，表 2-17 中第 1(1)项应取 0.9。

b. 当楼面梁从属面积超过 $50m^2$ 时，表 2-17 中第 1(2)～第 7 项应取 0.9。

c. 表 2-17 中第 8 项单向板楼盖的次梁和槽形板的纵肋应取 0.8，单向板楼盖的主梁应取 0.6；双向板楼盖的梁取 0.8。

d. 表 2-17 中第 9～第 13 项应采用与所属房屋类别相同的折减系数。

② 设计墙、柱和基础时的楼面均布活荷载的折减系数。

a. 表 2-17 中第 1(1)项应按表 2-18 规定采用。

b. 表 2-17 中第 1(2)～第 7 项应采用与其楼面梁相同的折减系数。

c. 表 2-17 中第 8 项：单向板楼盖应取 0.5，双向板楼盖和无梁楼盖应取 0.8。

d. 表 2-17 中第 9～第 13 项应采用与所属房屋类别相同的折减系数。

表 2-18　楼面均布活荷载按楼层的折减系数

| 墙、柱、基础计算截面以上的层数 | 计算截面以上各楼层活荷载总和的折减系数 |
| --- | --- |
| 1 | 1.00(0.90) |
| 2～3 | 0.85 |
| 4～5 | 0.70 |
| 6～8 | 0.65 |
| 9～20 | 0.60 |
| >20 | 0.55 |

注：当楼面梁从属面积超过 $25m^2$ 时，应采用括号内的折减系数。

【例 2.1】　存放一般资料的某两层档案室，其承重结构为现浇钢筋混凝土无梁楼盖板柱体系。柱网为 7.8m×7.8m，楼层净高为 3.0m，楼板厚度为 0.26m，楼面层建筑做法为 0.04m。各层楼面上设置可灵活布置的 C 形轻钢龙骨隔墙为两层 12mm 纸面石膏板，(无保温层)，求柱在基础顶部截面处由楼面活荷载标准值产生的轴向力标准值。

解：(1)隔墙产生的附加楼面活荷载标准值。由于隔墙位置可灵活布置，其自重作为楼面活荷载的附加值，可通过以下方法求得。

查《建筑结构荷载规范》(GB 50009—2012)附录 A 第 11 项得隔墙自重为 $0.27kN/m^2$，隔墙高度等于楼层净高 3.0m，按规定可取每延米长墙重的 1/3 作为隔墙产生的附加楼面活荷载标准值。

$$Q_{ak} = \frac{1}{3} \times 3.0 \times 0.27 = 0.27 (kN/m^2)$$

但 $0.27\text{kN/m}^2$ 小于 $1.0\text{kN/m}^2$，取 $1.0\text{kN/m}^2$。

（2）楼面均布活荷载标准值。存放一般资料的档案室楼面均布活荷载标准值按《建筑结构荷载规范》（GB 50009—2012）规定取 $2.5\text{kN/m}^2$（见表 2-17 中的第 2 项）。

因此，档案室每层楼面活荷载标准值 $q=2.5+1=3.5(\text{kN/m}^2)$。

（3）楼面活荷载产生的轴向力标准值。设计基础时，楼面活荷载标准值的折减系数按《建筑结构荷载规范》（GB 50009—2012）规定取 0.9，因此，由楼面活荷载标准值产生的轴向力标准值 $N_k$（忽略楼板不平衡弯矩产生的轴向力影响）：

$$N_k=3.5\times2\times0.9\times7.8\times7.8\approx383.3(\text{kN})$$

### 2.7.3 工业建筑楼面活荷载

工业建筑楼面在生产使用和安装检修时，由设备、管道、运输工具及可能拆移的隔墙产生的局部荷载，均应按实际情况考虑，采用等效均布活荷载来代替。工业建筑楼面活荷载的组合值系数、频遇值系数和准永久值系数，除本书明确给出外，应按实际情况采用，但在任何情况下，组合值系数和频遇值系数都不应小于 0.7，准永久值系数不应小于 0.6。

**1. 工业建筑楼面活荷载标准值**

在《建筑结构荷载规范》（GB 50009—2012）附录 D 中列出了金工车间、仪器仪表生产车间、半导体器件车间、棉纺织造车间、轮胎厂准备车间和粮食加工车间等工业建筑楼面活荷载的标准值，供设计人员设计时参照。

**2. 操作荷载及楼梯活荷载标准值**

工业建筑楼面（包括工作台）上无设备区域的操作荷载，包括操作人员、一般工具、零星原料和成品的自重，可按均布活荷载考虑，其标准值一般采用 $2.0\text{kN/m}^2$。但堆积料较多的车间可取 $2.5\text{kN/m}^2$；此外有的车间由于生产的不均衡性，在某个时期的成品或半成品堆积特别严重，则操作荷载的标准值可根据实际情况确定。若操作荷载在设备所占的楼面面积内，则不予考虑。

生产车间的楼梯活荷载标准值可按实际情况采用，但不宜小于 $3.5\text{kN/m}^2$。

这些车间楼面活荷载的分布形式不同，生产设备的动力性质也不尽相同，安装在楼面上的生产设备以局部荷载形式作用于楼面，而操作人员、加工原料、成品部件多为均布荷载；另外，不同用途的厂房，工艺设备动力性能各异，对楼面产生的动力效应也存在差别。为方便起见，常将局部荷载折算成等效均布活荷载，并乘以动力系数；或将静力荷载适当放大，即考虑了机器引起的动力效应。

**3. 工业建筑楼面等效均布活荷载标准值的确定方法**

工业建筑在生产、使用和安装检修设备时，由设备、管道、运输工具及可能拆移的隔墙在楼面上产生的局部荷载可采用以下方法确定其楼面等效均布活荷载标准值。

（1）楼面（板、次梁及主梁）的等效均布活荷载应在其设计控制部位上，根据需要按照内力（弯矩、剪力等）、变形及裂缝的等值要求来确定等效均布活荷载。在一般情况下，可仅按控制截面的内力的等值原则确定。

（2）由于实际工程中生产、检修、安装工艺及结构布置的不同，工业建筑楼面活荷载差别可能较大，此情况下应划分区域，分别确定各区域的等效均布活荷载标准值。

（3）连续梁、板的等效均布活荷载标准值可按单跨简支梁、简支板计算，但在计算梁、板的实际内力时仍按连续结构进行分析，可考虑梁、板塑性内力重分布，并按弹性阶段分析内力确定等效均布活荷载标准值。

（4）板的等效均布活荷载标准值按板内分布弯矩等效的原则确定，即简支板在实际的局部荷载作用下引起的绝对最大弯矩，应等于该简支板在等效均布活荷载作用下引起的绝对最大弯矩。单向板上局部荷载的等效均布活荷载标准值 $q_0$ 可按式（2-19）计算。

$$q_0 = \frac{8M_{max}}{bl_0^2} \tag{2-19}$$

式中    $l_0$ ——简支板的计算跨度；

   $b$ ——简支板上局部荷载的有效分布宽度；

   $M_{max}$ ——简支板在实际的局部荷载作用下引起的绝对最大弯矩，即沿板宽方向按设备的最不利布置确定的总弯矩（计算时设备荷载应乘以动力系数，并扣去设备在该板跨度内所占面积上由操作荷载引起的弯矩。动力系数应根据实际情况考虑）。

（5）计算板的等效均布活荷载标准值时，还必须明确搁置于楼面上的工艺设备局部荷载的实际作用面尺寸，作用面形状一般按矩形考虑，并假定局部荷载按 45° 扩散线传递，这样可以方便地确定局部荷载扩散到板中性层处的计算宽度，从而确定单向板上局部荷载的有效分布宽度。单向板上局部荷载的有效分布宽度 $b$ 可按下列规定计算。

① 当局部荷载作用面的长边平行于板的跨度时，简支板上局部荷载的有效分布宽度 $b$ [式（2-20）、式（2-21）]按以下两种情况取值 [图 2.9(a)]。

当 $b_{cx} \geqslant b_{cy}$，$b_{cy} \leqslant 0.6l_0$，$b_{cx} \leqslant l_0$ 时：

$$b = b_{cy} + 0.7l_0 \tag{2-20}$$

当 $b_{cx} \geqslant b_{cy}$，$0.6l_0 < b_{cy} \leqslant l_0$，$b_{cx} \leqslant l_0$ 时：

$$b = 0.6b_{cy} + 0.94l_0 \tag{2-21}$$

式中    $l_0$ ——板的跨度；

   $b_{cx}$ ——局部荷载作用面的长边平行于板的跨度的计算宽度（$b_{cx} = b_{tx} + 2s + h$，其中，$b_{tx}$ 为局部荷载作用面的长边平行于板的跨度的宽度，$s$ 为垫层厚度，$h$ 为板的厚度）；

   $b_{cy}$ ——局部荷载作用面的长边垂直于板的跨度的计算宽度（$b_{cy} = b_{ty} + 2s + h$，其中，$b_{ty}$ 为局部荷载作用面的长边垂直于板的跨度的宽度）。

② 当局部荷载作用面的长边垂直于板的跨度时，简支板上局部荷载的有效分布宽度 $b$ [式（2-22）、式（2-23）]按以下两种情况取值 [图 2.9(b)]。

当 $b_{cx} < b_{cy}$，$b_{cy} \leqslant 2.2 l_0$，$b_{cx} \leqslant l_0$ 时：

$$b = \frac{2}{3}b_{cy} + 0.73l_0 \tag{2-22}$$

当 $b_{cx} < b_{cy}$，$b_{cy} > 2.2 l_0$，$b_{cx} \leqslant l_0$ 时：

$$b = b_{cy} \tag{2-23}$$

(a) 局部荷载作用面的长边平行于板的跨度     (b) 局部荷载作用面的长边垂直于板的跨度

**图 2.9 简支板上局部荷载的有效分布宽度**

对于不同用途的工业厂房，板、次梁和主梁的等效均布活荷载的比值没有一定的规律，难以给出统一的折减系数。因此，《建筑结构荷载规范》(GB 50009—2012)对板、次梁和主梁分别列出了等效均布活荷载的标准值；对于多层厂房的柱、墙和基础不考虑等效均布活荷载标准值按楼层数的折减；不同用途的工业建筑，其工艺设备的动力性质不尽相同，一般情况下，所给的各类车间楼面活荷载标准值中已考虑动力系数 $1.05\sim1.10$，特殊的专用设备和机器的楼面活荷载动力系数可取 $1.20\sim1.30$。

**【例 2.2】** 某工业建筑的楼面板，在使用过程中最不利情况的设备位置如图 2.10 所示，设备自重 8kN，设备平面尺寸为 $0.5\text{m}\times1.0\text{m}$，设备下有混凝土垫层厚 0.1m，使用过程中设备的动力系数为 1.10，楼面板为现浇钢筋混凝土单向连续板，其厚度为 0.1m，无设备区域的操作荷载为 $2.0\text{kN/m}^2$，求此情况下等效均布活荷载标准值。

**图 2.10 例 2.2 最不利情况的设备位置**

**解：**(1) 局部荷载的有效分布宽度。

板的计算跨度 $l_0=l_c=3\text{m}$。

设备荷载作用面的长边平行于板的跨度时的计算宽度：

$$b_{cx}=b_{tx}+2s+h=0.5+2\times0.1+0.1=0.8 \text{ (m)}$$

设备荷载作用面的长边垂直于板的跨度时的计算宽度：

$$b_{cy}=b_{ty}+2s+h=1.0+2\times0.1+0.1=1.3 \text{ (m)}$$

符合 $b_{cx}<b_{cy}$（即 $0.8\text{m}<1.3\text{m}$）；$b_{cy}<2.2l_0$[即 $1.3\text{m}<2.2\times3.0=6.6 \text{ (m)}$]；$b_{cx}<l_0$

（即 0.8m＜3.0m）的条件。

故设备荷载在板上的有效分布宽度：

$$b = \frac{2}{3}b_{cy} + 0.73l_0 = \frac{2}{3} \times 1.3 + 0.73 \times 3 \approx 3.06 \text{ （m）}$$

（2）楼面等效均布活荷载标准值。

按简支单跨板计算作用在板上的活荷载。

无设备区域的操作荷载在板的有效分布宽度内产生的沿板的跨度的均布线荷载：

$$q_1 = 2 \times 3.06 = 6.12 \text{ （kN/m）}$$

设备荷载乘以动力系数扣除设备在板的跨度内所占面积上的操作荷载后产生的沿板的跨度均布线荷载：

$$q_2 = (8 \times 1.10 - 2 \times 0.5 \times 1.0)/0.8 = 9.75 \text{ （kN/m）}$$

板的最大弯矩：

$$M_{max} = \frac{1}{8} \times 6.12 \times 3^2 + \frac{1}{8} \times 9.75 \times 0.8 \times 3 \times \left(2 - \frac{0.8}{3}\right) \approx 11.96 \text{ （kN·m）}$$

楼面等效均布活荷载标准值：

$$q_0 = \frac{8M_{max}}{bl_0^2} = \frac{8 \times 11.96}{3.06 \times 3^2} \approx 3.47 \text{ （kN/m}^2\text{）}$$

## 2.7.4　屋面均布活荷载和屋面积灰荷载

### 1. 屋面均布活荷载

房屋建筑的屋面可分为上人屋面和不上人屋面。当屋面为平屋面，并有楼梯直达屋面时，有可能出现人群的聚集，按上人屋面考虑屋面均布活荷载；当屋面为斜屋面或设有上人孔的平屋面时，仅考虑施工或维修荷载，按不上人屋面考虑屋面均布活荷载。屋面由于环境的需要有时还设有屋顶花园，屋顶花园除考虑承重构件、防水构造等材料的自重外，尚应考虑花池砌筑、卵石滤水层、花圃土壤等的自重。

工业及民用厂房屋面均布活荷载的标准值、组合值系数、频遇值系数及准永久值系数按表 2-19 采用。

表 2-19　工业及民用厂房屋面均布活荷载的标准值、组合值系数、频遇值系数和准永久值系数

| 项次 | 类别 | 标准值/(kN/m²) | 组合值系数 $\psi_c$ | 频遇值系数 $\psi_f$ | 准永久值系数 $\psi_q$ |
|---|---|---|---|---|---|
| 1 | 不上人屋面 | 0.5 | 0.7 | 0.5 | 0.0 |
| 2 | 上人屋面 | 2.0 | 0.7 | 0.5 | 0.4 |
| 3 | 屋顶花园 | 3.0 | 0.7 | 0.6 | 0.5 |

注：① 不上人屋面：当施工或维修荷载较大时，应按实际情况采用；对不同类型的结构应按有关设计规范的规定采用，但不得低于 0.3kN/m²。

　　② 上人屋面：当兼作其他用途时，应按相应楼面活荷载采用。

　　③ 对于因屋面排水不畅、堵塞等引起的积水荷载，应采取构造措施加以防止；必要时，应按积水的可能深度确定屋面均布活荷载。

　　④ 屋顶花园均布活荷载不包括花圃土石等材料自重。

设计时注意屋面均布活荷载不应与雪荷载同时考虑,此外该活荷载是屋面的水平投影面上的荷载。由于我国大多数地区的雪荷载标准值小于屋面均布活荷载标准值,因此在屋面结构和构件计算时,往往是屋面均布活荷载对设计起控制作用。

高档宾馆、大型医院等建筑的屋面有时还设有直升机停机坪,直升机总质量引起的局部荷载可按直升机的最大起飞质量并考虑动力系数确定,同时其等效均布荷载标准值不低于 $5.0 \mathrm{kN/m^2}$。当没有机型技术资料时,一般可依据直升机的最大起飞质量划分的轻、中、重 3 种类型的不同要求,按表 2-20 的规定选用局部荷载标准值及作用面积。

表 2-20 屋面直升机停机坪局部荷载标准值及作用面积

| 类型 | 直升机的最大起飞质量/t | 局部荷载标准值/kN | 作用面积/m² |
|---|---|---|---|
| 轻型 | 2 | 20 | 0.20×0.20 |
| 中型 | 4 | 40 | 0.25×0.25 |
| 重型 | 6 | 60 | 0.30×0.30 |

注:组合值系数应取 0.7,频遇值系数应取 0.6,准永久值系数应取 0。

2. 屋面积灰荷载

(1) 机械、冶金、水泥等的生产过程中产生大量灰尘,易于在厂房及其邻近建筑的屋面堆积,形成积灰荷载。影响积灰厚度的主要因素有除尘装置的使用、清灰制度的执行、风向和风速、烟囱高度、屋面坡度和屋面挡风板等。在工厂设有除尘设施,且能坚持正常清灰的前提下,屋面积灰荷载标准值及其组合值系数、频遇值系数和准永久值系数应按表 2-21 采用。

表 2-21 屋面积灰荷载标准值及其组合值系数、频遇值系数和准永久值系数

| 项次 | 类别 | 标准值/(kN/m²) | | | 组合值系数 $\psi_c$ | 频遇值系数 $\psi_f$ | 准永久值系数 $\psi_q$ |
|---|---|---|---|---|---|---|---|
| | | 屋面无挡风板 | 屋面有挡风板 | | | | |
| | | | 挡风板内 | 挡风板外 | | | |
| 1 | 机械厂铸造车间(冲天炉) | 0.50 | 0.75 | 0.30 | | | |
| 2 | 炼钢车间(氧气转炉) | — | 0.75 | 0.30 | | | |
| 3 | 锰铬铁合金车间 | 0.75 | 1.00 | 0.30 | | | |
| 4 | 硅钨铁合金车间 | 0.30 | 0.50 | 0.30 | 0.90 | 0.90 | 0.80 |
| 5 | 烧结室、一次混合室 | 0.50 | 1.00 | 0.20 | | | |
| 6 | 烧结室通廊及其他车间 | 0.30 | — | — | | | |
| 7 | 水泥厂有灰源车间(窑房、磨房、联合储库、烘干房、破碎房) | 1.00 | — | — | | | |
| 8 | 水泥厂无灰源车间(空气压缩机站、机修间、材料库、配电站) | 0.50 | — | — | | | |

注:① 表中的数值仅应用于屋面坡度 $\alpha \leqslant 25°$;当屋面坡度 $\alpha \geqslant 45°$ 时,可不考虑积灰荷载;当屋面坡度 $25° < \alpha < 45°$ 时,可按内插法取值。
② 除尘设施的荷载另行考虑。
③ 对第 1 项~第 4 项的数值仅应用于距烟囱中心 20m 半径范围内的屋面;当邻近建筑在该范围内时,第 1 项、第 3 项、第 4 项应按屋面无挡风板的情况采用,第 2 项应按屋面有挡风板的情况采用。

（2）对于屋面上易形成灰堆处，当设计屋面挡风板、檩条时，屋面积灰荷载标准值可乘以下列规定的增大系数。

① 在高低跨处两倍于屋面高差但不大于 6.0m 的分布宽度内（图 2.11）取 2.0。

② 在天沟处不大于 3.0m 的分布宽度内（图 2.12）取 1.4。

图 2.11 高低跨屋面积灰荷载的增大系数

图 2.12 天沟处屋面积灰荷载的增大系数

对有雪地区，积灰荷载应与雪荷载同时考虑；雨季的积灰吸水后重度增加，可通过不上人屋面的均布活荷载来补偿。因此，积灰荷载标准值应与雪荷载标准值、不上人屋面的均布活荷载标准值两者中的较大值同时考虑。

**【例 2.3】** 要求确定某水泥厂的机修车间天沟处的钢筋混凝土大型屋面板的屋面积灰荷载标准值。

**解：** 查表 2-21，该车间属水泥厂无灰源的车间且屋面坡度 $\alpha < 25°$，因此，其屋面积灰荷载标准值为 0.50kN/m²，但根据规定天沟处的屋面积灰荷载标准值应乘以增大系数 1.4，故该处的屋面积灰荷载标准值 $q_{ak}$：

$$q_{ak} = 0.50 \times 1.4 = 0.70(kN/m^2)$$

## 2.7.5 施工、检修集中荷载及栏杆顶部的活荷载

1. 施工和检修集中荷载标准值

（1）设计屋面挡风板、檩条、钢筋混凝土挑檐、悬挑雨篷和预制梁时，除了考虑屋面均布活荷载外，还应按下列施工或检修集中荷载（人和工具自重）标准值不应小于 1.0kN 并应在最不利位置处进行验算。

（2）计算挑檐、悬挑雨篷承载力时，应沿宽度方向每隔 1.0m 取一个集中荷载；在验算挑檐、悬挑雨篷倾覆时，应沿宽度方向每隔 2.5～3.0m 取一个集中荷载，集中荷载的位置作用于挑檐、悬挑雨篷端部（图 2.13）。

（3）对于轻型构件或较宽构件，应按实际情况验算，或应加垫板、支承等临时设施。

2. 栏杆顶部活荷载标准值

设计楼梯、看台、阳台和上人屋面等的栏杆时，应对栏杆顶部作用的水平活荷载和竖向活荷载进行验算（图 2.14）。栏杆顶部的活荷载标准值的取值不应小于下列规定。

图2.13 挑檐、雨篷集中荷载　　　　图2.14 栏杆顶部的活荷载

（1）住宅、宿舍、办公楼、旅馆、医院、托儿所、幼儿园，其栏杆顶部的水平活荷载标准值应取 1.0kN/m。

（2）学校、食堂、剧场、电影院、车站、礼堂、展览馆或体育场，其栏杆顶部的水平活荷载标准值应取 1.0kN/m，竖向活荷载标准值应取 1.2kN/m；水平活荷载与竖向活荷载应分别考虑。

**【例2.4】** 验算某食堂的支承于 $b×h=240mm×350mm$ 梁上的宽度为 2.72m、挑出为 1.1m 的雨篷由于施工及检修集中荷载产生的倾覆弯矩标准值。

**解：**（1）倾覆荷载。

雨篷总宽度为 2.72m。按规定验算倾覆时，沿宽度方向每隔 2.5～3.0m 考虑一个集中荷载，故本例情况只考虑一个集中荷载，其作用的最不利位置在板端，其值取 1.0kN。

（2）倾覆点至墙外边缘的距离。

雨篷倾覆时，参照《砌体结构设计规范》（GB 50003—2011）第 7.4.2 条关于挑梁倾覆点的规定，由于雨篷板支于雨篷梁上，即埋入墙深度为雨篷梁的宽度，其值小于 2.2 倍的梁高，因此，计算倾覆点离墙外边缘的距离 $x$ 应为 13% 的雨篷梁宽度。

$$x=0.13×0.24≈0.031(m)$$

（3）倾覆弯矩标准值。

由施工或检修集中荷载标准值产生的倾覆弯矩标准值 $M$：

$$M=1.0×(1.1+0.031)≈1.13(kN·m)$$

# 本 章 小 结

由地球引力产生的材料重力即结构的自重，可以根据结构的材料种类、材料体积和材料重度计算。土体因自重产生的竖向应力可取该截面上单位面积的土柱体的重力。雪压是指单位水平面积上的雪重，雪荷载标准值可按屋面水平投影面上的基本雪压进行计算。工业厂房吊车荷载需要考虑吊车工作制等级、工作级别、机构分级等众多因素，计算复杂。楼面活荷载在楼面上的位置是任意布置的，为方便起见，工程设计时一般可将楼面活荷载处理为等效均布活荷载，等效均布活荷载的量值与房屋使用功能有关，根据楼面上人员活动状态和设施分布情况取值。房屋建筑的屋面可分为上人屋面和不上人屋面。

# 思 考 题

1. 土体自重应力计算可以分几种情况？如何确定？
2. 屋面活荷载都应考虑哪些内容？如何计算？
3. 吊车荷载应考虑哪些方面？如何计算？
4. 楼面活荷载如何取值？应注意哪些问题？

# 习 题

1. 某地基由多层土组成，各土层的厚度、重度如图 2.15 所示，试求各土层交界处的自重应力，并绘出自重应力分布图。

**图 2.15 习题 1 图**

2. 已知某市基本雪压 $s_0 = 0.5 \text{kN/m}^2$，某建筑的屋面为拱形屋面，拱高 $f = 5\text{m}$，计算跨度 $l_0 = 21\text{m}$，试求该建筑的雪荷载标准值。

3. 某单跨 24m 屋架如图 2.16 所示，屋架间距为 6m，上弦铺设 3m×6m 钢筋混凝土大型屋面板并支承在屋架节点上，屋面坡度 $\alpha = 5.71°$，当地基本雪压为 $0.55 \text{kN/m}^2$，求设计屋架时所需由雪荷载产生的杆件 1 的内力标准值（设计屋架时可分别按积雪全跨均匀分布、不均匀分布和半跨均匀分布 3 种情况考虑）。

**图 2.16 习题 3 图（尺寸单位：m）**

4. 有一单层单跨工业厂房，跨度为 18m，柱距为 6m。简支钢筋混凝土吊车梁自重、联结件的标准值为 6.0kN/m，计算跨度为 5.8m。设计时考虑两台 10t $A_5$ 级电动吊钩吊车，吊车主要技术参数为：桥架跨度 $B = 5.55\text{m}$，轮距 $K = 4.4\text{m}$，小车自重 $Q_1 = 38\text{kN}$，吊车最大轮压标准值 $P_{k,max} = 115\text{kN}$，吊车总重 $Q_1 + Q_b = 180\text{kN}$，求按《混凝土结构设计规范（2015 年版）》（GB 50010—2010)验算吊车梁挠度时，所需要的荷载效应标准值及荷载效应准永久组合值。

# 第3章
# 风荷载

## 教学目标

（1）掌握风荷载的计算方法和取值原则。

（2）了解风荷载产生的条件和对结构的影响。

（3）熟悉各种风效应的计算方法。

## 教学要求

| 知识要点 | 能力要求 | 相关知识 |
|---|---|---|
| 风荷载 | （1）掌握风荷载的计算方法；<br>（2）掌握风荷载的取值原则 | （1）基本风压；<br>（2）风压高度变化系数；<br>（3）风荷载体型系数 |
| 风对结构影响 | （1）了解风荷载产生的条件；<br>（2）了解风荷载对结构的影响 | （1）风力；<br>（2）风效应 |
| 风效应 | （1）熟悉风效应计算方法；<br>（2）了解风效应影响因素 | （1）风振；<br>（2）脉动；<br>（3）振型；<br>（4）锁定现象；<br>（5）基本周期；<br>（6）共振 |

**基本概念**

风速；风压；基本风压；重现期。

**引例**

风荷载是空气流动对工程结构所产生的压力。风荷载与基本风压、地形、地面粗糙度、距离地面高度及建筑体型等因素有关。对于高层建筑、高耸结构及一些对风荷载敏感的建筑，风荷载往往是工程结构设计的主要的控制荷载。

# 3.1 风的有关知识

## 3.1.1 风的形成

风是空气相对于地面的运动。由于太阳对地球各处辐射程度和大气升温的不均衡性，在地球上的不同地区会产生大气压力差，空气从气压大的地区向气压小的地区流动就形成了风。

由于地球是一个椭球体，太阳光辐射到地球上的能量随纬度不同而有差异，低纬度地区受热量较多，而高纬度地区受热量较少。在受热量较多的低纬度地区，气温高、空气密度小，则气压小，大气因加热膨胀由地表向高空上升。受热量较少的高纬度地区，气温低、空气密度大，则气压大，大气因冷却收缩由高空向地表下沉。因此，在低空，气压梯度指向低纬度地区，空气从高纬度地区流向低纬度地区；在高空，气压梯度指向高纬度地区，空气则从低纬度地区流向高纬度地区，这样就形成了全球性大气热力环流（图3.1）。

高纬度地区

低纬度地区

**图3.1 全球性大气热力环流示意图**

## 3.1.2 两类性质的风

1. 台风

台风是发生在热带海洋上空的一种气旋。在一个高温的暖热带洋面上空，若有一个弱的热带气旋性系统产生或移来，在合适的环境下，因摩擦作用使气流产生向弱涡旋内部流动的分量，高温洋面上蒸发进入大气的大量水汽带到涡旋内部，高温、高湿空气辐合到弱涡旋中心，产生上升和对流运动，释放潜热以加热涡旋中心上空的气柱，形成暖心。由于涡旋中心变暖，空气变轻，气压下降，低涡变强。当低涡变强，反过来又使低空暖湿空气向内辐合更强，更多的水汽向涡旋中心集中，对流更充分，涡旋中心变得更暖，气压更为下降，如此循环，直至增强为台风。

2. 季风

由于大陆和海洋在一年之中增热和冷却程度不同，在大陆和海洋之间大范围的流动、风向随季节有规律改变的风，称为季风。形成季风最根本的原因是地球表面性质不同，热力反映有所差异引起的。

冬季大陆辐射冷却强烈，温度低，空气密度大，就形成高压；与它相邻的海洋，由于水的热容量大，辐射冷却不如大陆强烈，相对而言，它的温度高，气压低。夏季则出现相反的情况。由此便形成了冬季风从陆地吹向海洋，夏季风从海洋吹向陆地，从而形成了一年内周期性转变的季风环流。在季风盛行的地区，常形成特殊的季风天气和季风气候。夏季风来自暖湿海洋，易形成多云多雨天气；冬季风来自大陆，易形成晴朗干冷的天气。我国是季风气候显著的国家，因此具有夏季多云多雨、冬季晴朗干冷的季风气候。

## 3.1.3 我国的风区

我国的风区总体情况如下。

(1) 海南和南海诸岛由于地处海洋，常年受台风的直接影响，是我国的最大风区。

(2) 东南沿海地区由于受台风影响，是我国的大风区。风速梯度由沿海指向内陆。台风登陆后，受地面摩擦的影响，风速削弱很快。统计表明，在离海岸100km处，风速约减小一半。

(3) 东北、华北和西北地区是我国的次大风区，风速梯度由北向南，与寒潮入侵路线一致。华北地区夏季受季风影响，风速有可能超过寒潮风速。黑龙江西北部处于我国纬度最北地区，它不在蒙古高压的正前方，因此那里的风速不大。

(4) 青藏高原地势高，平均海拔4~5km，属较大风区。

(5) 长江中下游、黄河中下游是小风区，一般台风到此已大为减弱，寒潮风到此也是强弩之末。

(6) 云贵高原处于东亚大气环流的死角，空气经常处于静止状态，加之地形闭塞，形成了我国的最小风区。

## 3.1.4 风力等级

风力等级简称风级，是风强度(风力)的一种表示方法。国际通用的风力等级是由英国人蒲福于1805年拟定的，故又称为蒲福风力等级。它最初是根据风对炊烟、沙尘、地物、渔船、海浪等的影响大小分为0~12级，共13个等级。风速越大，风级越大。由于早期人们还没有仪器来测定风速，因此就按照风所引起的现象来划分等级。蒲福风力等级见表3-1。

表 3-1  蒲福风力等级

| 风力等级 | 名称 | 海面浪高/m | | 海岸渔船征象 | 陆地地面物征象 | 相当于空旷地上标准高度 10m 处风速 | | |
|---|---|---|---|---|---|---|---|---|
| | | 一般 | 最高 | | | km/h | mile/h | m/s |
| 0 | 静风 | — | — | 静 | 静、烟直上 | <1 | <1 | 0~0.2 |
| 1 | 软风 | 0.1 | 0.1 | 普通渔船略觉摇动 | 烟能表示风向，但风向标不能转动 | 1~5 | 1~3 | 0.3~1.5 |
| 2 | 轻风 | 0.2 | 0.3 | 渔船张帆时，可随风移行每小时2~3km | 人面感觉有风，树叶有微响，风向标能转动 | 6~11 | 4~6 | 1.6~3.3 |
| 3 | 微风 | 0.6 | 1.0 | 渔船渐觉簸动，随风移行每小时5~6km | 树叶及微枝摇动不息，旌旗展开 | 12~19 | 7~10 | 3.4~5.4 |
| 4 | 和风 | 1.0 | 1.5 | 渔船满帆时船身倾于一侧 | 能吹起地面的灰尘和纸张，树的小枝摇动 | 20~28 | 11~16 | 5.5~7.9 |
| 5 | 清劲风 | 2.0 | 2.5 | 渔船缩帆（收去帆的一部分） | 有叶的小树摇摆，内陆的水面有小波 | 29~38 | 17~21 | 8.0~10.7 |
| 6 | 强风 | 3.0 | 4.0 | 渔船加倍缩帆，捕鱼须注意风险 | 大树枝摇动，电线呼呼有声，举伞困难 | 39~49 | 22~27 | 10.8~13.8 |
| 7 | 疾风 | 4.0 | 5.5 | 渔船停息港中，在海上下锚 | 全树摇动，迎风步行感觉不便 | 50~61 | 28~33 | 13.9~17.1 |
| 8 | 大风 | 5.5 | 7.5 | 近港渔船皆停留不出 | 微枝折毁，人向前行，感觉阻力甚大 | 62~74 | 30~40 | 17.2~20.7 |
| 9 | 烈风 | 7.0 | 10.0 | 汽船航行困难 | 建筑物有小损（烟囱顶部及平屋摇动） | 75~88 | 41~47 | 20.8~24.4 |
| 10 | 狂风 | 9.0 | 12.5 | 汽船航行颇危险 | 陆上少见，有时可使树木拔起或将建筑物损伤严重 | 89~102 | 48~55 | 24.5~28.4 |
| 11 | 暴风 | 11.5 | 16.0 | 汽船遇之极危险 | 陆上很少，有则必有重大损毁 | 103~117 | 56~63 | 28.5~32.6 |
| 12 | 飓风 | 14.0 | — | 海浪滔天 | 陆上绝少，其摧毁力极大 | 118~133 | 64~71 | 32.7~36.9 |

# 3.2　风　　压

风的强度常用风速表示。当风以一定的速度向前运动遇到建筑物、构筑物等阻碍物时，将对这些阻碍物产生压力，即风压。

风荷载是工程结构的主要侧向荷载之一，它不仅对结构产生水平风压作用，还会引起多种类型的振动效应(风振)。由于这种双重作用，结构既受到静力的作用，又受到动力的作用。确定作用于结构上的风荷载时，必须依据当地风速资料确定基本风压。风的流动速度随离地面高度不同而变化，还与地貌环境等多种因素有关。

为了设计上的方便，可按规定的测量高度、地貌环境等标准条件确定风速。对于非标准条件下的情况由此进行换算。在规定条件下确定的风速称为基本风速，它是结构抗风设计必须具有的基本数据。

风速和风压之间的关系可由流体力学中的伯努利方程得到。自由气流的风速产生的单位面积上的风压见式(3-1)。

$$w_0 = \frac{1}{2}\rho v_0^2 = \frac{\gamma}{2g}v_0^2 \tag{3-1}$$

式中　$w_0$——单位面积上的风压；

　　　$\rho$——空气密度；

　　　$\gamma$——空气重度；

　　　$g$——重力加速度；

　　　$v_0$——平均风速。

在标准大气压情况下，$\gamma = 0.012018\text{kN/m}^3$，$g = 9.80\text{m/s}^2$，可得式(3-2)。

$$w_0 = \frac{\gamma}{2g}v_0^2 = \frac{0.012018}{2 \times 9.80}v_0^2 \approx \frac{v_0^2}{1630} \ (\text{kN/m}^2) \tag{3-2}$$

在不同的地理位置，大气条件是不同的，$\gamma$ 和 $g$ 值也不相同。资料缺乏时，空气密度可取 $\rho = 1.25(\text{kg/m}^3)$；重力加速度 $g$ 随高度变化，与纬度有关；空气重度 $\gamma$ 是气压、气温和温度的函数，因此，各地的 $\gamma/g$ 的值均不相同。为了比较不同地区风压的大小，必须对地貌、测量高度进行统一规定。

按规定的地貌、高度、时距等测量的风速所确定的风压称为基本风压，基本风压通常按以下规定的条件定义。根据统一规定，《建筑结构荷载规范》(GB 50009—2012)给出了全国各城市 50 年一遇的风压值，见表 2-1。当城市或建设地区的基本风压在表中未列出时，也可按《建筑结构荷载规范》(GB 50009—2012)中全国基本风压分布图近似确定。在进行桥梁结构设计时，可按《公路桥涵设计通用规范》(JTG D60—2015)中全国基本风压分布图查得基本风压。

1. 标准高度的规定

风速随高度而变化。离地表越近，由于地表摩擦耗能越大，因而平均风速越小。《建筑结构荷载规范》（GB 50009—2012)对房屋建筑取距地面 10m 为标准高度；《公路桥涵设计通用规范》(JTG D60—2015) 对桥梁所在地区取距地面 10m 为标准高度，重现期为 100 年的 10min 平均最大风速为基本风速。

2. 标准地貌的规定

同一高度处的风速与地面粗糙度有关。地面粗糙度高，风能消耗多，风速则低。测定风速处的标准地面要求空旷平坦，一般应远离城市中心地区。城市中心地区房屋密集，对风的阻碍及摩擦均较大。

3. 公称风速的时距

公称风速实际是一定时间间隔内(称为时距)的平均风速。风速随时间不断变化，常取某一规定时间内的平均风速作为计算标准。风速记录表明，10min 的平均风速已趋于稳定。时距太短，易突出风的脉动峰值作用；时距太长，势必把较多的小风平均进去，致使平均风速值偏低。根据我国风的特性，大风约在 1min 内重复一次，风的卓越周期约为1min。如取 10min 时距，可覆盖 10 个周期的平均值，《建筑结构荷载规范》（GB 50009—2012)规定的公称风速的时距为 10min。

4. 最大风速的样本时间

由于气候的重复性，风有着它的自然周期，每年季节性地重复一次。因此，年最大风速最有代表性。我国和世界上绝大多数国家一样，取一年最大风速记录值为统计样本。

5. 最大风速的重现期

取历年最大风速为样本，可获得各年的最大风速。每年的最大风速值是不同的。工程设计时，一般应考虑结构在使用过程中几十年的时段内，可能遭遇到的最大风速。该最大风速并不经常出现，而是间隔一段时间后再出现，这个间隔时间称为重现期。

设最大风速重现期为 $T_0$，则 $1/T_0$ 为超过设计最大风速的概率，因此不超过该设计最大风速的概率或保证率 $p_0$ 见式(3-3)。

$$p_0 = 1 - 1/T_0 \qquad (3-3)$$

重现期越长，保证率越高。《建筑结构荷载规范》（GB 50009—2012)规定：对于一般结构，最大风速重现期为 50 年；对于高层建筑、高耸结构及对风荷载比较敏感的结构，最大风速重现期应适当提高。

### 3.2.3 非标准条件下的风速或风压的换算

当《建筑结构荷载规范》（GB 50009—2012)没有给出建设场地基本风压时，可按基本风压定义，根据当地风速资料确定。基本风压是按照规定的标准条件得到的，在分析当地风速资料时，往往会遇到实测风速的高度、时距、重现期不符合标准条件的情况，因而有必要了解非标准条件与标准条件之间风速或风压的换算关系。

### 1. 不同高度换算

即使在同一地区，高度不同，风速也会不同。当实测风速高度不足 10m 标准高度时，应由气象台(站)根据不同高度风速的对比观测资料，并考虑风速大小的影响，给出非标准高度风速与 10m 标准高度风速的换算系数。当缺乏观测资料时，实测风速高度换算系数也可按表 3-2 取值。

表 3-2 实测风速高度换算系数

| 实测风速高度/m | 高度换算系数 |
| --- | --- |
| 4 | 1.158 |
| 6 | 1.085 |
| 8 | 1.036 |
| 10 | 1.000 |
| 12 | 0.971 |
| 14 | 0.948 |
| 16 | 0.928 |
| 18 | 0.910 |
| 20 | 0.895 |

### 2. 不同时距换算

时距不同，所求得的平均风速也不同。有时天气变化剧烈，气象台(站)瞬时风速记录时距可能小于 10min，因此在某些情况下需要进行不同时距之间的平均风速换算。实测结果表明，各种不同时距平均风速的比值受到多种因素的影响，具有很大的变异性。实测风速时距与 10min 时距平均风速换算系数可按表 3-3 取值。

表 3-3 实测风速时距与 10min 时距平均风速换算系数

| 实测风速时距 | 平均风速换算系数 |
| --- | --- |
| 60min | 0.94 |
| 10min | 1.00 |
| 5min | 1.07 |
| 2min | 1.16 |
| 1min | 1.20 |
| 0.5min | 1.26 |
| 20s | 1.28 |
| 10s | 1.35 |
| 5s | 1.39 |
| 瞬时 | 1.50 |

应该指出，表3-3中所列出的是平均风速换算系数。实际上有许多因素影响该系数，其中最重要的有以下两点。

(1) 平均风速值。实测表明，10min平均风速越小，该比值越大。

(2) 天气变化情况。一般天气变化越剧烈，该比值越大。如雷暴大风最大，台风次之，而寒潮大风(冷空气)则最小。

**3. 不同重现期换算**

重现期不同，最大风速的保证率将不同，相应的最大风速值也不同。我国目前按重现期50年的概率确定基本风压。重现期的取值直接影响到结构的安全度，对于风荷载比较敏感的结构、重要性不同的结构，设计时有可能采用不同重现期的基本风压，以调整结构的安全水准。不同重现期风速或风压的换算系数可按表3-4取值。

表3-4  不同重现期风速或风压的换算系数

| 重现期/年 | 换算系数 |
|---|---|
| 100 | 1.10 |
| 60 | 1.03 |
| 50 | 1.00 |
| 40 | 0.97 |
| 30 | 0.93 |
| 20 | 0.87 |
| 10 | 0.77 |
| 5 | 0.66 |

# 3.3  风压高度变化系数

通常认为在距地面300~500m的高度时，风速不再受地面粗糙度的影响，也即达到所谓的梯度风速。大气以梯度风速流动的起点高度称为梯度风高度，又称大气边界层高度，用$H_T$表示。在大气边界层内，风速随距地面的高度的增大而增大。当气压场随高度不变时，风速随高度增大的规律主要取决于地面粗糙度和温度垂直梯度。地面粗糙度小的地区，其梯度风速高度比地面粗糙度大的地区低，如图3.2所示。

根据实测结果分析，大气边界层内风速沿高度变化的规律可用指数函数来描述，其计算见式(3-4)。

$$\frac{v}{v_0} = \left(\frac{z}{z_0}\right)^\alpha \tag{3-4}$$

式中  $v$ ——任一高度$z$处的风速；

$v_0$——标准高度处的风速；

$z$——距地面高度；

$z_0$——距地面的标准高度，通常取10m；

$\alpha$——地面粗糙度指数，地面粗糙度越大，$\alpha$越大。

**图3.2 不同地面粗糙度下的梯度风速高度**

由式(3-1)可知，风压与风速的平方成正比，将式(3-4)代入(3-1)，可得式(3-5)。

$$\frac{w_\alpha(z)}{w_{0_\alpha}}=\frac{v^2}{v_0^2}=\left(\frac{z}{z_0}\right)^{2\alpha} \tag{3-5}$$

式中 $w_\alpha(z)$——任一地貌高度 $z$ 处的风压；

$w_{0_\alpha}$——任一地貌标准高度处的风压。

整理式(3-5)，并将标准高度 $z_0=10\mathrm{m}$ 代入，可得式(3-6)。

$$w_\alpha(z)=w_{0_\alpha}\left(\frac{z}{10}\right)^{2\alpha} \tag{3-6}$$

设标准地貌下梯度风高度为 $H_{T_0}$，地面粗糙度指数为 $\alpha_0$，基本风压为 $w_0$，任一地貌下梯度风高度为 $H_{T_\alpha}$。根据梯度风高度处风压相等的条件，由式(3-6)可导出式(3-7)、式(3-8)。

$$w_0\left(\frac{H_{T_0}}{10}\right)^{2\alpha_0}=w_{0_\alpha}\left(\frac{H_{T_\alpha}}{10}\right)^{2\alpha} \tag{3-7}$$

$$w_{0_\alpha}=\left(\frac{H_{T_0}}{10}\right)^{2\alpha_0}\left(\frac{10}{H_{T_\alpha}}\right)^{2\alpha}w_0 \tag{3-8}$$

将式(3-7)、式(3-8)代入式(3-6)，可得任一地貌条件下，高度 $z$ 处的风压，其计算见式(3-9)。

$$w_\alpha(z)=\left(\frac{H_{T_0}}{10}\right)^{2\alpha_0}\left(\frac{10}{H_{T_\alpha}}\right)^{2\alpha}\left(\frac{z}{10}\right)^{2\alpha}w_0=\mu_z^\alpha w_0 \tag{3-9}$$

式中 $\mu_z^\alpha$——任意地貌下的风压高度变化系数，应按地面粗糙度指数 $\alpha$ 和假定的梯度风高度 $H_T$ 确定，并随离地面高度 $z$ 而变化。

《建筑结构荷载规范》(GB 50009—2012)将地面粗糙度分为 A 类、B 类、C 类、D 类。A 类是指近海海面和海岛、海岸、湖岸及沙漠地区，取地面粗糙度指数 $\alpha_A=0.12$，梯度风高度 $H_{T_A}=300\mathrm{m}$。B 类是指田野、乡村、丛林、丘陵以及房屋比较稀疏的乡镇和城市郊区，地面粗糙度指数 $\alpha_B=0.15$，梯度风高度 $H_{T_B}=350\mathrm{m}$。C 类是指有密集建筑群的城市市区，地面粗糙度指数 $\alpha_C=0.22$，梯度风高度 $H_{T_C}=450\mathrm{m}$。D 类是指有密集建筑群且房屋较高的城市市区，地面粗糙度指数 $\alpha_D=0.30$，梯度风高度 $H_{T_D}=550\mathrm{m}$。

将以上数据代入式(3-9)，可得 A 类、B 类、C 类、D 类的风压高度变化系数。

A 类：$\mu_z^A = 1.284 \times (z/10)^{0.24}$

B 类：$\mu_z^B = 1.000 \times (z/10)^{0.30}$

C 类：$\mu_z^C = 0.544 \times (z/10)^{0.44}$

D 类：$\mu_z^D = 0.262 \times (z/10)^{0.60}$

根据式(3-9)可求出各类地面粗糙度下的风压高度变化系数。对于平坦或稍有起伏的地形，风压高度变化系数直接按表 3-5 取用。对于山区的建筑物，风压高度变化系数应根据表 3-5 考虑地形的修正，修正系数 $\eta$ 分别按下述规定采用。

表 3-5　风压高度变化系数 $\mu_z$

| 离地面高度/m | 地面粗糙度类别 | | | |
| --- | --- | --- | --- | --- |
| | A 类 | B 类 | C 类 | D 类 |
| 5 | 1.09 | 1.00 | 0.65 | 0.51 |
| 10 | 1.28 | 1.00 | 0.65 | 0.51 |
| 15 | 1.42 | 1.13 | 0.65 | 0.51 |
| 20 | 1.52 | 1.23 | 0.74 | 0.51 |
| 30 | 1.67 | 1.39 | 0.88 | 0.51 |
| 40 | 1.79 | 1.52 | 1.00 | 0.60 |
| 50 | 1.89 | 1.62 | 1.10 | 0.69 |
| 60 | 1.97 | 1.71 | 1.20 | 0.77 |
| 70 | 2.05 | 1.79 | 1.28 | 0.84 |
| 80 | 2.12 | 1.87 | 1.36 | 0.91 |
| 90 | 2.18 | 1.93 | 1.43 | 0.98 |
| 100 | 2.23 | 2.00 | 1.50 | 1.04 |
| 150 | 2.46 | 2.25 | 1.79 | 1.33 |
| 200 | 2.64 | 2.46 | 2.03 | 1.58 |
| 250 | 2.78 | 2.63 | 2.24 | 1.81 |
| 300 | 2.91 | 2.77 | 2.43 | 2.02 |
| 350 | 2.91 | 2.91 | 2.60 | 2.22 |
| 400 | 2.91 | 2.91 | 2.76 | 2.40 |
| 450 | 2.91 | 2.91 | 2.91 | 2.58 |
| 500 | 2.91 | 2.91 | 2.91 | 2.74 |
| ≥550 | 2.91 | 2.91 | 2.91 | 2.91 |

（1）对于山峰和山坡，其顶部 $B$ 处的修正系数可采用式(3-10)计算。

$$\eta_B = \left[ 1 + \kappa \tan\alpha \left( 1 - \frac{z}{2.5H} \right) \right]^2 \tag{3-10}$$

式中　$\alpha$——山峰或山坡在迎风面一侧的坡度，当 $\tan\alpha > 0.3$ 时，取 $\tan\alpha = 0.3$；

$\quad\quad\kappa$——系数（对山峰取 2.2，对山坡取 1.4）；

$\quad\quad H$——山峰或山坡高度；

$\quad\quad z$——建筑物计算位置离地面的高度（当 $z > 2.5H$ 时，取 $z = 2.5H$）。

山峰和山坡的其他部位的修正系数如图 3.3 所示，取 A、C 处的修正系数 $\eta_A$、$\eta_C$ 为 1，AB 间和 BC 间的修正系数按线性插值法确定。

(a) 山峰　　　　　　　　　　　　　　(b) 山坡

**图 3.3　山峰和山坡其他部位的修正系数**

（2）对于山间盆地、谷地等闭塞地形，$\eta = 0.75 \sim 0.85$；对于与风向一致的谷口、山口，$\eta = 1.20 \sim 1.50$。

对于远海海面和海岛的建筑物或构筑物，风压高度变化系数可根据表 3-5 中地面粗糙度为 A 类数据，并考虑表 3-6 中给出的修正系数。

**表 3-6　远海海面和海岛的修正系数**

| 与海岸距离/km | 修正系数 |
| --- | --- |
| <40 | 1.0 |
| 40～60 | 1.0～1.1 |
| 60～100 | 1.1～1.2 |

## 3.4　风荷载体型系数

风荷载体型系数是指风作用在建筑物表面上所引起的实际压力（或吸力）与来流风压的比值，它描述的是建筑物表面在稳定风压作用下的静态压力分布规律，主要与建筑物的体型和尺度有关，也与周围环境和地面粗糙度有关。由于它涉及的是固体与流体相互作用的流体动力学问题，对于不规则形状的固体，则尤为复杂，无法给出理论上的精确值，一般由试验确定。鉴于原型实测的方法对结构设计的不现实性，目前只能采用相似原理，在边界层风洞内对拟建的建筑物模型进行测试。

### 3.4.1　单体风荷载体型系数

单体风荷载体型系数一般均通过风洞试验方法确定。试验时，首先测得建筑物表面上任意一点沿顺风向的净风压力，再将此压力除以建筑物前方来流风压，即得该点的风压力系数。由于同一面上各测点的风压分布是不均匀的，风压系数通常采用受风面各测点的加权平均风压系数。

图 3.4 所示为封闭式双坡屋面风荷载体型系数在各个面上的分布，设计时可以直接取用。风荷载体型系数为正值，代表风对结构产生压力作用，其方向指向建筑物表面；风荷载体型系数为负值，代表风对结构产生吸力作用，其方向离开建筑物表面。根据国内外风洞试验资料，《建筑结构荷载规范》（GB 50009—2012）表 8.3.1 列出了不同类型的建筑物和构筑物风荷载体型系数。常见截面的风荷载体型系数见表 3－7。当建筑物或构筑物截面与表中列出的类别相同时可参考取用；当建筑物或构筑物的截面与表中列出的类别不符时，一般应由风洞试验确定。

**图 3.4 封闭式双坡屋面风荷载体型系数在各个面上的分布**

**表 3－7 常见截面的风荷载体型系数**

| 项次 | 截面类别 | 体型及体型系数 $\mu_s$ | | |
|---|---|---|---|---|
| 1 | 封闭式落地双坡屋面 | | $\alpha$ | $\mu_s$ |
| | | | 0° | 0 |
| | | | 30° | +0.2 |
| | | | ≥60° | +0.8 |
| 2 | 封闭式双坡屋面 | | $\alpha$ | $\mu_s$ |
| | | | ≤15° | −0.6 |
| | | | 30° | 0 |
| | | | ≥60° | +0.8 |
| 3 | 封闭式落地拱形屋面 | | $f/l$ | $\mu_s$ |
| | | | 0.1 | +0.1 |
| | | | 0.2 | +0.2 |
| | | | 0.5 | +0.6 |
| 4 | 封闭式拱形屋面 | | $f/l$ | $\mu_s$ |
| | | | 0.1 | −0.8 |
| | | | 0.2 | 0 |
| | | | 0.5 | +0.6 |

| 项次 | 截面类别 | 体型及体型系数 $\mu_s$ |
|---|---|---|
| 5 | 封闭式单坡屋面 | 迎风坡面的 $\mu_s$ 按第 2 项采用 |
| 6 | 封闭式高低双坡屋面 | 迎风坡面的 $\mu_s$ 按第 2 项采用 |
| 7 | 封闭式带天窗双坡屋面 | 带天窗的拱形屋面可按本图采用 |
| 8 | 封闭式双跨双坡屋面 | 迎风坡面的 $\mu_s$ 按第 2 项采用 |
| 9 | 封闭式不等高不等跨的双跨双坡屋面 | 迎风坡面的 $\mu_s$ 按第 2 项采用 |

| 项次 | 截面类别 | 体型及体型系数 $\mu_s$ |
|---|---|---|
| 10 | 封闭式房屋和构筑物 | （1）正多边形（包括矩形）平面 <br><br> （2）Y形平面 <br><br> （3）L形平面　　　　　（4）Ⅱ形平面 <br><br> （5）十字形平面　　　　（6）截角三边形平面 |

## 3.4.2 群体风荷载体型系数

当多个建筑物，特别是群集的高层建筑物，相互间距较近时，宜考虑风力相互干扰的群体效应，使得建筑物某些部位的局部风压显著增大。设计时可将单体建筑物的风荷载体型系数 $\mu_s$ 乘以相互干扰增大系数，该增大系数可参考类似条件的试验资料确定；必要时宜通过风洞试验测定。

### 3.4.3　局部风荷载体型系数

验算局部围护构件及其连接的风荷载时，按下列规定采用局部风压体型系数 $\mu_{s_1}$。

（1）封闭式矩形平面房屋的墙面及屋面的风荷载体型系数可按《建筑结构荷载规范》（GB 50009—2012）表 8.3.3 的规定采用。

（2）檐口、雨棚、遮阳板、边棱处的装饰条等突出构件的风荷载体型系数，取 $-2.0$。

（3）其他房屋和构筑物的风荷载体型系数可按《建筑结构荷载规范》（GB 50009—2012）表 8.3.1 条规定的局部风荷载体型系数的 1.25 倍取值。

## 3.5　结构抗风计算的几个重要概念

### 3.5.1　结构的风力与风效应

水平流动的气流作用在结构物的表面，会在其表面产生风压，将风压沿表面积分可求出作用在结构上的风力，结构上的风力可分为顺风向风力 $P_D$、横风向风力 $P_L$ 及风扭转力矩 $P_M$，如图 3.5 所示，其计算见式（3-11）。

图 3.5　作用在结构上的风力

$$P_D = \frac{1}{2}\rho v^2 B \mu_D \tag{3-11a}$$

$$P_L = \frac{1}{2}\rho v^2 B \mu_L \tag{3-11b}$$

$$P_M = \frac{1}{2}\rho v^2 B \mu_M \tag{3-11c}$$

式中　$B$——结构的截面尺寸，取垂直于风向的最大截面尺寸；

　　$\mu_D$——顺风向的风荷载体型系数，为迎风面和背风面体型系数的总和；

　　$\mu_L$，$\mu_M$——横风向和风扭转力的风荷载体型系数。

由风力产生的结构位移、速度、加速度等动力响应称为结构风效应。风扭转力只引起扭转响应。一般情况下，不对称气流产生的风扭转力矩很小，工程上可不予考虑，仅当结构有较大偏心时，才考虑风扭转力矩的影响。

顺风向风力和横风向风力是结构设计主要考虑的因素。

### 3.5.2　顺风向的平均风与脉动风

实测资料表明，顺风向风速时程曲线中，包括两种成分（图3.6）：一种是长周期成分，其值一般在10min以上；另一种是短周期成分，一般只有几秒左右。根据上述两种成分，工程应用中常把顺风向的风效应分解为平均风（稳定风）和脉动风（阵风）来加以分析。

**图3.6　顺风向风速时程曲线**

平均风相对稳定，由于风的长周期远大于一般结构的自振周期，因此平均风对结构的动力影响很小，可以忽略，可将其等效为静力。

脉动风是由于风的不规则性引起的，其强度随时间随机变化。由于脉动风周期较短，与一些工程结构的自振周期较接近，因此会使结构产生动力响应。实际上，脉动风是引起结构顺风向振动的主要原因。

根据观测资料，可以了解到在不同粗糙度的地面上同一高度处，脉动风的性质有所不同。在地面粗糙度大的高空，平均风速小，脉动风的幅值大且频率高；反之在地面粗糙度小的高空，平均风速大，脉动风的幅值小且频率低。

### 3.5.3　横风向风振

建筑物或构筑物受到风力作用时，不但顺风向可以发生风振，在一定条件下，横风向也可以发生风振。对于高层建筑，高耸塔架、烟囱等结构物，横向风作用引起的结构共振会产生很大的动力效应，甚至对工程设计起着控制作用。横风向风振是由不稳定的空气动力作用造成的，它与结构的截面形状及雷诺数有关。现以圆柱体为例，说明雷诺数的定义。

空气在流动中，对流体质点起着重要作用的有两种力：惯性力和黏性力。空气流动时自身质量产生的惯性力为单位面积上的压力 $\rho v^2/2$ 乘以面积，其值为 $\rho v^2 D^2$（$D$ 为圆柱体的直径）。黏性力反映流体抵抗剪切变形的能力，流体黏性可用黏性系数 $\mu$ 来度量，黏性应力为黏性系数 $\mu$ 乘以速度梯度 $dv/dy$ 或剪切角 $\gamma$ 的时间变化率，而流体黏性力等于黏性应力乘以面积，其值为 $\left(\mu\dfrac{v}{D}\right)D^2$。

雷诺数定义为惯性力与黏性力之比，雷诺数相同则流体动力相似。雷诺数 $Re$ 表达见式（3-12）。

$$Re = \frac{\rho v^2 D^2}{\left(\mu \dfrac{v}{D}\right)D^2} = \frac{\rho v D}{\mu} = \frac{v D}{\nu} \tag{3-12}$$

式中　$\rho$——空气密度；

　　　$v$——计算高度处风速；

$D$——结构截面的直径或其他物体的截面形状特征尺寸；

$\nu$——空气动力黏性系数，$\nu=\mu/\rho$。

在式(3-12)中代入空气动力黏性系数 $1.45\times10^{-5}\,\mathrm{m^2/s}$，则雷诺数 $Re$ 可按式(3-13)确定。

$$Re=69000vD \tag{3-13}$$

雷诺数与风速的大小成比例，风速改变时雷诺数也会发生变化。如果雷诺数很小，如小于 1/1000，则惯性力可以忽略，即意味着高黏性行为。相反，如果雷诺数很大，如大于 1000，则意味着黏性力影响很小。空气流体的作用一般是惯性力起主要作用。

为说明横风向风振的产生，以圆柱体结构为例。当气流绕过圆柱体截面[图 3.7(a)]，沿上风面 $AB$ 风速逐渐增大，风压逐渐减小，到 $B$ 点风压达到最低值，沿下风面 $BC$ 风速逐渐降低，风压逐渐增大。但实际上由于在边界层内气流对圆柱体表面的摩擦要消耗部分能量，因此气流实际上是在 $BC$ 间某点 $S$ 处的风速停滞，漩涡就在 $S$ 处生成，并在外流的影响下，以一定的周期脱落 [图 3.7(b)]，这种现象称为卡门(Karman)涡街。设气流漩涡脱落频率为 $f_s$，并以无量纲的斯脱罗哈(Strouhal)数 $St=\dfrac{f_sD}{v}$ 来表示，其中 $D$ 为圆柱体的直径，$v$ 为风速。

(a) 气流绕过圆柱体  　　(b) 气流漩涡周期性脱落

**图 3.7　气流漩涡的产生与脱落**

试验表明，气流漩涡脱落频率或 $St$ 与雷诺数 $Re$ 有关：当 $3\times10^2\leqslant Re<3.0\times10^5$ 时，周期性脱落很明显，接近于常数，约为 0.2；当 $3\times10^5\leqslant Re<3.5\times10^6$ 时，脱落具有随机性，$St$ 的离散性很大；当 $Re\geqslant3.5\times10^6$ 时，脱落又重新出现大致的周期性，$St=0.27\sim0.3$。当气流漩涡脱落频率 $f_s$ 与结构横向自振频率 $f_1$ 接近时，结构会发生剧烈的共振，即产生横风向风振。

对于其他截面结构，也会产生类似圆柱体结构的横风向风振，但 $St$ 有所不同，表 3-8 显示了一些常见截面的 $St$。

表 3-8　常用截面的 $St$

| 截面 | | $St$ |
|---|---|---|
| □ ⊢ ⊣ ⌐ ⌐ | | 0.15 |
| ○ | $3\times10^2\leqslant Re<3\times10^5$ | 0.20 |
| | $3\times10^5\leqslant Re<3.5\times10^6$ | 0.20~0.30 |
| | $Re\geqslant3.5\times10^6$ | 0.30 |

工程上雷诺数 $Re \leqslant 3 \times 10^2$ 的情况极少遇到。因而根据气流漩涡脱落的 3 段现象，工程上将圆筒式结构划分为 3 个临界范围，即亚临界（Sub-critical）范围，$3 \times 10^2 \leqslant Re < 3.0 \times 10^5$；超临界（Super-critical）范围，$3 \times 10^5 \leqslant Re < 3.5 \times 10^6$；跨临界（Trans-critical）范围，$Re \geqslant 3.5 \times 10^6$。

# 3.6 顺风向结构风效应

## 3.6.1 风振系数

脉动风是一种随机动力作用，风压脉动在高频段的峰值周期为 1～2min，一般低层和多层结构的基本自振周期都小于它，因此脉动风影响很小，不考虑风振影响不至于影响到结构的抗风安全性。对于高耸结构和高层建筑等柔性结构，风压脉动引起的动力响应较为明显，结构的风振影响必须加以考虑。《建筑结构荷载规范》（GB 50009—2012）要求，对于基本自振周期 $T_1$ 大于 0.25s 的工程结构（如房屋、屋盖及各种高耸结构），以及对于高度大于 30m 且高宽比大于 1.5 的高柔房屋，均应考虑风压对结构产生的顺风向风振。

脉动风对结构产生的动力响应需采用随机振动理论进行分析。分析结果表明，对于一般的悬臂型结构（例如构架、塔架、烟囱等高耸结构），以及高度大于 30m、高宽比大于 1.5 且可忽略扭转影响的高层建筑，由于频谱比较稀疏，第一振型起到控制作用，此时可以仅考虑结构第一振型的影响，通过风振系数来计算结构的风荷载。结构在 $z$ 高度处的风振系数 $\beta_z(z)$ 可按式（3-14）计算。

$$\beta_z(z) = 1 + 2gI_{10}B_z\sqrt{1+R^2} \qquad (3-14)$$

式中 $\beta_z(z)$——风振系数；

　　$g$——峰值因子，可取 2.5；

　　$I_{10}$——10m 高度名义湍流强度，对应 A 类、B 类、C 类和 D 类地面粗糙度，可分别取 0.12、0.14、0.23 和 0.39；

　　$R$——脉动风荷载的共振分量因子；

　　$B_z$——脉动风荷载的背景分量因子。

脉动风荷载的共振分量因子 $R$ 可按式（3-15）计算。

$$R = \sqrt{\frac{\pi}{6\zeta_1}\frac{x_1^2}{(1+x_1^2)^{4/3}}} \qquad (3-15)$$

其中，$x_1 = \dfrac{30f_1}{\sqrt{k_w w_0}}$ 且 $x_1 > 5$。

式中 $f_1$——结构第 1 阶自振频率；

　　$k_w$——地面粗糙度修正系数，对应 A 类、B 类、C 类和 D 类的地面粗糙度，分别取 1.28、1.00、0.54 和 0.26；

　　$w_0$——基本风压；

　　$\zeta_1$——结构阻尼比（钢结构可取 0.01，有填充墙的钢结构房屋可取 0.02，钢筋混凝土及砌体结构可取 0.05，其他结构可根据工程经验确定）。

## 3.6.2 脉动风荷载

### 1. 背景分量因子

脉动风荷载的背景分量因子可按下列规定确定。

（1）对体型和质量沿高度均匀分布的高层建筑和高耸结构，可按式(3-16)计算。

$$B_z = kH^{a_1}\rho_z\rho_x\frac{\phi_1(z)}{\mu_z} \qquad (3-16)$$

式中　$\phi_1(z)$——结构第 1 阶振型系数；

　　　$H$——结构总高度，对应 A 类、B 类、C 类和 D 类地面粗糙度，$H$ 的取值分别不应大于 300m、350m、450m 和 550m；

　　　$\rho_z$——脉动风荷载竖直方向的相关系数；

　　　$\rho_x$——脉动风荷载水平方向的相关系数；

　　$k$、$a_1$——系数，按表 3-9 取值。

表 3-9　系数 $k$ 和 $a_1$

| 地面粗糙度类别 | 高层建筑 | | 高耸结构 | |
|---|---|---|---|---|
| | $k$ | $a_1$ | $k$ | $a_1$ |
| A 类 | 0.944 | 0.155 | 1.276 | 0.186 |
| B 类 | 0.670 | 0.187 | 0.910 | 0.218 |
| C 类 | 0.295 | 0.261 | 0.404 | 0.292 |
| D 类 | 0.112 | 0.346 | 0.155 | 0.376 |

（2）对迎风面和侧风面的宽度沿高度按直线或接近直线变化而质量沿高度按连续规律变化的高耸结构，式(3-16)计算的背景分量因子 $B_z$，应乘以修正系数 $\theta_B$ 和 $\theta_v$。$\theta_B$ 为构筑物在 $z$ 高度处的迎风面宽度 $B(z)$ 与底部宽度 $B(0)$ 的比值；修正系数 $\theta_v$ 可按表 3-10 确定。

表 3-10　修正系数 $\theta_v$

| $B(z)/B(0)$ | $\theta_v$ |
|---|---|
| 1.0 | 1.00 |
| 0.9 | 1.10 |
| 0.8 | 1.20 |
| 0.7 | 1.32 |
| 0.6 | 1.50 |
| 0.5 | 1.75 |
| 0.4 | 2.08 |
| 0.3 | 2.53 |
| 0.2 | 3.30 |
| ≤0.1 | 5.60 |

2. 空间相关系数

脉动风荷载的空间相关系数包括 $\rho_z$ 和 $\rho_x$。

(1) 竖直方向的相关系数 $\rho_z$。

竖直方向的相关系数可按式(3-17)计算。

$$\rho_z = \frac{10\sqrt{B + 60 \, e^{-H/60} - 60}}{H} \qquad (3-17)$$

式中　$H$——结构总高度，对粗糙度为 A 类、B 类、C 类和 D 类的地面，$H$ 的取值分别不应大于 300m、350m、450m 和 550m。

(2) 水平方向的相关系数 $\rho_x$。

水平方向的相关系数可按式(3-18)计算。

$$\rho_x = \frac{10\sqrt{B + 50 \, e^{-B/50} - 50}}{B} \qquad (3-18)$$

式中　$B$——结构迎风面宽度，$B \leqslant 2H$。

对迎风面宽度较小的高耸结构，水平方向的相关系数 $\rho_x$ 可取 1.0。

3. 振型系数

振型系数应根据结构动力计算。对外形、质量、刚度沿高度按连续规律变化的竖向悬臂型高耸结构及沿高度比较均匀的高层建筑，振型系数 $\phi(z)$ 可根据相对高度 $z/H$ 按《建筑结构荷载规范》(GB 50009—2012) 附录 G 确定。

## 3.6.3　结构基本自振周期经验公式

在考虑风压脉动引起的风振效应时，需要计算结构的基本自振周期。结构的基本自振周期应按照结构动力学的方法求解，无限自由度体系或多自由度体系基本自振周期的计算十分烦冗。在实际工程中，结构基本自振周期 $T_1$ 常采用在实测的基础上回归得到的经验公式近似求出。

1. 高耸结构

一般情况下的钢结构和钢筋混凝土结构的基本自振周期见式(3-19)。

$$T_1 = (0.007 \sim 0.013)H \qquad (3-19)$$

式中　$H$——结构总高度。

一般情况下，钢结构刚度小，结构基本自振周期长，可取高值；钢筋混凝土结构刚度相对较大，结构基本自振周期短，可取低值。

2. 高层建筑

一般情况下的钢结构和钢筋混凝土结构的基本自振周期见式(3-20)~式(3-23)。

钢结构：　　　　　　　　$T_1 = (0.10 \sim 0.15)n$ 　　　　　　　　$(3-20)$

钢筋混凝土结构：　　　　$T_1 = (0.05 \sim 0.10)n$ 　　　　　　　　$(3-21)$

式中　$n$——建筑层数。

对于钢筋混凝土框架和框剪结构：

$$T_1 = 0.25 + 0.53 \times 10^{-3} \frac{H^2}{\sqrt[3]{B}} \tag{3-22}$$

对于钢筋混凝土剪力墙结构：

$$T_1 = 0.03 + 0.03 \times \frac{H}{\sqrt[3]{B}} \tag{3-23}$$

式中  $H$——房屋总高度；

  $B$——房屋宽度。

## 3.6.4  阵风系数

计算围护结构的阵风系数，不再区分幕墙和其他构件，统一按式(3-24)计算。

$$\beta_{gz} = 1 + 2gI_{10}\left(\frac{z}{10}\right)^{-\alpha} \tag{3-24}$$

式中  $\beta_{gz}$——高度 $z$ 处的阵风系数；

  $\alpha$——地面粗糙度指数。

其中粗糙度为 A 类、B 类、C 类和 D 类的地面的截断高度分别为 5m、10m、15m 和 30m，即对应的阵风系数不大于 1.65、1.70、2.05 和 2.40。

计算围护结构（包括门窗）风荷载时的阵风系数 $\beta$ 应按表 3-11 确定。

表 3-11  阵风系数 $\beta$

| 离地面高度/m | 地面粗糙度类别 | | | |
|:---:|:---:|:---:|:---:|:---:|
| | A 类 | B 类 | C 类 | D 类 |
| 5 | 1.65 | 1.70 | 2.05 | 2.40 |
| 10 | 1.60 | 1.70 | 2.05 | 2.40 |
| 15 | 1.57 | 1.66 | 2.05 | 2.40 |
| 20 | 1.55 | 1.63 | 1.99 | 2.40 |
| 30 | 1.53 | 1.59 | 1.90 | 2.40 |
| 40 | 1.51 | 1.57 | 1.85 | 2.29 |
| 50 | 1.49 | 1.55 | 1.81 | 2.20 |
| 60 | 1.48 | 1.54 | 1.78 | 2.14 |
| 70 | 1.48 | 1.52 | 1.75 | 2.09 |
| 80 | 1.47 | 1.51 | 1.73 | 2.04 |
| 90 | 1.46 | 1.50 | 1.71 | 2.01 |
| 100 | 1.46 | 1.50 | 1.69 | 1.98 |
| 150 | 1.43 | 1.47 | 1.63 | 1.87 |
| 200 | 1.42 | 1.45 | 1.59 | 1.79 |
| 250 | 1.41 | 1.43 | 1.57 | 1.74 |
| 300 | 1.40 | 1.42 | 1.54 | 1.70 |
| 350 | 1.40 | 1.41 | 1.53 | 1.67 |

| 离地面高度/m | 地面粗糙度类别 | | | |
|---|---|---|---|---|
| | A 类 | B 类 | C 类 | D 类 |
| 400 | 1.40 | 1.41 | 1.51 | 1.64 |
| 450 | 1.40 | 1.41 | 1.50 | 1.62 |
| 500 | 1.40 | 1.41 | 1.50 | 1.60 |
| 550 | 1.40 | 1.41 | 1.50 | 1.59 |

### 3.6.5　顺风向风荷载标准值

当已知拟建工程所在地的地貌和工程结构的基本条件后，可按前述方法逐一确定工程结构的基本风压 $w_0$、风压高度变化系数 $\mu_z$、风荷载体型系数 $\mu_s$、风振系数 $\beta_z$、阵风系数 $\beta_{gz}$ 和局部风压体型系数 $\mu_{s_1}$，即可计算垂直于建筑物表面上的顺风向荷载标准值。

（1）当计算主要承重结构时，风荷载标准值 $w_k$ 按式（3-25）计算。

$$w_k = \beta_z \mu_s \mu_z w_0 \tag{3-25}$$

（2）当计算围护结构时，风荷载标准值 $w_k$ 按式（3-26）计算。

$$w_k = \beta_{gz} \mu_{s_1} \mu_z w_0 \tag{3-26}$$

## 3.7　横风向结构风效应

### 3.7.1　锁定现象

实验研究表明，当气流漩涡脱落频率 $f_s$ 与结构横向自振基本频率 $f_1$ 接近时，结构横向产生共振。若风速继续增大，气流漩涡脱落频率仍保持常数（图 3.8），而不是按式（3-27）变化。

图 3.8　锁定现象

$$St = \frac{f_s D}{v} \tag{3-27}$$

式中　$St$——斯脱罗哈数；

　　　$v$——平均风速；

$D$——圆柱截面的直径；

$f_s$——气流漩涡脱落频率。

只有当风速大于 1.3 倍结构共振风速时，气流漩涡脱落频率才重新按式（3-27）规律变化。将气流漩涡脱落频率保持常数（为结构自振频率）的风速区域，称为锁定区域。

### 3.7.2 共振区高度

在特定的风速范围内，结构将发生共振，共振发生的初始风速为临界风速，临界风速 $v_{cr}$ 计算见式（3-28）。

$$v_{cr} = \frac{D}{T_j St} \tag{3-28}$$

式中 $St$——斯脱罗哈数，对圆形截面结构取 0.2；

$T_j$——结构第 $j$ 振型的自振周期。

由锁定现象可知，在一定的风速范围内将发生涡激共振。对图 3.9 所示的圆柱体结构，可沿高度方向取 $(1.0 \sim 1.3) v_{cr}$ 的区域为锁定区域，即共振区。对应于共振区起点高度 $H_1$ 的风速应为临界风速 $v_{cr}$，由式（3-4）给出的风速的指数变化规律，取离地面标准高度为 10m，则可得式（3-29）。

$$\frac{v_{cr}}{v_{10}} = \left(\frac{H_1}{10}\right)^{\alpha} \tag{3-29}$$

由式（3-29）导出式（3-30）。

$$H_1 = 10 \left(\frac{v_{cr}}{v_{10}}\right)^{1/\alpha} \tag{3-30}$$

若离地面高度为 $H$，则可得 $H_1$ 的另一表达式 [式（3-31）]。

$$H_1 = H \left(\frac{v_{cr}}{1.2 v_H}\right)^{1/\alpha} \tag{3-31}$$

**图 3.9 共振区高度**

式中 $H$——结构总高度；

$v_H$——结构顶部风速。

对应于风速 $1.3 v_{cr}$ 的高度 $H_2$，由式（3-4）的指数变化规律，取离地面标准高度为 10m，同样可导出式（3-32）。

$$H_2 = 10 \left(\frac{1.3 v_{cr}}{v_{10}}\right)^{1/\alpha} \tag{3-32}$$

式（3-32）计算出的 $H_2$ 值有可能大于结构总高度 $H$，也有可能小于结构总高度 $H$，实际工程中一般均取 $H_2 = H$，即共振区范围为 $H \sim H_2$。

### 3.7.3 横风向风振验算

对圆形截面的结构，应根据雷诺数 $Re$ 的不同情况进行横风向风振（漩涡脱落）的校核。当结构沿高度的截面缩小时（倾斜度不大于 0.02），可近似取 2/3 结构高度处的风速和直径。

（1）亚临界范围（$Re < 3.0 \times 10^5$）。

结构顶部风速 $v_H$［式(3-33)］：

$$v_H = \sqrt{\frac{2000 \mu_H w_0}{\rho}} \qquad (3-33)$$

式中　　$\mu_H$——结构顶部风压高度变化系数；

$w_0$——基本风压；

$\rho$——空气密度。

临界风速 $v_{cr}$［式(3-34)］：

$$v_{cr} = \frac{D}{T_i St} \qquad (3-34)$$

式中　　$T_i$——结构基本自振周期；

$St$——斯脱罗哈数，对圆形截面结构取 0.2。

当结构顶部风速超过 $v_{cr}$ 时，可在构造上采取防振措施或控制结构的临界风速 $v_{cr}$ 不小于 15m/s。

（2）超临界范围（$3.0 \times 10^5 \leqslant Re < 3.5 \times 10^6$）。

此范围气流漩涡脱落没有明显的周期，结构的横向振动呈现随机特征，不会产生共振响应，且风速也不是很大，工程上一般不考虑横风向振动。

（3）跨临界范围（$Re \geqslant 3.5 \times 10^6$）。

当风速进入跨临界范围时，结构有可能出现严重的振动，甚至破坏，国内外很多结构曾发生过这类损坏和破坏的事故，对此必须引起注意。

## 3.8　结构总风效应

在风荷载作用下，结构出现横向风效应的同时，必然存在顺风向效应。结构的总风效应是横风向和顺风向两种风效应的矢量叠加。

总风效应 $S$ 可将横风向效应 $S_C$ 与顺风向效应 $S_A$ 按式(3-35)组合后确定。

$$S = \sqrt{S_C^2 + S_A^2} \qquad (3-35)$$

对于非圆形，如三角形、方形、矩形、多边形等截面的柱体，都会发生类似的气流漩涡脱落现象，产生涡激共振，其规律更为复杂。对于重要的柔性结构的总风效应宜通过风洞试验确定。

## 本 章 小 结

风是空气相对于地面的运动。风分为台风和季风，并将其分为不同等级。风的强度一般用风速表示。当风以一定的速度向前运动而遇到建筑物、构筑物等阻碍物时，将对这些阻碍物产生压力，即风压。风荷载是工程结构的主要侧向荷载之一，它不仅对结构物产生水平风压作用，还会引起振动效应（风振效应）。由于这种双重作用，建筑物既受到静力的作用，又受到动力的作用。确定作用于工程结构上的风荷载时，必须依据当地风速资料确定基本风压。风的流动速度随离地面高度不同而变化，还与地貌环境等多种因素有关。水平流动的气流作用在结构物的表面上，会在其表面上产生风压，将风压沿表面积分可求出作用在结构上的风力，结构上的风力可分为顺风向风力和横风向风力。风力产生的结构位移、速度、加速度等动力响应等称为结构风效应。

# 思 考 题

1. 何谓基本风压，影响风压的主要因素是什么？
2. 阐述风荷载体型系数、风压高度变化系数、风振系数的意义。
3. 简述横向风振产生的原因。
4. 简述脉动风对结构的影响。

# 习 题

1. 已知一矩形平面钢筋混凝土高层建筑，平面形状沿高度保持不变。$H=100\text{m}$，$B=33\text{m}$，地面粗糙度为 A 类，基本风压 $W_0=0.44\text{kN/m}^2$。结构的基本自振周期 $T_1=2.5\text{s}$。求风荷载在建筑底部产生的弯矩（注：为简化计算，将建筑沿高度划分为 5 个计算区段，每个区段高 20m，取其中点位置的风荷载作为该区段的平均风荷载）。

2. 钢筋混凝土烟囱 $H=100\text{m}$，顶端直径为 5m，底部直径为 10m，顶端壁厚 0.2m，底部壁厚 0.4m。基本频率 $f_1=1\text{Hz}$，阻尼比 $\zeta=0.05$。地面粗糙度指数 $\alpha=0.15$，空气密度 $\rho=1.2\text{kg/m}^3$。距地面 10m 处的基本风速 $v_0=25\text{m/s}$。问烟囱是否会发生横风向共振？并求烟囱顶端横风向的最大位移。

3. 在某大城市中心有一钢筋混凝土框架—核心筒结构的大楼(图 3.10)，外形和质量沿房屋高度方向均基本呈均匀分布。房屋总高 $H=120\text{m}$，通过动力特性分析，已知 $T_1=2.8\text{s}$，房屋的平面 $L\times B=40\text{m}\times30\text{m}$，该市基本风压为 $0.60\text{kN/m}^2$。试计算该大楼迎风面顶点($H=120\text{m}$)处的风荷载标准值。

(a)       (b)

**图 3.10 习题 3 图**

# 第4章

# 地震作用

**基本概念**

地震波；震级；地震烈度；基本烈度；底部剪力法。

**引例**

地震是以地面发生不同强烈程度的振动为特征的一种物理现象，是地球内部构造运动的产物。一旦发生地震，就会给人类社会带来灾难，造成不同程度的人员伤亡和经济损失。

我国是个多震的国家，表4-1给出了历史上全球45次最严重的地震，其中死亡人数较多的地震(表4-1中序号5、17、24)，分别是1556年的关中大地震死亡约83万人，1920年的海原大地震死亡约20万人，1976年的唐山大地震死亡约24.2万人。我国抗震设防的城市多、比例高、抗震设防等级也高，国土面积地震烈度在6度以上的地区占79%。我国地震还有一个特点就是震源浅、强度大，据统计已发生的地震有2/3属30km内的浅震源，20世纪全世界7级以上的强震1/10发生在我国，而释放的能量却占总能量的3/10。就震害而论，1949年以来7级以上的强震10余次，死亡约33.1万人，伤亡76.3万人，致残约20万人，震塌房屋1亿多平方米。迄今为止，地震预报是很困难的，若在工程建设中采取一定措施进行防震、减震、抗震设计就可以大大减少地震灾害的损失。

表4-1 历史上全球40次最严重的地震

| 序号 | 城市或地区名称 | 所属国 | 发生时间 | 灾害损失 |
|---|---|---|---|---|
| 1 | 罗得 | 希腊 | 公元前226年 | 城毁，太阳神铜像坍塌 |
| 2 | 阿芙罗狄蒂斯 | 土耳其 | 约4世纪 | 爱神之城从此湮没 |
| 3 | 里斯本 | 葡萄牙 | 1755年 | 死亡6~10万人 |
| 4 | 亚历山大 | 埃及 | 1375年 | 部分地区及小岛沉陷入海，灯塔消失 |
| 5 | 中县、潼关 | 中国 | 1556年 | 受灾面积30多万平方千米，死亡约83万人 |
| 6 | 罗亚尔港 | 牙买加 | 1692年 | 城市沉陷海中 |
| 7 | 加拉加斯 | 委内瑞拉 | 1812年 | 城毁，死亡1万人 |
| 8 | 瓦尔帕莱索 | 智利 | 1822年 | 城毁，死亡数千人 |
| 9 | 康塞普西翁 | 智利 | 1835年 | 震后被海啸吞没 |
| 10 | 西昌 | 中国 | 1850年 | 城毁，死亡约2.6万人 |
| 11 | 亚里加港 | 秘鲁 | 1868年 | 震后海啸，98%居民遇难，死亡约2万人 |
| 12 | 名古屋 | 日本 | 1891年 | 岐阜等城亦毁，死七千多人 |
| 13 | 高哈蒂 | 印度 | 1897年 | 阿萨姆邦大地震，毁许多城市 |
| 14 | 旧金山 | 美国 | 1906年 | 火烧3日后，死亡6万多人 |
| 15 | 墨西拿 | 意大利 | 1908年 | 毁于海啸，共死亡约8.5万人 |
| 16 | 阿拉木图 | 苏联(现哈萨克斯坦) | 1911年 | 7.8级 |
| 17 | 海原 | 中国 | 1920年 | 死亡约20万人 |

续表

| 序号 | 城市或地区名称 | 所属国 | 发生时间 | 灾害损失 |
|---|---|---|---|---|
| 18 | 东京、横滨 | 日本 | 1923 年 | 8.3 级，死亡约 14.28 万人 |
| 19 | 阿加迪尔 | 摩洛哥 | 1960 年 | 5.9 级，死亡约 1.0 万人 |
| 20 | 蒙特港 | 智利 | 1960 年 | 9.5 级 |
| 21 | 斯科普里 | 南斯拉夫 | 1963 年 | 8.2 级，死亡千余人 |
| 22 | 阿拉斯加 | 美国 | 1964 年 | 9.2 级，死亡 178 人 |
| 23 | 马拉瓜 | 尼加拉瓜 | 1972 年 | 6.2 级，死亡万余人 |
| 24 | 唐山 | 中国 | 1976 年 | 7.8 级，共死亡约 24.2 万人 |
| 25 | 塔巴斯 | 伊朗 | 1978 年 | 7.7 级，40 多个村庄被毁，死亡 2.5 万人 |
| 26 | 阿斯南 | 阿尔及利亚 | 1980 年 | 7.3 级，死亡 2 万多人 |
| 27 | 墨西哥城 | 墨西哥 | 1985 年 | 7.8 级，死亡 3500 人 |
| 28 | 列宁纳坎 | 亚美尼亚 | 1988 年 | 6.9 级，死亡 2.4 万人 |
| 29 | 星海地区 | 伊朗 | 1990 年 | 7.9 级，死亡约 5 万人 |
| 30 | 马哈拉施特拉邦 | 印度 | 1993 年 | 6.4 级，死亡 1 万多人 |
| 31 | 阪神 | 日本 | 1995 年 | 7.3 级，死亡 6434 人 |
| 32 | 塔哈尔省 | 阿富汗 | 1998 年 | 6.1 级，死亡 4000 余人 |
| 33 | — | 哥伦比亚 | 1999 年 | 6.0 级，死亡 1000 多人 |
| 34 | — | 土耳其 | 1999 年 | 7.4 级，死亡 1.8 万人 |
| 35 | 台湾地区 | 中国 | 1999 年 | 7.6 级，死亡约 2400 人 |
| 36 | 吉吉拉特邦 | 印度 | 2001 年 | 7.9 级，死亡约 2 万人 |
| 37 | 阿尔及尔 | 阿尔及利亚 | 2003 年 | 6.7 级，死亡 2273 人 |
| 38 | 巴姆 | 伊朗 | 2003 年 | 6.3 级，死亡超 4.5 万人 |
| 39 | 苏门答腊岛 | 印度尼西亚 | 2004 年 | 9.1 级地震，引发海啸，死亡约 23 万人 |
| 40 | — | 秘鲁 | 2007 年 | 8.0 级，死亡 500 多人，1500 多人受伤 |
| 41 | 汶川 | 中国 | 2008 年 | 8.0 级地震，死亡 69227 人 |
| 42 | 爪哇岛 | 印度尼西亚 | 2009 年 | 7.3 级，死亡 45 人 |
| 43 | 太子港 | 海地 | 2010 年 | 7.0 级，死亡 22.25 万人 |
| 44 | 康塞普西翁 | 智利 | 2010 年 | 8.8 级 |
| 45 | 福岛 | 日本 | 2010 年 | 6.2 级 |

# 4.1 地震的有关知识

为了减轻或避免地震带来的损失，就需要对地震有较深入的了解，研究如何防止或减少建(构)筑物由于地震而造成的破坏。本节先就地震的有关基本知识进行简要介绍。

## 4.1.1 地震的类型

地震分为天然地震和人工地震两大类。

天然地震主要是构造地震，其次是火山地震。构造地震是由于地下深处岩石破裂、错动把长期积累的能量快速释放，产生的地震波向四面八方传播到地面引起的强烈振动。构造地震约占地震总数的90%。火山地震是由火山喷发引起的，约占地震总数的7%。此外，某些特殊情况下也会产生地震，如岩洞崩塌(陷落地震)、大陨石冲击地面(陨石冲击地震)等。

人工地震是由人为活动引起的地震。例如，工业爆破、地下核爆炸造成的振动；在深井中进行高压注水以及大型水库蓄水后增加了地层的压力，有时也会诱发地震。

## 4.1.2 地震成因

构造地震的成因与地球的构造和地质运动有关，地球的构造如图4.1所示。

地壳是由各种结构不均、厚薄不一的岩层组成的。地球上绝大部分地震都发生在地壳内。

地幔主要由两部分构成：外部主要是40~70km厚的结构较均匀的、质地坚硬的橄榄石岩层；内部是厚度约几百千米，呈塑性状态并具有黏弹性的软流层。

**图4.1 地球的构造**

到目前为止，世界上所观测到的地震深度最深为720km，即地震仅发生于地球表面部分——地壳内和地幔外部。

由地质勘探可知，地表以下，越往地球内部，温度越高。经推算，地壳以下地幔外部的温度大于1000℃，在这样的高温下，地幔的物质变得具有流动性，又由于地幔越往地球内部温度越高，构成地幔热对流，因此引起地壳岩层的地质运动。除地幔热对流外，地球的公转和自转、月球和太阳的引力影响等，也会引起地质运动。目前，普遍认为地幔热对流是引起地质运动的主要原因。地球内部在运动过程中，孕育了巨大的能量，能量的释放在地壳岩层中产生强大的地应力，使原本水平状的岩层在地应力作用下发生变形。当地应力只能使岩层产生弯曲而未丧失其连续完整性时，岩层仅仅能够产生褶皱；当地应力引起的岩层变形超过岩层自身极限应变时，岩层就会发生突然断裂和猛烈错动，而承受应变的岩层在其自身的弹性应力作用下发生回弹，弹回到新的平衡位置。在回弹过程中，岩层中原先积累的应变能全部释放，并以弹性波的形式传到地面，从而使地面随之产生强烈振动，形成地震。图 4.2 所示就是地震成因的断层说示意图。

| (a) 岩层原始状态 | (b) 褶皱 | (c) 断裂、错动 |

**图 4.2 地震成因的断层说示意图**

板块学说则认为，地壳和地幔外部厚 70～100km 的岩石圈是由亚欧板块、太平洋板块、美洲板块、非洲板块、印度洋板块和南极洲板块组成，类似一个破裂后仍连在一起的蛋壳，板块下面是呈塑性状态并具有黏弹性的软流层。软流层的热对流推动软流层上的板块作刚体运动，从而使各板块互相挤压、碰撞，致使其边缘附近岩层脆性破裂而引发地震。板块学说更易于解释地球上的地震带主要分布在板块的交界地区的原因。据统计，全球 85% 左右的地震发生在板块边缘及附近，仅有 15% 左右的地震发生在板块内部。

图 4.3 所示的是有关地震的几个术语。震源即发震点，是岩层断裂处。震源正上方的地面点称为震中。震中至震源的距离为震源深度。地面某处到震中的距离称为震中距。地面某处到震源的距离称为震源距。

**图 4.3 地震术语示意图**

地震按震源深度可分为浅源地震（震源深度小于 60km）、中源地震[震源深度为 60～300km（含 60km）]和深源地震（震源深度大于 300km）。破坏性地震一般是浅源地震，发生的数量也最多，约占世界地震总数的 85%。当震源深度超过 100km 时，地震释放的能量在传递到地面过程中大部分被损失掉，故通常不会对地面造成震害。我国发生的地震绝大多数是浅源地震，震源深度一般为 5～50km。如 1976 年的唐山地震的震源深度为 12km，2008 年汶川地震的震源深度为 14km。

### 4.1.3 地震分布

地震虽然是一种随机现象，但对已发生地震分布的统计中仍可发现其呈现某种规律性。地震主要分布在环太平洋带（活动最强，约占全球地震总数的75%），阿尔卑斯-喜马拉雅带，大西洋中脊和印度洋中脊（约占全球地震总数的22%）上。总的来说，地震主要发生在洋脊、裂谷、海沟、转换断层和大陆内部的古板块边缘等构造活动带。

我国地处两大地震带的交汇处，因此地震发生频繁，且强度较大。台湾地区是我国地震活动最强、发生频率最高的地区。

### 4.1.4 地震波、震级及地震烈度

1. 地震波

地震引起周围介质运动，并以波的形式从震源向各个方向传播并释放能量，这种波就是地震波。地震波是一种弹性波，它包括在地球内部传播的体波和只限于在地面附近传播的面波。

体波中包含两种形式的波，即纵波（P波）[图4.4(a)]和横波（S波）[图4.4（b）]。

(a) 纵波(P波)          (b) 横波(S波)

**图 4.4　体波质点振动形式**

纵波是由震源向外传播的疏密波，在传播过程中，其介质质点的振动方向与波的前进方向一致，从而使介质不断地压缩和疏松，故纵波又称压缩波或疏密波。其特点是周期较短、振幅较小、波速快，在地壳内的速度一般为200～1400m/s。

纵波的传播速度可按式(4-1)计算。

$$v_p = \sqrt{\frac{E(1-\upsilon)}{\rho(1+\upsilon)(1-2\upsilon)}} \qquad (4-1)$$

式中　$E$——介质弹性模量；

　　　$\rho$——介质密度；

　　　$\upsilon$——介质的泊松比。

纵波引起地面垂直方向振动。

横波是由震源向外传播的剪切波，在传播过程中，其介质质点的振动方向与波的前进

方向垂直。横波又被称为剪切波，其特点是周期较长、振幅较大、波速慢，在地壳内的速度一般为 $100\sim800\mathrm{m/s}$。

横波的传播速度可按式(4-2)计算。

$$v_{\mathrm{s}}=\sqrt{\frac{E}{2\rho(1+\upsilon)}}=\sqrt{\frac{G}{\rho}} \tag{4-2}$$

式中　$G$——介质剪切模量。

横波引起地面水平方向振动。

当取 $\upsilon=0.25$ 时，$v_{\mathrm{p}}=\sqrt{3}\,v_{\mathrm{s}}$。

由此可知，纵波的传播速度比横波的传播速度要快。发生地震时，地震仪上首先记录到的地震波是纵波，也称初波（Primary Wave）；随后记录到的才是横波，也称次波（Secondary Wave）。

横波只能在固体中传播，这是因为流体不能承受剪力。纵波在固体和液体中都能传播。由于地球的层状构造特点，当体波经过地球的各层界面时，会发生反射和折射。当传播到地面时，产生仅沿地面传播的次生波——面波。面波有瑞利波（R 波）和勒夫波（L 波）。瑞利波传播时，质点在波的传播方向与地面法向组成的平面（$xz$ 平面）内 [图 4.5(a)] 作与波前进方向相反的椭圆形运动，故此波呈现滚动形式，由于其随距地面深度增加其振幅急剧减小，导致地下建筑物较地上建筑物受地震影响小。勒夫波传播时，将使质点在地平面（$xy$ 平面）内作与波的前进方向相垂直的水平方向（$y$ 方向）运动 [图 4.5(b)]，即在地面上作蛇形运动形式，其随距地面深度增加而振幅急剧衰减。与体波相比，面波波速慢、周期长、振幅大、衰减慢，能传播到很远的地方。

**图 4.5　面波质点振动**

地震波（图 4.6）的传播速度，以纵波最快，横波次之，面波最慢。纵波使建筑物产生上下颠簸，横波使建筑物产生水平晃动，而面波使建筑物既产生上下颠簸又产生水平晃动，振动方向复杂。当横波和面波都到达时，振动最为强烈。一般情况下，面波的能量比体波大，建筑物和地表的破坏主要是面波造成的。

**图 4.6　地震波**

2. 震级

震级是表征地震强弱的量度，通常用字母 $M$ 表示，它与地震所释放的能量有关。但由于人们所能观测到的只是传播到地表的振动，即地震仪记录到的地震波，因此仅能用振幅大小来衡量地震的震级。

1935 年，里克特(Richter)给出了震级的定义：用标准地震仪(周期为 0.8s，阻尼系数为 0.8，放大倍数为 2800 倍的地震仪)在距震中 100km 处记录到的最大水平位移(单振幅，以 $\mu m$ 计)的常用对数值，其计算见式(4-3)。

$$M = \lg A \qquad\qquad (4-3)$$

式中　$M$——震级，即里氏震级；

　　　$A$——标准地震仪记录到的最大水平位移。

震级 $M$ 与震源释放的能量 $E$ [尔格(erg)] 之间的对应关系见式(4-4)。

$$\lg E = 11.8 + 1.5M \qquad\qquad (4-4)$$

式(4-3)、式(4-4)表明，震级每增加一级，地面振幅增加约 10 倍，地震释放的能量增大约 32 倍。一次里氏 5.0 级地震所释放的能量为 $2 \times 10^{19}$ erg，相当于 2 万吨 TNT 炸药。一次里氏 6.0 级地震释放的能量相当于美国投掷在日本广岛的原子弹所具有的能量。震级每相差 1 级，能量相差大约 32 倍；每相差 2 级，能量相差约 1000 倍。也就是说，一个 6.0 级地震约相当于 32 个 5.0 级地震，而 1 个 7.0 级地震则约相当于 1000 个 5.0 级地震。目前世界上最大的地震震级为 9.0 级。

按震级大小可把地震划分为以下几类。

(1) 弱震：震级小于 3 级。如果震源不是很浅，人们一般不易觉察这种地震。

(2) 有感震：震级等于或大于 3 级、小于或等于 4.5 级。这种地震人们能够感觉到，但一般不会造成破坏。

(3) 中强震：震级大于 4.5 级、小于 6 级。这种地震属于可造成破坏的地震，但破坏轻重还与震源深度、震中距等有关。

(4) 强震：震级等于或大于 6 级。震级大于等于 8 级的称为巨大地震。

3. 地震烈度

地震烈度是指某地区的地面和各类建筑物遭受一次地震影响的强弱程度。地震震级与地震烈度是两个不同的概念。一次地震只有一个震级，如同炸弹的装药量是一定的。但地震烈度对于不同地区却不同，即对于不同地区的影响是不同的。震中距越大，地震影响越小，地震烈度越低；震中距越小，地震影响越大，地震烈度越高。震中区的烈度称为震中烈度，震中烈度是最高烈度，如同炸弹爆炸中心附近破坏力最大。震级越大，确定地区的地震烈度也越大。

《中国地震烈度表》(GB/T 17742—2020)

地震烈度是根据地震时房屋震害、人的感觉、器物反应等评定指标进行分类的，目前绝大多数国家都采用 12 级。我国的地震烈度见表 4-2。地震烈度既是地震后果的一种评价，也是地面运动的一种度量，它是联系宏观震害现象和地面运动强弱的纽带。例如，1976 年唐山地震，震级为 7.8 级，震中烈度为 11 度；受唐山地震的影响，天津地震烈度为 8 度，北京地震烈度为 6 度，石家庄、太原等地的地震烈度只有 4~5 度。

表 4-2　我国的地震烈度表（GB/T 17742—2020）

| 地震烈度 | 房屋震害 | | | 人的感觉 | 器物反应 | 生命线工程震害 | 其他震害现象 | 仪器测定的地震烈度 $I_I$ | 合成地震动的最大值 | |
| --- | --- | --- | --- | --- | --- | --- | --- | --- | --- | --- |
| | 类型 | 震害程度 | 平均震害指数 | | | | | | 加速度 $m/s^2$ | 速度 $m/s$ |
| Ⅰ(1) | — | — | — | 无感 | — | — | — | $1.0 \leq I_I < 1.5$ | $1.80 \times 10^{-2}$ $(<2.57 \times 10^{-2})$ | $1.21 \times 10^{-3}$ $(<1.77 \times 10^{-3})$ |
| Ⅱ(2) | — | — | — | 室内个别静止中的人有感觉，个别较高楼层中的人有感觉 | — | — | — | $1.5 \leq I_I < 2.5$ | $3.69 \times 10^{-2}$ $(2.58 \times 10^{-2} \sim$ $5.28 \times 10^{-2})$ | $2.59 \times 10^{-3}$ $(1.78 \times 10^{-3} \sim$ $3.81 \times 10^{-3})$ |
| Ⅲ(3) | — | 门、窗轻微作响 | — | 室内少数静止中的人有感觉，少数较高楼层中的人有明显感觉 | 悬挂物微动 | — | — | $2.5 \leq I_I < 3.5$ | $7.57 \times 10^{-2}$ $(5.29 \times 10^{-2} \sim$ $1.08 \times 10^{-1})$ | $5.58 \times 10^{-3}$ $(3.82 \times 10^{-3}$ $\sim 8.19 \times 10^{-3})$ |
| Ⅳ(4) | — | 门、窗作响 | — | 室内多数人，室外少数人有感觉，少数人睡梦中惊醒 | 悬挂物明显摆动，器皿作响 | — | — | $3.5 \leq I_I < 4.5$ | $1.55 \times 10^{-1}$ $(1.09 \times 10^{-1} \sim$ $2.22 \times 10^{-1})$ | $1.20 \times 10^{-2}$ $(8.20 \times 10^{-3} \sim$ $1.76 \times 10^{-2})$ |
| Ⅴ(5) | — | 门窗、屋顶、屋架颤动作响，灰土掉落，个别房屋墙体抹灰出现细微裂缝，个别老旧A1类或A2类房屋墙体出现轻微裂缝或原有裂缝扩展，个别屋顶烟囱掉砖，个别檐瓦掉落 | — | 室内绝大多数，室外多数人有感觉，多数人睡梦中惊醒，少数人惊逃户外 | 悬挂物大幅度晃动，少数架上小物品、个别顶部沉重或放置不稳定器物摇动或翻倒，水晃动并从盛满的容器中溢出 | — | — | $4.5 \leq I_I < 5.5$ | $3.19 \times 10^{-1}$ $(2.23 \times 10^{-1} \sim$ $4.56 \times 10^{-1})$ | $2.59 \times 10^{-2}$ $(1.77 \times 10^{-2} \sim$ $3.80 \times 10^{-2})$ |

续表

| 地震烈度 | 评定指标 | | | | | | | 仪器测定的地震烈度 $I_I$ | 合成地震动的最大值 | |
|---|---|---|---|---|---|---|---|---|---|---|
| | 房屋震害 | | | 人的感觉 | 器物反应 | 生命线工程震害 | 其他震害现象 | | 加速度 m/s² | 速度 m/s |
| | 类型 | 震害程度 | 平均震害指数 | | | | | | | |
| Ⅵ(6) | A1 | 少数轻微破坏和中等破坏，多数基本完好 | 0.02~0.17 | 多数人站立不稳，多数人惊逃户外 | 少数轻家具和物品移动；少数顶部沉重的器物翻倒 | 个别梁桥挡块破坏，个别拱桥主拱圈出现裂缝及桥台开裂；个别主变压器跳闸；个别老旧支线管道破坏，局部水压下降 | 河岸和松软土地出现裂缝，饱和砂层出现喷砂冒水；个别独立砖烟囱轻度裂缝 | $5.5 \leqslant I_I < 6.5$ | $6.53 \times 10^{-1}$ $(4.57 \times 10^{-1} \sim$ $9.36 \times 10^{-1})$ | $5.57 \times 10^{-2}$ $(3.81 \times 10^{-2} \sim$ $8.17 \times 10^{-2})$ |
| | A2 | 少数轻微破坏和中等破坏，大多数基本完好 | 0.01~0.13 | | | | | | | |
| | B | 少数轻微破坏和中等破坏，大多数基本完好 | ≤0.11 | | | | | | | |
| | C | 少数或个别轻微破坏，绝大多数基本完好 | ≤0.06 | | | | | | | |
| | D | 少数或个别轻微破坏，绝大多数基本完好 | ≤0.04 | | | | | | | |
| Ⅶ(7) | A1 | 少数严重破坏和毁坏，多数中等破坏和轻微破坏 | 0.15~0.44 | 大多数人惊逃户外，骑自行车的人有感觉，行驶中的汽车驾乘人员有感觉 | 物品从架子上掉落，多数顶部沉重的器物翻倒，少数家具倾倒 | 少数梁桥挡块破坏，个别拱桥主拱圈出现明显裂缝和变形以及少数桥台开裂；个别变压器的套管破坏，个别瓷柱型高压电气设备破坏；少数支线管道破坏，局部停水 | 河岸出现塌方，饱和砂层常见喷水冒砂，松软土上地裂缝较多；大多数独立砖烟囱中等破坏 | $6.5 \leqslant I_I < 7.5$ | $1.35$ $(9.37 \times 10^{-1} \sim$ $1.94)$ | $1.20 \times 10^{-1}$ $(8.18 \times 10^{-2} \sim$ $1.76 \times 10^{-1})$ |
| | A2 | 少数中等破坏，多数轻微破坏和基本完好 | 0.11~0.31 | | | | | | | |
| | B | 少数中等破坏，多数轻微破坏和基本完好 | 0.09~0.27 | | | | | | | |
| | C | 少数轻微破坏和中等破坏，多数基本完好 | 0.05~0.18 | | | | | | | |
| | D | 少数轻微破坏和中等破坏，大多数基本完好 | 0.04~0.16 | | | | | | | |

续表

| 地震烈度 | 评定指标 | | | | | | | 仪器测定的地震烈度 $I_I$ | 合成地震动的最大值 | |
|---|---|---|---|---|---|---|---|---|---|---|
| | 房屋震害 | | | 人的感觉 | 器物反应 | 生命线工程震害 | 其他震害现象 | | 加速度 m/s² | 速度 m/s |
| | 类型 | 震害程度 | 平均震害指数 | | | | | | | |
| Ⅷ(8) | A1 | 少数毁坏，多数中等破坏和严重破坏 | 0.42~0.62 | 多数人摇晃颠簸，行走困难 | 除重家具外，室内物品大多数倾倒或移位 | 少数梁桥梁体移位、开裂及多数挡块破坏，少数拱桥主拱圈开裂严重；少数桥的套管破坏，个别或少数瓷柱型高压电气设备破坏；多数支线管道及少数干线管道破坏，部分区域停水 | 干硬土地上出现裂缝，饱和砂层绝大多数喷砂冒水；大多数独立砖烟囱严重破坏 | $7.5 \le I_I < 8.5$ | 2.79(1.95~4.01) | $2.58\times10^{-1}$ ($1.77\times10^{-1}$~ $3.78\times10^{-1}$) |
| | A2 | 少数严重破坏，多数中等破坏和轻微破坏 | 0.29~0.46 | | | | | | | |
| | B | 少数严重破坏和毁坏，多数中等破坏 | 0.25~0.50 | | | | | | | |
| | C | 少数严重破坏，多数中等破坏和轻微破坏和基本完好 | 0.16~0.35 | | | | | | | |
| | D | 少数中等破坏，多数轻微破坏和基本完好 | 0.14~0.27 | | | | | | | |
| Ⅸ(9) | A1 | 大多数毁坏和严重破坏 | 0.60~0.90 | 行动的人摔倒 | 室内物品大多数倾倒或移位 | 个别梁桥桥墩局部压溃或落梁，个别拱桥垮塌或濒于垮塌；多数变压器套管破坏，少数变压器移位；少数瓷柱型高压电气设备破坏；各类供水管道破坏、渗漏广泛发生，大范围停水 | 干硬土地上多处出现裂缝，可见基岩裂缝、错动，滑坡、塌方常见；独立砖烟囱多数倒塌 | $8.5 \le I_I < 9.5$ | 5.77(4.02~8.30) | $5.55\times10^{-1}$ ($3.79\times10^{-1}$~ $8.14\times10^{-1}$) |
| | A2 | 少数毁坏，多数严重破坏和中等破坏 | 0.44~0.62 | | | | | | | |
| | B | 多数毁坏，多数严重破坏和中等破坏 | 0.48~0.69 | | | | | | | |
| | C | 多数严重破坏，少数轻微破坏 | 0.33~0.54 | | | | | | | |
| | D | 少数严重破坏，多数中等破坏和轻微破坏 | 0.25~0.48 | | | | | | | |

续表

| 地震烈度 | 房屋震害 | | | 评定指标 | | | | | 合成地震动的最大值 | |
|---|---|---|---|---|---|---|---|---|---|---|
| | 类型 | 震害程度 | 平均震害指数 | 人的感觉 | 器物反应 | 生命线工程震害 | 其他震害现象 | 仪器测定的地震烈度 $I_I$ | 加速度 m/s² | 速度 m/s |
| X(10) | A1 | 绝大多数毁坏 | 0.88~1.00 | 骑自行车的人会摔倒，处于不稳状态的人会摔离原地，有抛起感 | — | 个别梁桥桥墩压溃或折断，少数落梁、垮塌或濒于跨塌；绝大多数顷轨，油、套管断裂漏；多数瓷柱型高压电气设备破坏；供水管网毁坏，全区域停水 | 山崩和地震断裂出现；大多数独立砖烟囱从根部破坏或倒毁 | 9.5≤$I_I$<10.5 | 1.19×10¹ (8.31~1.72×10¹) | 1.19 (8.15×10⁻¹~1.75) |
| | A2 | 大多数毁坏 | 0.60~0.88 | | | | | | | |
| | B | 大多数毁坏 | 0.67~0.91 | | | | | | | |
| | C | 大多数严重破坏和毁坏 | 0.52~0.84 | | | | | | | |
| | D | 大多数严重破坏和毁坏 | 0.46~0.84 | | | | | | | |
| XI(11) | A1 | | 1.00 | — | — | — | 地震断裂延续很大；大量山崩滑坡 | 10.5≤$I_I$≤11.5 | 2.47×10¹ (1.73×10¹~3.55×10¹) | 2.57 (1.76~3.77) |
| | A2 | | 0.86~1.00 | | | | | | | |
| | B | 绝大多数毁坏 | 0.90~1.00 | | | | | | | |
| | C | | 0.84~1.00 | | | | | | | |
| | D | | 0.84~1.00 | | | | | | | |
| XII(12) | 各类 | 几乎全部毁坏 | 1.00 | — | — | — | 地面剧烈变化，山河改观 | 11.5≤$I_I$≤12.0 | >3.55×10¹ | >3.77 |

注：1. "—"表示无内容。
2. 表中给出的合成地震动的最大值为所对应的仪器测定的地震烈度中值，加速度和速度数值分别对应附录A中公式(A.5)的PGA和公式(A.6)的PGV；括号内为变化范围。

**4. 震级和地震烈度的关系**

定性地讲，震级越大，确定地区的地震烈度也越大；定量的关系只在特定条件下存在大致的对应关系，根据我国的地震资料，对于震源深度在 10～30km 多发性的浅源地震，可建立起震中烈度 $I_0$ 与震级 $M$ 的对照关系，见表 4-3。

**表 4-3  震中烈度与震级对照关系**

| 震中烈度 $I_0$ | 震级 $M$ | 震中烈度 $I_0$ | 震级 $M$ |
| --- | --- | --- | --- |
| 1 | 1.7 | 7 | 5.7 |
| 2 | 2.3 | 8 | 6.3 |
| 3 | 3.0 | 9 | 7.0 |
| 4 | 3.7 | 10 | 7.7 |
| 5 | 4.3 | 11 | 8.3 |
| 6 | 5.0 | 12 | 9.0 |

震中烈度和震级的对应公式见式(4-5)。

$$M = 1 + \frac{2}{3} I_0 \tag{4-5}$$

对于非震中区，利用地震烈度随震中距衰减的函数关系，可建立的公式见式(4-6)。

$$M = 1 + \frac{2}{3} I + \frac{2}{3} c \cdot \lg \left( \frac{\Delta}{h} + 1 \right) \tag{4-6}$$

式中　$M$——震级；

$c$——烈度衰减参数；

$\Delta$——震中距；

$h$——震源深度。

# 4.2  地震作用及其计算方法

## 4.2.1  地震烈度区划与基本烈度

工程抗震是对已有工程进行抗震加固和对新建工程进行抗震设防，必须预测某地地震的烈度，一般采用的方法是基于概率统计的地震预测，即根据区域性地质构造、地震活动性和历史地震资料，划分潜在震源区，分析震源地震活动性，确定地震衰减规律，利用概率方法评价该地区未来一定期限内遭受不同强度地震影响的可能性，给出用概率形式表达的地震烈度区划或其他地震动参数，作为抗震设防的依据。

原地震局和原建设部于 1992 年 6 月颁布实施的《中国地震烈度区划图(1990)》就是基于概率统计的方法编制的。该图用基本烈度表示各地方存在地震的危险性和危害程度。基本烈度是指未来 50 年，一般场地条件下，超越概率 10％的地震烈度。该区划图把全国划分为基本烈度不同的 5 个地区，《建筑抗震设计规范（2016 年版）》（GB 50011—2010）

规定，一般情况下可采用地震烈度区划图上给出的基本烈度作为建筑抗震设计中的抗震设防烈度。

同一地区不同场地上的建筑物震害程度有着明显差异，局部场地条件对地震动特性和地震破坏效应有较大影响。《建筑抗震设计规范（2016 年版）》（GB 50011—2010)规定：做过地震小区划的地区，可采用抗震主管部门批准的抗震设防烈度和设计地震动参数。地震小区划就是在大区划（地震烈度区划）的基础上，考虑局部范围的地震地质背景、地质条件、地形地貌，给出一个城市或一个大的工矿企业内的抗震设防烈度和地震动参数。为工程抗震提供更为经济、合理的场地地震特性评价。

一般来说，震级较大、震中距较大的地震对长周期柔性结构的破坏，比同样地震烈度下震级较小、震中距较小的地震造成的破坏要重。产生这种现象的主要原因是共振效应，即地震波中的高频分量随传播距离的衰减比低频分量要快，震级大、震中距大的地震波的主导频率为低频分量，与长周期的柔性结构的基本自振周期接近。

为了反映同样地震烈度下，不同震级和震中距的地震引起的地震动特征、对结构造成的破坏程度及对建筑物的影响，补充和完善地震烈度区划图的地震烈度划分，《建筑抗震设计规范（2016 年版）》（GB 50011—2010)将建筑工程的设计地震划分为 3 组，近似反映近、中、远震的影响，不同的设计地震分组，采用不同的设计特征周期和设计基本地震加速度值。

地震释放的能量以波的形式传到地面，引起地面振动。振动过程中作用在结构上的惯性力就是地震作用，它使结构产生内力，发生变形。

地震作用是建筑抗震设计的基本依据，其数值大小不仅取决于地面运动的强弱程度，而且与结构的截面特性即基本自振周期、阻尼系数等直接相关。目前采用反应谱理论来计算地震作用。

## 4.2.2 单质点体系地震作用

1. 计算简图

对于各类工程结构，其质量沿结构高度是连续分布的或质量大多集中在屋盖或桥面处。为了便于分析、减少计算工作量，把结构的全部质量假想地集中到若干质点上，结构杆件本身则看成无重量的弹性直杆支承于地面的结构，这种方法即集中质量法，单质点体系简图如图 4.7 所示，其使计算得到简化，并能够较好地反映质点的动力性能。

**图 4.7 单质点体系简图**

在结构抗震分析中，如果只需要一个独立参数就可确定其弹性变形位置，则该体系即为单自由度体系。

2. 运动方程

尽管地震作用下的地面运动是三维运动，但若结构处于弹性状态，一般假定地基不发生转动，而把地基运动分解为一个竖向分量和一个水平向分量，然后分别计算这些分量对结构的影响。

图 4.8 为单质点体系在地震作用下的运动简图。图示单质点体系在地面水平运动分量的作用下产生振动，$x_0(t)$ 表示地面水平位移，它的变化规律可通过地震时地面运动实测记录得到；$x(t)$ 表示质点相对于地面的位移，是待求的未知量。

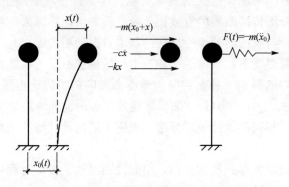

**图 4.8 单质点体系在地震作用下的运动简图**

为了建立运动方程，取质点 $m$ 为隔离体，由结构动力学可知，作用在质点上的力有 3 种。

（1）惯性力 $I$。惯性力为质点的质量和绝对加速度的乘积，其方向与加速度方向相反，计算见式（4-7）。

$$I = m\left[\ddot{x}_0(t) + \ddot{x}(t)\right] \tag{4-7}$$

式中　$\ddot{x}_0(t)$——地面运动加速度；

　　　$\ddot{x}(t)$——质点相对于地面加速度。

（2）阻尼力 $D$。阻尼力是在结构振动过程中由于材料内摩擦、地基能量耗散、外部介质阻力等因素，使振动能量逐渐损耗，结构振动不断衰减的力，其计算见式（4-8）。

$$D = -c\dot{x}(t) \tag{4-8}$$

式中　$c$——阻尼系数；

　　　$\dot{x}(t)$——质点相对于地面的速度。

（3）弹性恢复力 $S$。弹性恢复力是由于弹性杆变形而产生的使质点从振动位置恢复到平衡位置的力，其计算见式（4-9）。

$$S = -kx(t) \tag{4-9}$$

式中　$x(t)$——质点相对于地面的位移；

　　　$k$——弹性杆的刚度，即质点发生单位水平位移时，需在质点上施加的力。

根据达朗贝尔原理，得式（4-10）。

$$m\ddot{x}(t)+c\dot{x}(t)+kx(t)=-m\ddot{x}_0(t) \tag{4-10}$$

为使方程进一步简化，设式（4-11）、式（4-12）。

$$\omega=\sqrt{k/m} \tag{4-11}$$

$$\zeta=\frac{c}{2\omega m}=\frac{c}{c_r} \tag{4-12}$$

式中　$\omega$——无阻尼自振圆频率，简称自振频率；

　　　$c_r$——临界阻尼系数；

　　　$\zeta$——阻尼比。

将 $\omega$、$\zeta$ 表达式代入式（4-10），可得式（4-13）。

$$\ddot{x}(t)+2\omega\zeta x(t)+\omega^2 x(t)=\ddot{x}_0(t) \tag{4-13}$$

式（4-13）即为单质点体系在地震作用下的运动微分方程，这是一个常系数二阶非齐次线性微分方程，直接求解可得单自由度体系的地震反应。

式（4-13）的解包含两部分：一部分是微分方程对应齐次方程的通解——代表自由振动，另一部分是微分方程的特解——代表强迫振动。

（1）单质点体系自由振动齐次方程。

单质点体系自由振动齐次方程见式（4-14）。

$$\ddot{x}(t)+2\omega\zeta\dot{x}(t)+\omega^2 x(t)=0 \tag{4-14}$$

对于一般结构，通常阻尼比较小，当 $\zeta<1$ 时，式（4-14）的解为式（4-15）。

$$x(t)=e^{-\zeta\omega t}\left[x(0)\cos\omega't+\frac{\dot{x}+\dot{x}(0)\zeta\omega}{\omega'}\sin\omega't\right] \tag{4-15}$$

式中　$x(0)$，$\dot{x}(0)$——$t=0$ 时体系的初始位移和初始速度；

　　　$\omega'$——有阻尼体系的自振频率，$\omega'=\omega\sqrt{1-\zeta^2}$。

对于一般结构，其阻尼比 $\zeta<0.1$，因此，有阻尼体系的自振频率 $\omega'$ 和无阻尼体系的自振频率 $\omega$ 很接近，即 $\omega'=\omega$。也就是说，在计算体系的自振频率时，可不考虑阻尼影响。

当无阻尼时，式（4-14）中 $\zeta=0$，可得无阻尼的单自由度体系自由振动方程为式（4-16）。

$$\ddot{x}(t)+\omega^2\dot{x}(t)=0 \tag{4-16}$$

式（4-16）的解为式（4-17）。

$$x(t)=x(0)\cos\omega t+\frac{x(0)}{\omega}\sin\omega t \tag{4-17}$$

图 4.9 为不同阻尼比的自由振动曲线。比较各曲线可知：无阻尼时，振幅始终不变；有阻尼时，振幅逐渐衰减，且阻尼比愈大，振幅衰减愈快。

（2）单质点体系自由振动非齐次方程。

① 瞬时冲量及其引起的自由振动。

设一荷载 $p$ 作用于单质点体系，且荷载随时间的变化关系如图 4.10（a）所示，则把荷载 $p$ 与作用时间 $\Delta t$ 的乘积 $p\Delta t$ 称为冲量。当作用时间很短，作用时间为瞬时 $dt$ 时，则称

图 4.9 不同阻尼比的自由振动曲线

为瞬时冲量。根据动量定律，冲量等于动量的改变量，其计算见式(4-18)。

$$p\mathrm{d}t = mv - mv_0 \tag{4-18}$$

在荷载冲击之前，初速度 $v_0 = 0$，初位移也等于零；在荷载冲击完毕瞬间，体系在瞬时冲量作用下获得速度 $v = p\mathrm{d}t/m$，此时体系位移是二阶微量，在荷载作用瞬间 $\mathrm{d}t$ 可认为位移为零。这样原来静止的体系在瞬时冲量作用之后，将以初位移为零、初速度为 $p\mathrm{d}t/m$，作自由振动。令式(4-15)中的初位移 $x(0) = 0$，初速度 $\dot{x}(0) = p\mathrm{d}t/m$，得式(4-19)。

$$x(t) = \mathrm{e}^{-\zeta\omega t}\frac{p\,\mathrm{d}t}{m\omega}\sin\omega' t \tag{4-19}$$

单质点体系的自由振动曲线如图 4.10(b) 所示。

(a) 荷载随时间的变化关系

(b) 单质点体系自由振动曲线

图 4.10 瞬时冲量及其引起单质点体系的自由振动

② 杜哈默(Duhamel)积分。

在式(4-10)中，$-\ddot{x}_0(t)$ 可视为作用在单位质量上的动力荷载。假设动力荷载随时间的变化关系如图 4.11(a) 所示，将其化为无数多个连续作用的瞬时荷载，则在 $t = \tau$ 时，瞬时荷载为 $-\ddot{x}_0(\tau)$，瞬时冲量为 $-\ddot{x}_0(\tau)\mathrm{d}\tau$，如图 4.11(a) 中阴影面积所示。则将式(4-19)中的 $p\mathrm{d}t$ 改为 $-\ddot{x}_0(\tau)\mathrm{d}\tau$，并取 $m = 1$，将 $t$ 改为 $(t-\tau)$，可得体系 $\tau$ 时刻的瞬时冲量。单质点体系在任一时刻 $t$ 的位移时程曲线如图 4.11(b) 所示。

$$\mathrm{d}x(t) = -\mathrm{e}^{-\zeta\omega(t-\tau)}\frac{x(\tau)}{\omega}\sin\omega'(t-\tau)\mathrm{d}\tau \tag{4-20}$$

(a) 动力荷载随时间的变化关系

(b) 单质点体系的位移时程曲线

**图 4.11　瞬时冲量及其引起的单质点体系位移分析**

单质点体系的总位移可以看作时间 $\tau = 0$ 到 $\tau = t$ 所有瞬时冲量作用效果的叠加，对式(4-20)从 $0 \sim t$ 进行积分，得式(4-21)。

$$x(t) = \int_0^t \mathrm{d}x(t) = -\frac{1}{\omega'} \int \ddot{x}_0(\tau) \mathrm{e}^{-\zeta\omega(t-\tau)} \sin\omega'(t-\tau) \mathrm{d}\tau \qquad (4-21)$$

式(4-21)称为杜哈默积分，即为单质点体系自由振动非齐次方程的特解，它与式(4-15)之和构成单质点体系自由振动非齐次方程的通解。

由于单质点体系在地震波作用之前处于静止状态，其初始条件 $x(0) = \dot{x}(0) = 0$，齐次解为零，所以式(4-21)就是方程的通解。

3. 地震作用的基本计算公式

作用于单质点体系上的惯性力见式(4-22)。

$$F(t) = -m[\ddot{x}(t) + \ddot{x}_0(t)] \qquad (4-22)$$

将式(4-22)代入式(4-10)可得式(4-23)。

$$F(t) = kx(t) + c\dot{x}(t) \qquad (4-23)$$

相对于 $kx(t)$，$c\dot{x}(t)$ 很小，可以略去，则可得式(4-24)。

$$F(t) = kx(t) \qquad (4-24)$$

在地震作用下，质点产生的相对位移 $x(t)$ 与惯性力 $F(t)$ 成正比，某瞬间，结构所受地震作用可以看成该瞬间结构自身质量产生的惯性力的等效力。

利用杜哈默积分，并忽略阻尼比对频率的影响，取 $\omega = \omega'$，得式(4-25)。

$$F(t) = -m\omega \int \ddot{x}_0(\tau) \mathrm{e}^{-\zeta\omega(t-\tau)} \sin\omega(t-\tau) \mathrm{d}\tau \qquad (4-25)$$

在结构抗震设计中，水平地震作用一般只需求出其最大绝对值，则得式(4-26)。

$$F = m\omega \left| \int_0^t \ddot{x}_0(\tau) \mathrm{e}^{-\zeta\omega(t-\tau)} \sin\omega\tau \right|_{\max} \qquad (4-26)$$

若用最大反应加速度 $S_a$ 表示，则得式(4-27)、式(4-28)。

$$F = mS_a \qquad (4-27)$$

$$S_a = \omega \left| \int_0^t \ddot{x}_0(\tau) \mathrm{e}^{-\zeta\omega(t-\tau)} \sin\omega\tau \right|_{\max}$$

$$= \frac{2\pi}{T} \left| \int_0^t \ddot{x}_0(\tau) \mathrm{e}^{-\zeta\frac{2\pi}{T}(t-\tau)} \sin\frac{2\pi}{T}(t-\tau) \mathrm{d}\tau \right|_{\max} \qquad (4-28)$$

$S_a$ 可通过反应谱理论确定。工程结构抗震设计不能采用某一确定地震记录的地震反应谱，而应考虑地震地面运动的随机性，确定一条供设计用的反应谱，称为设计反应谱。它根据大量强震记录并按场地类别及震中距大小分别作出反应谱曲线，从中找出有代表性的平均曲线作为抗震设计的依据。但《建筑抗震设计规范（2016 年版）》（GB 50011—2010)不是直接通过 $S_a$ 确定地震作用，而是利用间接手段分别确定地震系数 $k = \dfrac{\left|\ddot{x}_g\right|_{\max}}{g}$ 和动力系数 $\beta = \dfrac{S_a}{\left|\ddot{x}_g\right|_{\max}}$，进而求出作用在单质点体系上的水平地震作用。将式(4 - 27)改写成式(4 - 29)。

$$F = m S_a = mg \cdot \frac{\left|\ddot{x}_0\right|_{\max}}{g} \cdot \frac{S_a}{\left|\ddot{x}_0\right|_{\max}} = Gk\beta \qquad (4 - 29)$$

式中 $\left|\ddot{x}_0\right|_{\max}$ ——地震时，地面运动的最大加速度；

$\qquad\ \ k$ ——地震系数；

$\qquad\ \ \beta$ ——动力系数；

$\qquad\ \ G$ ——建筑的重力荷载代表值，$G = mg$。

在式(4 - 29)中，只要确定了地震系数 $k$ 和动力系数 $\beta$，就能求出作用在单质点体系上的水平地震作用 $F$。接下来分别讨论 $k$ 和 $\beta$ 的确定方法。

（1）地震系数 $k$。

地震系数 $k$ 是地面运动的最大加速度与重力加速度的比值［式(4 - 30)］。

$$k = \frac{\left|\ddot{x}_0\right|_{\max}}{g} \qquad (4 - 30)$$

地震系数 $k$ 反映了地面运动的强弱程度，地面运动的最大加速度越大，地震的影响就越强烈，即地震烈度越大，地震系数 $k$ 就越大，两者之间存在着某种一一对应的关系。根据统计分析，地震烈度每增加 1 度，$k$ 值增加 1 倍，见表 4 - 4。

表 4 - 4　地震烈度 $I$ 与地震系数 $k$ 的关系

| 地震烈度 $I$ | 地震系数 $k$ | 地震烈度 $I$ | 地震系数 $k$ |
| --- | --- | --- | --- |
| 6 度 | 0.05 | 8 度 | 0.20(0.30) |
| 7 度 | 0.10(0.15) | 9 度 | 0.40 |

地震烈度是通过宏观震害调查判断的，而 $k$ 值中的 $\left|\ddot{x}_0\right|_{\max}$ 是从地震记录中获得的物理量，宏观调查结果和实测物理量之间既有联系又有区别。由于地震是一种复杂的地质现象，造成结构破坏的因素不仅取决于地面运动的最大加速度，还取决于地震动的频谱特征和持续时间，有时会出现 $\left|\ddot{x}_0\right|_{\max}$ 值较大，但由于持续时间很短，地震烈度不高、震害不重的现象。表 4 - 4 反映的关系是具有统计特征的总趋势，其中括号中数值分别用于设计基本地震加速度为 $0.15g$ 和 $0.30g$ 的地区。

（2）动力系数 $\beta$。

动力系数 $\beta$ 是单质点体系在地震作用下最大反应加速度与地面运动的最大加速度的比值［式（4-31）］。它实质上是规则化的地震反应谱，虽剔除了地面运动幅值对地震反应谱的影响，但仍包含地面运动频谱对地震反应谱的影响。

$$\beta=\frac{S_a}{\left|\ddot{x}_0\right|_{max}} \qquad (4-31)$$

动力系数 $\beta$ 也可以说是质点最大反应加速度对地面运动最大加速度的放大倍数。因为当 $\left|\ddot{x}_0\right|_{max}$ 增大或减小时，$S_a$ 随之相应增大或减小，因此 $\beta$ 值与地震烈度无关，可以利用所有不同烈度的地震记录进行计算和统计。将式（4-28）代入式（4-31），$\beta$ 的表达式可写成式（4-32）。

$$\beta=\frac{2\pi}{T}\frac{1}{\left|\ddot{x}_0\right|_{max}}\left|\int_0^t\ddot{x}_0(\tau)e^{-\zeta\frac{2\pi}{T}(t-\tau)}\sin\frac{2\pi}{T}(t-\tau)d\tau\right|_{max} \qquad (4-32)$$

由此可知，动力系数 $\beta$ 与地面运动加速度 $\ddot{x}_0(t)$、结构自振周期 $T$ 和结构阻尼比 $\zeta$ 有关。选取一条地震加速度记录，则 $\ddot{x}_0(t)$ 就已知，再给定一个阻尼比 $\zeta$，对于不同自振周期的单质点体系，利用式（4-32）能够算出相应的动力系数 $\beta$，把 $\beta$ 按自振周期大小的次序排序起来，得到 $\beta$-$T$ 反应谱曲线，这就是动力系数反应谱。因为动力系数 $\beta$ 是单质点体系的最大反应加速度 $S_a$ 与地面最大运动加速度 $\left|\ddot{x}_0\right|_{max}$ 的比值，所以 $\beta$-$T$ 反应谱曲线实质上是加速度反应谱曲线。

由图 4.12 所示的 $\beta$-$T$ 反应谱曲线 $\zeta$ 可见，当结构自振周期 $T$ 小于某一数值 $T_g$ 时，$\beta$-$T$ 反应谱曲线随 $T$ 的增大而波动增长；当 $T=T_g$ 时，动力系数 $\beta$ 达到峰值；当 $T$ 大于 $T_g$ 时，$\beta$-$T$ 反应谱曲线随 $T$ 的增大而波动下降。这里的 $T_g$ 就是对应 $\beta$-$T$ 反应谱曲线峰值的结构自振周期，这个周期与场地的振动卓越周期相符。所以，当结构的自振周期与场地的振动卓越周期相近时，结构的地震反应最大。这种现象与结构在动荷载作用下的共振相似。因此，在结构抗震设计中，应使结构的自振周期避开场地的振动卓越周期，以免发生共振现象。

进一步从理论上分析 $\beta$-$T$ 反应谱曲线。若单质点体系的自振周期 $T=0$，则表明该体系为绝对刚体［图 4.13(a)］，质点与地面之间无相对运动，即 $S_a=\left|\ddot{x}_0\right|_{max}$，故 $\beta=1.0$。若单质点体系的自振周期 $T$ 很大，则表示该体系的质点和地面之间的弹性联系很弱，质点基本处于静止状态［图 4.13(b)］，质点的绝对加速度 $S_a$ 趋于零，$\beta$ 亦趋于零。

图 4.12　$\beta$-$T$ 反应谱曲线（$\zeta=0.05$）

(a) 绝对刚体　(b) 联系很弱

图 4.13　质点与地面的联系

（3）$\beta - T$ 反应谱。

$\beta - T$ 反应谱曲线的形状受多种因素影响，其中场地条件影响最大。场地土质松软，长周期结构反应较大，$\beta - T$ 反应谱曲线峰值右移；场地土质坚硬，短周期结构反应较大，$\beta - T$ 反应谱曲线峰值左移。图 4.14（a）给出了不同场地条件对 $\beta - T$ 反应谱曲线的影响，为反映这种影响可按场地条件分别绘出 $\beta - T$ 反应谱曲线。

震级和震中距对 $\beta - T$ 反应谱曲线也有影响。在地震烈度相同的情况下，震中距较大时，$\beta - T$ 反应谱的峰点偏向较长周期，曲线峰值右移；震中距较小时，$\beta - T$ 反应谱峰点偏向较短周期，曲线峰值左移 [图 4.14（b）]。

可见，即使是场地条件和震中距都相近的地震，其动力系数也不尽相同，并存在离散性。为方便工程抗震设计，一般采用大量同类地震记录的统计平均谱，并加以规则平滑后具有地震反应谱的形式。为反映这种影响，应根据设计地震分组的不同分别给出 $\beta - T$ 反应谱参数。

(a) 不同场地条件对$\beta$-$T$反应谱曲线的影响　　　　(b) 震级与震中距对$\beta$-$T$反应谱曲线的影响

**图 4.14　$\beta - T$ 反应谱**

4. 地震作用的计算

地震系数 $k$ 和动力系数 $\beta$ 分别是表示地面振动强烈程度和结构对地震的反应大小的两个参数。为了便于计算，《建筑抗震设计规范（2016 年版）》（GB 50011—2010）采用相对于重力加速度的绝对最大加速度，即 $S_a/g$ 与单质点体系自振周期 $T$ 之间的关系作为设计用反应谱。并将 $S_a/g$ 用 $\alpha$ 表示，$\alpha$ 称为地震影响系数，$\alpha$ 的计算见式（4-33）。

$$\alpha = k\beta = S_a/g \tag{4-33}$$

根据式（4-29），可将式（4-33）写成式（4-34）。

$$F = \alpha G \tag{4-34}$$

因此 $\alpha$ 实际上就是作用于单质点体系上的水平地震力与结构重力之比。

《建筑抗震设计规范（2016 年版）》（GB 50011—2010）就是以地震影响系数 $\alpha$ 作为设计参数，并以图 4.15 所示的地震影响系数 $\alpha$ 曲线（经平滑处理和适当调整）作为设计反应谱。

一般建筑结构的阻尼比 $\zeta$ 应取 0.05，地震影响系数曲线的阻尼调整系数应按 1.0 采用。地震影响系数 $\alpha$ 是根据地震烈度、场地类别、设计地震分组、结构自振周期及结构阻尼比确定的。

从图 4.15 中可见，地震影响系数 $\alpha$ 曲线由 4 部分组成。

在 $T < 0.1s$ 区段内，$\alpha$ 曲线为直线上升段。

图 4.15 地震影响系数 $\alpha$ 曲线

在 $0.1\mathrm{s}\leqslant T\leqslant T_g$ 区段内，$\alpha$ 曲线为水平段，即取 $\alpha$ 的最大值 $\alpha_{\max}$。

在 $T_g<T\leqslant 5T_g$ 区段内，$\alpha$ 曲线按式（4-35）的规律下降。衰减指数 $\gamma$ 取 $0.9$。

$$\alpha(T)=\left(\frac{T_g}{T}\right)^\gamma \eta_2 \alpha_{\max} \qquad (4-35)$$

在 $5T_g<T\leqslant 6.0\mathrm{s}$ 区段内，$\alpha$ 曲线按式（4-36）的规律直线下降，下降斜率调整系数为 $0.02$。

$$\alpha(T)=[\eta_2 0.2^\gamma-\eta_1(T-5T_g)]\alpha_{\max} \qquad (4-36)$$

式中 $\alpha$——地震影响系数；

$\alpha_{\max}$——地震影响系数最大值；

$\gamma$——衰减指数；

$\eta_1$——直线下降段的下降斜率调整系数；

$\eta_2$——阻尼调整系数；

$T$——结构自振周期；

$T_g$——特征周期。

应当注意，当 $T>6.0\mathrm{s}$ 时，就会超出设计反应谱的适用范围，此时所采用的地震影响系数须专门研究。

（1）特征周期 $T_g$。

特征周期 $T_g$ 根据场地类别和所在地区的设计地震分组，查表 4-5 获得。由表 4-5 可见：随场地条件变差，特征周期是逐渐增大的，反映了土质软、覆盖层厚、$\alpha$ 曲线峰值右移的特征；表中第三组特征周期最长，说明长周期结构的振动反应大，$\alpha$ 曲线峰值向右移的特征。

表 4-5 特征周期 $T_g$ 单位：s

| 设计地震分组 | 场地类别 | | | | |
|---|---|---|---|---|---|
| | $\mathrm{I}_0$ | $\mathrm{I}_1$ | $\mathrm{II}$ | $\mathrm{III}$ | $\mathrm{IV}$ |
| 第一组 | 0.20 | 0.25 | 0.35 | 0.45 | 0.65 |
| 第二组 | 0.25 | 0.30 | 0.40 | 0.55 | 0.75 |
| 第三组 | 0.30 | 0.35 | 0.45 | 0.65 | 0.90 |

（2）水平地震影响系数最大值 $\alpha_{\max}$。

水平地震影响系数的最大值 $\alpha_{\max}$ 见式（4-37）。

$$\alpha_{\max}=k\beta_{\max} \qquad (4-37)$$

表 4-4 中给出了地震烈度对应的地震系数，只要确定 $\beta_{max}$，就能确定 $\alpha_{max}$。统计结果表明，动力系数最大值 $\beta_{max}$ 受场地条件、地震烈度、震中距的影响不大，《建筑抗震设计规范（2016 年版）》（GB 50011—2010）取多遇地震烈度计算时的 $\beta_{max}=2.25$，相应的地震系数 $k$ 取表 4-5 中的 0.35，同时还规定在计算地震作用标准值时，$\alpha_{max}$ 的取值应符合下列规定：对于阻尼比为 0.05 的建筑结构，$\alpha_{max}$ 应按表 4-6 采用；对阻尼比不等于 0.05 的建筑结构，则表 4-6 中的各 $\alpha_{max}$ 应乘以阻尼调整系数 $\eta_2$ [式（4-38）]。

表 4-6　水平地震影响系数最大值 $\alpha_{max}$

| 地震影响 | 地震烈度 | | | |
|---|---|---|---|---|
| | 6 度 | 7 度 | 8 度 | 9 度 |
| 多遇地震 | 0.04 | 0.08(0.12) | 0.16(0.24) | 0.32 |
| 罕遇地震 | 0.28 | 0.50(0.72) | 0.90(1.20) | 1.40 |

注：括号中数值分别用于设计基本地震加速度为 $0.15g$ 和 $0.30g$ 的地区。

$$\eta_2=1+\frac{0.05-\zeta}{0.08+1.6\zeta} \tag{4-38}$$

当 $\eta_2<0.55$ 时，取 $\eta_2=0.55$。

此外，当结构的基本自振周期 $T=0$ 时，结构为刚体，其质点加速度与地面加速度相等，$\beta_{max}=1.0$，此时地震影响系数、地震系数的计算见式（4-39）。

$$\alpha=k=\frac{k\beta_{max}}{\beta_{max}}=\frac{\alpha_{max}}{2.25}\approx0.44\alpha_{max} \tag{4-39}$$

（3）衰减指数 $\gamma$。

衰减指数按式（4-40）确定。

$$\gamma=0.9+\frac{0.05-\zeta}{0.3+6\zeta} \tag{4-40}$$

一般情况下，式（4-40）中的阻尼比 $\zeta=0.05$，此时 $\gamma=0.9$。由于在抗震结构中的阻尼器应用日趋广泛，会出现阻尼比大于 0.05 的情况；另外在计算多遇地震时，钢结构在不同高度时取不同的阻尼比，一般都小于 0.05。式（4-40）给出了不同阻尼比的反应谱调整方法，以适应不同的结构材料和结构类型。

考虑阻尼比，对衰减指数下降段的下降斜率应进行修正，则调整系数 $\eta_1$ 按式（4-41）确定。

$$\eta_1=0.02+\frac{0.05-\zeta}{4+32\zeta} \tag{4-41}$$

当 $\eta_1<0$ 时，取 $\eta_1=0$。

【例 4.1】　某钢筋混凝土排架结构［图 4.16（a）］，集中于柱顶标高处的结构重量 $G=680kN$，柱子刚度 $EI=188.3\times10^3 kN\cdot m^2$，横梁刚度 $EI=\infty$，柱高 $h=6m$，抗震设防烈度为 7 度，设计地震分组为第一组，场地类别为 Ⅲ 类场地，阻尼比 $\zeta=0.05$。计算该结构所受的水平地震作用。

(a) 某钢筋混凝土排架结构　　　　　(b) 计算简图

**图 4.16　例 4.1 图**

**解：**（1）计算地震影响系数 $\alpha$。

把结构简化为单质点体系 [图 4.8 (b)]，体系抗侧刚度 $k_1$ 为各柱抗侧刚度之和，即

$$k_1=\frac{3(EI\times 2)}{h^3}=\frac{3\times(188.3\times 10^3\times 2)}{6^3}\approx 5.23\times 10^3(\text{kN/m})$$

体系自振周期：

$$T=2\pi\sqrt{\frac{m}{k}}=2\pi\sqrt{\frac{680}{9.8\times 5230}}\approx 0.723(\text{s})$$

抗震设防烈度为 7 度，则 $\alpha_{\max}=0.08$。设计地震分组为第一组，场地类别为 Ⅲ 类场地，则 $T_g=0.45\text{s}$。

$$\alpha=\left(\frac{T_g}{T}\right)^{0.9}\alpha_{\max}=\left(\frac{0.45}{0.723}\right)^{0.9}\times 0.08\approx 0.0522$$

（2）计算作用在单质点体系上的水平地震作用 $F$。

$$F=\alpha G=0.0522\times 680\approx 35.5(\text{kN})$$

该结构柱顶处水平地震作用为 35.5kN。

# 4.3　多质点体系地震作用

在实际的工程抗震设计中，除了少数结构可以简化为单质点体系外，大量的工程结构如多层或高层工业和民用建筑、单层多跨不等高厂房、烟囱等，都应将其质量相对集中于若干高度处，简化成多质点体系进行分析计算，才能得出比较切合实际的结果。

## 4.3.1　计算简图

对于图 4.17(a) 所示的多层结构，通常是按集中质量法将每层楼面（屋面）的质量及 $i$ 层和 $(i+1)$ 层各一半的楼层结构质量集中到楼面（屋面）或楼盖标高处，作为第 $i$ 质点，设其质量为 $m_i(i=1,2,\cdots,n)$，并假定这些质点由无自重的弹性直杆支承于地面，这样就可以把整个结构简化为一个多质点体系。一般地说，对于具有 $n$ 层的结构，应简化成 $n$ 个质点的弹性体系，如图 4.17(b) 所示。

对于图 4.17(c) 所示的单层多跨不等高排架结构，由于大部分质量集中于屋盖，因此可把厂房质量分别集中到高跨柱顶和低跨屋盖与柱的连接处，简化成两个质点的弹性体系，如图 4.17(d) 所示。如果牛腿处支承有大型吊车，确定地震作用时，也应把它当成单独质点处理。

(a) 多层结构　　(b) 简化成 $n$ 个质点的　　(c) 单层多跨不等高排架结构　　(d) 简化成两个
　　　　　　　　　　弹性体系　　　　　　　　　　　　　　　　　　　　　　　　质点的弹性体系

**图 4.17　多质点体系计算简图**

运动方程

　　为了研究多质点体系的地震反应和地震作用，先来分析体系的自由振动，因为体系的自由振动规律反映了它的许多动力特性，这些动力特性与体系的地震反应和地震作用有着密切的关系。

　　图 4.18 所示为一个多质点体系在水平地震作用下发生振动产生相对于地面运动的情况。图 4.18 中，$x_0(t)$ 表示地震水平位移，$x_i(t)$ 表示第 $i$ 质点相对于地面的位移。为了建立运动方程，取第 $i$ 质点为隔离体，作用在第 $i$ 质点的力如下。

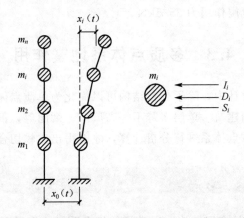

**图 4.18　多质点体系在水平地震作用下发生振动产生相对于地面运动的情况**

① 惯性力 $I_i = -m_i(\ddot{x}_0 + \ddot{x}_i)$。
② 阻尼力［式(4-42)］。

$$D_i = -(c_{i1}\dot{x}_1 + c_{i2}\dot{x}_2 + \cdots + c_{in}\dot{x}_n) = -\sum_{r=1}^{n} c_{ir}\dot{x}_r \qquad (4-42)$$

③ 弹性恢复力［式(4-43)］。

$$S_i = -(k_{i1}\dot{x}_1 + k_{i2}\dot{x}_2 + \cdots + k_{in}\dot{x}_n) = -\sum_{r=1}^{n} k_{ir}\dot{x}_r \qquad (4-43)$$

式中　$c_{ir}$——第 $r$ 质点产生单位速度，其余质点速度为零，在第 $i$ 质点上产生的阻尼力；

$k_{ir}$——第 $r$ 质点产生单位位移，其余质点不动，在第 $i$ 质点上产生的弹性反力。

根据达朗贝尔原理，得到第 $i$ 质点动力平衡方程[式(4-44)]。

$$m_i(\ddot{x}_0 + \ddot{x}_i) = -\sum_{r=1}^{n} c_{ir}\dot{x}_r - \sum_{r=1}^{n} k_{ir}x_r \tag{4-44}$$

将式(4-44)整理，并推广到 $n$ 个质点，可得多质点体系在地震作用下的运动方程[式(4-45)]。

$$m_i\ddot{x}_i + \sum_{r=1}^{n} c_{ir}\dot{x}_r + \sum_{r=1}^{n} k_{ir}x_r = -m_i\ddot{x}_0 \quad (i = 1, 2, \cdots, n) \tag{4-45}$$

将式(4-45)写成矩阵形式，可表达为式(4-46)。

$$\begin{bmatrix} m_1 & & & 0 \\ & m_2 & & \\ & & \ddots & \\ 0 & & & m_n \end{bmatrix} \begin{Bmatrix} \ddot{x}_1 \\ \ddot{x}_2 \\ \vdots \\ \ddot{x}_n \end{Bmatrix} + \begin{bmatrix} c_{11} & c_{12} & \cdots & c_{1n} \\ c_{21} & c_{22} & \cdots & c_{2n} \\ \vdots & \vdots & & \vdots \\ c_{n1} & c_{n2} & \cdots & c_{nn} \end{bmatrix} \begin{Bmatrix} \dot{x}_1 \\ \dot{x}_2 \\ \vdots \\ \dot{x}_n \end{Bmatrix} + \begin{bmatrix} k_{11} & k_{12} & \cdots & k_{1n} \\ k_{21} & k_{22} & \cdots & k_{2n} \\ \vdots & \vdots & & \vdots \\ k_{n1} & k_{n2} & \cdots & k_{nn} \end{bmatrix} \begin{Bmatrix} x_1 \\ x_2 \\ \vdots \\ x_n \end{Bmatrix} =$$

$$-\ddot{x}_0 \begin{bmatrix} m_1 & & & 0 \\ & m_2 & & \\ & & \ddots & \\ 0 & & & m_n \end{bmatrix} \begin{Bmatrix} 1 \\ 1 \\ \vdots \\ 1 \end{Bmatrix} \tag{4-46}$$

或简写为式(4-47)。

$$[\boldsymbol{M}]\{\ddot{\boldsymbol{x}}\} + [\boldsymbol{C}]\{\dot{\boldsymbol{x}}\} + [\boldsymbol{K}]\{\boldsymbol{x}\} = -[\boldsymbol{M}]\{\boldsymbol{1}\}\ddot{x}_0 \tag{4-47}$$

式(4-47)是以质点 $x_i(t)$ 位移为坐标，展开后可得 $n$ 个运动微分方程，在每一个方程中均包含所有未知的质点位移，这 $n$ 个方程是联立的，即耦合的，一般常用振型分解法求解。而用振型分解法求解时需要利用多质点弹性体系的振型，它们是由分析体系的自由振动得来的。为此须先讨论多质点弹性体系的自由振动问题。

## 4.3.3 自由振动

由式(4-47)可知，无外界激励的多质点弹性体系的自由振动方程为式(4-48)。

$$[\boldsymbol{M}]\{\ddot{\boldsymbol{x}}\} + [\boldsymbol{K}]\{\boldsymbol{x}\} = 0 \tag{4-48}$$

式(4-48)为二阶线性微分方程组，则解为式(4-49)。

$$\{\boldsymbol{x}\} = \{\boldsymbol{X}\}\sin(\omega t + \varphi) \tag{4-49}$$

式中　$\omega$——频率；

$\varphi$——初相角。

$\{\boldsymbol{X}\} = \{\boldsymbol{X}_1, \boldsymbol{X}_2, \cdots, \boldsymbol{X}_n\}^{\mathrm{T}}$，$\boldsymbol{X}_i(i = 1, 2, \cdots, n)$ 为常数，是每个质点的位移幅值。

将 $\{\boldsymbol{x}\}$ 关于时间 $t$ 微分两次，得式(4-50)。

$$\{\ddot{\boldsymbol{x}}\} = -\omega^2 \{\boldsymbol{X}\}\sin(\omega t + \varphi) \tag{4-50}$$

则式(4-48)可写为式(4-51)。

$$([\boldsymbol{K}] - \omega^2[\boldsymbol{M}])\{\boldsymbol{X}\}\sin(\omega t + \varphi) = \{\boldsymbol{0}\} \tag{4-51}$$

$\sin(\omega t + \varphi) \neq 0$，则有式(4-52)。

$$([\boldsymbol{K}]-\omega^2[\boldsymbol{M}])\{\boldsymbol{X}\}=\{\boldsymbol{0}\} \tag{4-52}$$

式(4-52)称为表征多质点弹性体系自由振动特征的特征方程。

由于多质点弹性体系自由振动时，$\{\boldsymbol{X}\}\neq\{\boldsymbol{0}\}$，所以系数矩阵的行列式应等于零，即可表达为式(4-53)。

$$\left|[\boldsymbol{K}]-\omega^2[\boldsymbol{M}]\right|=0 \tag{4-53}$$

式(4-53)的特征方程展开后是关于 $\omega^2$ 的 $n$ 次代数方程，应有 $\omega^2$ 的 $n$ 个解。根据刚度矩阵 $|\boldsymbol{K}|$ 的对称性和正定性，可知 $\omega^2$ 的 $n$ 个解全为正实数，即 $(\omega_1, \omega_2, \cdots, \omega_n)$ 且 $\omega_1 < \omega_2 < \cdots < \omega_n$，一般称 $\omega_1$ 为多质点弹性体系的第一阶自振圆频率或基本自振圆频率，$\omega_i(i>1)$ 为体系的第 $i$ 阶自振圆频率。

将任意第 $i$ 阶自振圆频率 $\omega_i$ 代入特征方程式(4-52)，可确定与之相应的第 $i$ 阶自由振动振型 $\{\boldsymbol{X}_i\}$，见式(4-54)。

$$([\boldsymbol{K}]-\omega_i{}^2[\boldsymbol{M}])\{\boldsymbol{X}_i\}=\{\boldsymbol{0}\} \tag{4-54}$$

令 $\{\boldsymbol{X}_i\}$ 中的任意一元素为确定值(可令第一个元素等于1)，则可由式(4-54)解得 $\{\boldsymbol{X}_i\}$ 的其他元素。

下面来证明多质点弹性体系的任意两个不同振型关于质量矩阵和刚度矩阵的加权正交。

使式(4-54)变形得式(4-55)。

$$[\boldsymbol{K}]\{\boldsymbol{X}_i\}=\omega_i{}^2[\boldsymbol{M}]\{\boldsymbol{X}_i\} \tag{4-55}$$

同理对多质点弹性体系的第 $j$ 阶自由振动仍然成立，即可得式(4-56)。

$$[\boldsymbol{K}]\{\boldsymbol{X}_j\}=\omega_j^2[\boldsymbol{M}]\{\boldsymbol{X}_j\} \tag{4-56}$$

对式(4-55)和式(4-56)的两边分别左乘 $\{\boldsymbol{X}_j\}^{\mathrm{T}}$ 和 $\{\boldsymbol{X}_i\}^{\mathrm{T}}$，分别得式(4-57)和式(4-58)。

$$\{\boldsymbol{X}_j\}^{\mathrm{T}}[\boldsymbol{K}]\{\boldsymbol{X}_i\}=\omega_i^2\{\boldsymbol{X}_j\}^{\mathrm{T}}[\boldsymbol{M}]\{\boldsymbol{X}_i\} \tag{4-57}$$

$$\{\boldsymbol{X}_i\}^{\mathrm{T}}[\boldsymbol{K}]\{\boldsymbol{X}_j\}=\omega_j^2\{\boldsymbol{X}_i\}^{\mathrm{T}}[\boldsymbol{M}]\{\boldsymbol{X}_j\} \tag{4-58}$$

由于 $[\boldsymbol{K}]$、$[\boldsymbol{M}]$ 具有对称性，将式(4-57)两边转置，并与式(4-58)两边相减，得式(4-59)。

$$(\omega_i^2-\omega_j^2)\{\boldsymbol{X}_i\}^{\mathrm{T}}[\boldsymbol{M}]\{\boldsymbol{X}_j\}=0 \tag{4-59}$$

当 $i\neq j$ 时，$\omega_i\neq\omega_j$，得到式(4-60)。

$$\{\boldsymbol{X}_i\}^{\mathrm{T}}[\boldsymbol{M}]\{\boldsymbol{X}_j\}=0 \tag{4-60}$$

由式(4-58)和式(4-60)可得式(4-61)。

$$\{\boldsymbol{X}_i\}^{\mathrm{T}}[\boldsymbol{K}]\{\boldsymbol{X}_j\}=0 \tag{4-61}$$

振型关于质量矩阵和刚度矩阵的正交性是无条件成立的，而关于阻尼矩阵的正交性是有条件的。当阻尼矩阵采用瑞利阻尼形式时，振型关于阻尼矩阵正交，即可得式(4-62)。

$$\{\boldsymbol{X}_i\}^{\mathrm{T}}[\boldsymbol{C}]\{\boldsymbol{X}_j\}=0 \tag{4-62}$$

瑞利阻尼矩阵为质量矩阵和刚度矩阵的线性组合，采用 $[\boldsymbol{C}]=\alpha[\boldsymbol{M}]+\beta[\boldsymbol{K}]$ 的形式(其中 $\alpha$、$\beta$ 为两个比例常数)。

### 4.3.4　方程解耦

由振型的正交性可知$\{X_1\}$，$\{X_2\}$，$\cdots$，$\{X_n\}$相互独立。根据线性代数理论可知$n$维向量总可表达为$n$个独立向量的代数和，即可得式(4-63)。

$$\{x\} = \sum_{i=1}^{n} q_i \{X_i\} \tag{4-63}$$

这里把运动方程中描述质点位移的几何坐标$x_i(t)$转换为新的广义坐标$q_i(t)$，这样做的目的是使互相耦联的运动方程变为独立方程。

将式(4-63)代入式(4-47)，得式(4-64)。

$$\sum_{i=1}^{n} \left([M]\{X_i\}\ddot{q_i} + [C]\{X_i\}\dot{q_i} + [K]\{X_i\}q_i\right) = -[M]\{1\}\ddot{x}_0 \tag{4-64}$$

将式(4-64)两边左乘$\{X_j\}^{\mathrm{T}}$，同时考虑振型正交性，得式(4-65)。

$$\{X_j\}^{\mathrm{T}}[M]\{X_i\}\ddot{q_i} + \{X_j\}^{\mathrm{T}}[C]\{X_i\}\dot{q_i} + \{X_j\}^{\mathrm{T}}[K]\{X_i\}q_i$$
$$= -\{X_j\}^{\mathrm{T}}[M]\{1\}\ddot{x}_0 \tag{4-65}$$

由式(4-59)，令$i=j$，得式(4-66)~式(4-68)。

$$\omega_j^2 = \frac{\{X_j\}^{\mathrm{T}}[K]\{X_j\}}{\{X_j\}^{\mathrm{T}}[M]\{X_j\}} \tag{4-66}$$

$$2\omega_j\zeta_j = \frac{\{X_j\}^{\mathrm{T}}[C]\{X_j\}}{\{X_j\}^{\mathrm{T}}[M]\{X_j\}} \tag{4-67}$$

$$\gamma_j = \frac{\{X_j\}^{\mathrm{T}}[M]\{1\}}{\{X_j\}^{\mathrm{T}}[M]\{X_j\}} \tag{4-68}$$

式中　$\zeta_j$——多质点弹性体系对应第$j$阶振型的阻尼比；

$\gamma_j$——振型参与系数。

化简式(4-65)，得式(4-69)。

$$\ddot{q_j} + 2\omega_j\zeta_j\dot{q_j} + \omega_j^2 q_j = -\gamma_j\ddot{x}_0 \quad (j=1,2,3,\cdots,n) \tag{4-69}$$

可以看出，式(4-69)的每个方程中仅含有一个未知数$q_j$，至此，原来联立的微分方程组分解为$n$个独立的微分方程。

### 4.3.5　方程求解

方程解耦后，得到$n$个独立的微分方程，这些方程与单质点体系在地震作用下运动微分方程(4-13)的形式基本一样，所不同的仅在于$\zeta$换为$\zeta_j$，$\omega$换为$\omega_j$，等号右边乘了一个比例系数$\gamma_j$，比照式(4-13)，式(4-69)可写为式(4-70)。

$$q_j(t) = -\frac{\gamma_j}{\omega_j}\int_0^t \ddot{x}_0(\tau)e^{-\zeta_j\omega_j(t-\tau)}\sin\omega_j(t-\tau)d\tau \tag{4-70}$$

或者写为式(4-71)。

$$q_j(t) = \gamma_j\Delta_j(t) \tag{4-71}$$

其中，
$$\Delta_j(t) = -\frac{1}{\omega_j}\int_0^t \ddot{x}_0(\tau)e^{-\zeta_j\omega_j(t-\tau)}\sin\omega_j(t-\tau)d\tau$$

$\Delta_j(t)$ 相当于阻尼比为 $\zeta_j$，自振圆频率为 $\omega_j$ 的单质点体系在地震作用下相对于地面的位移反应。这个单质点体系称为 $j$ 振型的相应振子。

求得各振型的广义坐标 $q_j(t)$ 后，进行坐标变换，把式（4-71）代入式（4-63），即可求出原坐标表示的第 $j$ 质点的位移 [式（4-72）]。

$$\{x\} = \sum_{j=1}^{n} q_j \{X_j\} = \sum_{j=1}^{n} \gamma_j \Delta_j(t) \{X_j\} = \sum_{j=1}^{n} \{x_j\} \qquad (4-72)$$

式中  $\Delta_j(t)$ ——位移反应，是时间 $t$ 的函数；

   $\{X_j\}$ ——质点位置的函数；

   $\{x_j\}$ ——多质点弹性体系按振型 $\{X_j\}$ 振动的位移反应，称为 $j$ 振型地震反应。

式（4-72）表明多质点弹性体系任一质点的相对位移反应等于 $n$ 个相应单质点体系相对位移反应与相应振型的线性组合。该式表示一个有限项和，只要知道 $n$ 个振型和振型反应 $\Delta_j(t)$，求得的结果就是精确的；当振型数目不足时，求得的结果则是近似的。这种分析多质点体系地震反应的方法称为振型分解反应谱法。

## 4.3.6 多质点体系的地震作用计算方法

### 1. 振型分解反应谱法

振型分解反应谱法是求解多质点弹性体系下地震反应的基本方法。这一方法的概念是：假定建筑结构是纯弹性的多质点体系，利用振型分解法和振型正交性原理，将求解 $n$ 个质点体系的地震反应分解为求解 $n$ 个独立的等效单质点体系的最大地震反应，从而求得对应于每个振型的作用效应（弯矩、剪力、轴向力和变形），再按一定的法则将每个振型的作用效应组合成总的地震作用效应进行截面抗震验算。

多质点弹性体系在地震作用下，由地面运动和质点相对运动引起的第 $i$ 质点上的地震作用就是第 $i$ 质点所受的惯性力。根据达朗贝尔原理，第 $i$ 质点上的地震作用见式（4-73）。

$$F_i(t) = -m_i [\ddot{x}_0(t) + \ddot{x}_i(t)] \qquad (4-73)$$

式中  $m_i$ ——第 $i$ 质点的质量；

   $\ddot{x}_i(t)$ ——第 $i$ 质点的相对加速度；

   $\ddot{x}_0(t)$ ——地面运动加速度。

由式（4-72）得式（4-74）。

$$\ddot{x}_i(t) = \sum_{j=1}^{n} \gamma_j \ddot{\Delta}_j(t) X_{ji} \qquad (4-74)$$

式中  $X_{ji}$ ——第 $i$ 质点的 $j$ 振型坐标。

由式（4-75）可得式（4-76）。

$$\{1\} = \sum_{j=1}^{n} \gamma_j \{X_j\} \qquad (4-75)$$

$$\sum_{j=1}^{n} \gamma_j X_{ji} = 1 \qquad (4-76)$$

则 $\ddot{x}_0(t)$ 可写成式(4-77)。

$$\ddot{x}_0(t) = \ddot{x}_0(t)\sum_{j=1}^{n}\gamma_j X_{ji} \qquad (4-77)$$

将式(4-74)和式(4-77)代入式(4-73)得式(4-78)。

$$F_i(t) = -m_i\sum_{j=1}^{n}\gamma_j X_{ji}[\ddot{x}_0(t) + \ddot{\Delta}_j(t)] \qquad (4-78)$$

式中　$[\ddot{x}_0(t) + \ddot{\Delta}_j(t)]$ ——$j$ 振型相应振子的绝对加速度。

根据式(4-78)可以作出 $F_i(t)$ 随时间变化的曲线,即时程曲线。曲线上 $F_i(t)$ 的最大值就是设计用的最大地震作用。由于式(4-78)的计算烦琐,一般采用先求出对应于每个振型的最大地震作用(同一振型中各质点地震作用将同时达到最大值)及其相应的地震作用效应,然后将这些效应进行组合,以求得最大地震作用效应。

**2. 振型的最大地震作用**

由式(4-78)可知,作用在 $j$ 振型第 $i$ 质点上的水平地震作用绝对最大值为式(4-79)。

$$F_{ji} = m_i\gamma_j X_{ji}\ [\ddot{x}_0(t) + \ddot{\Delta}_j(t)]_{\max} \qquad (4-79)$$

根据式(4-80)和式(4-81),可将式(4-79)写成式(4-82)。

$$G_i = m_i g \qquad (4-80)$$

令

$$\alpha_j = \frac{[\ddot{x}_0(t) + \ddot{\Delta}_j(t)]_{\max}}{g} \qquad (4-81)$$

$$F_{ji} = \alpha_j\gamma_j X_{ji}G_i \quad (i=1,\ 2,\ \cdots,\ m;\ j=1,\ 2,\ \cdots,\ n) \qquad (4-82)$$

式中　$F_{ji}$——相应于 $j$ 振型第 $i$ 质点的水平地震作用绝对最大值;

　　　$\alpha_j$——相应于 $j$ 振型自振周期 $T_j$ 的水平地震影响系数,参照图4.15确定;

　　　$X_{ji}$——$j$ 振型第 $i$ 质点的水平相对位移,即振型位移;

　　　$\gamma_j$——$j$ 振型的振型参与系数,可按式(4-68)计算;

　　　$G_i$——集中于第 $i$ 质点的重力荷载代表值。

式(4-82)就是 $j$ 振型第 $i$ 质点上的地震作用的理论公式,也是《建筑抗震设计规范(2016年版)》(GB 50011—2010)给出的水平地震作用计算公式。

**3. 振型组合**

求出 $j$ 振型第 $i$ 质点上的地震作用 $F_{ji}$ 后,就可按一般力学方法计算结构的地震作用效应 $S_j$(弯矩、剪力、轴向力和变形等)。根据振型分解法,结构在任一时刻所受的地震作用为该时刻各振型地震作用之和,并且所求得的相应于各振型的地震作用 $F_{ji}$ 均为最大值。这样,按 $F_{ji}$ 求得的地震作用效应 $S_j$ 也是最大值。但由于各振型反应的最大地震作用不会在同一时刻发生,则将各振型最大反应直接相加估算结构地震反应量的最大值一般偏大,这就产生了振型组合问题。《建筑抗震设计规范 (2016年版)》(GB 50011—2010)假定地震时地面运动为平稳随机过程,各振型反应之间相互独立,给出了平方之和再开方的组合公式,即按式(4-83)确定水平地震作用效应。

$$S = \sqrt{\sum_{j=1}^{n} S_j^2} \qquad\qquad (4-83)$$

式中　$S$——水平地震作用标准值作用效应（内力或变形）；

　　　$S_j$——由 $j$ 振型水平地震作用标准值作用效应。

注意，将各振型的地震作用效应以平方之和再开方求得的结构地震作用效应和将各振型的地震作用先以平方之和再开方进行组合，随后计算其作用效应，两者的结果是不同的。因为在高振型中，地震作用有正有负，经平方后则全为正，这样会造成计算夸大结构所受的地震作用效应。

一般各振型在地震总反应中的贡献，总是以频率较低的前几个振型为大，高振型的影响将随着频率的增加而迅速减小，故频率较低的几个振型往往控制着结构的最大地震反

**图 4.19　3 层剪切型结构**

应。因此，在实际进行地震反应分析计算时，无论有多少个质点，只要考虑前几个振型，便能得到较好的近似值，从而减小了计算工作量。《建筑抗震设计规范（2016 年版）》（GB 50011—2010）规定，当利用式(4-83)进行组合时，只取前 2、3 个振型即可。考虑到周期较长的结构的各个振型较接近，故《建筑抗震设计规范（2016 年版）》（GB 50011—2010)规定，当基本自振周期大于 1.5s 或房屋高宽比大于 5 时，可适当增加参与组合的振型个数。

**【例 4.2】**　图 4.19 所示为某 3 层剪切型结构，各层质量分别为 $m_1=500t$，$m_2=500t$，$m_3=400t$。抗震设防烈度为 8 度，设计基本地震加速度值为 $0.20g$，设计地震分组为第一组，场地类别为 II 类场地，阻尼比 $\zeta=0.05$。用振型分解反应谱法计算该剪切型结构的层间地震力。已知该结构的主振型及基本自振周期如下。

$$\begin{Bmatrix} X_{11} \\ X_{12} \\ X_{13} \end{Bmatrix} = \begin{Bmatrix} 0.345 \\ 0.668 \\ 1.000 \end{Bmatrix} \qquad \begin{Bmatrix} X_{21} \\ X_{22} \\ X_{23} \end{Bmatrix} = \begin{Bmatrix} 0.767 \\ 0.822 \\ -1.000 \end{Bmatrix} \qquad \begin{Bmatrix} X_{31} \\ X_{32} \\ X_{33} \end{Bmatrix} = \begin{Bmatrix} 4.434 \\ -3.331 \\ 1.000 \end{Bmatrix}$$

$$T_1=0.613s \qquad\qquad T_2=0.223s \qquad\qquad T_3=0.127s$$

**解**：(1) 各振型的地震影响系数。

由表(4-5)查得：II 类场地、第一组，$T_g=0.35s$。

由表(4-6)查得：8 度、多遇地震，$\alpha_{max}=0.16$。

第一振型：$T_1=0.613s$，$T_g<T_1<5T_g$，

$$\alpha_1 = \left(\frac{T_g}{T_1}\right)^{0.9} \alpha_{max} = \left(\frac{0.35}{0.613}\right)^{0.9} \times 0.16 \approx 0.0966$$

第二振型：$T_2=0.223s$，$0.1s<T_2<T_g$，$\alpha_2=\alpha_{max}=0.16$。

第三振型：$T_3=0.127s$，$0.1s<T_3<T_g$，$\alpha_3=\alpha_{max}=0.16$。

(2) 各振型的振型参与系数。

$$\gamma_1 = \frac{\sum_{i=1}^{3} m_i X_{1i}}{\sum_{i=1}^{3} m_i X_{1i}^2} = \frac{500 \times 0.345 + 500 \times 0.668 + 400 \times 1.000}{500 \times 0.345^2 + 500 \times 0.668^2 + 400 \times 1.000^2} \approx 1.328$$

$$\gamma_2 = \frac{\sum_{i=1}^{3} m_i X_{2i}}{\sum_{i=1}^{3} m_i X_{2i}^2} = \frac{500 \times 0.767 + 500 \times 0.822 + 400 \times (-1.000)}{500 \times 0.767^2 + 500 \times 0.822^2 + 400 \times (-1.000)^2} \approx 0.382$$

$$\gamma_3 = \frac{\sum_{i=1}^{3} m_i X_{3i}}{\sum_{i=1}^{3} m_i X_{3i}^2} = \frac{500 \times 4.434 + 500 \times (-3.331) + 400 \times 1.000}{500 \times 4.434^2 + 500 \times (-3.331)^2 + 400 \times 1.000^2} \approx 0.060$$

（3）相应于不同振型的各楼层水平地震作用。

$j$ 振型第 $i$ 楼层的水平地震作用。

$$F_{ji} = \alpha_j \gamma_j X_{ji} G_i$$

第一振型：$F_{11} = 0.0966 \times 1.328 \times 0.345 \times 500 \times 9.8 \approx 216.87 (kN)$

$\qquad\qquad F_{12} = 0.0966 \times 1.328 \times 0.668 \times 500 \times 9.8 \approx 419.90 (kN)$

$\qquad\qquad F_{13} = 0.0966 \times 1.328 \times 1.000 \times 400 \times 9.8 \approx 502.88 (kN)$

第二振型：$F_{21} = 0.16 \times 0.382 \times 0.767 \times 500 \times 9.8 \approx 229.71 (kN)$

$\qquad\qquad F_{22} = 0.16 \times 0.382 \times 0.822 \times 500 \times 9.8 \approx 246.18 (kN)$

$\qquad\qquad F_{23} = 0.16 \times 0.382 \times (-1.000) \times 400 \times 9.8 \approx -239.59 (kN)$

第三振型：$F_{31} = 0.16 \times 0.060 \times 4.434 \times 500 \times 9.8 \approx 208.58 (kN)$

$\qquad\qquad F_{32} = 0.16 \times 0.060 \times (-3.331) \times 500 \times 9.8 \approx -156.69 (kN)$

$\qquad\qquad F_{33} = 0.16 \times 0.060 \times 1.000 \times 400 \times 9.8 \approx 37.63 (kN)$

（4）各振型层间剪力。

各振型的水平地震作用及地震剪力如图 4.20 所示。

(a) 第一振型的水平地震作用及地震剪力　　(b) 第二振型的水平地震作用及地震剪力　　(c) 第三振型的水平地震作用及地震剪力

注：图中水平地震作用及地震剪力的单位为 kN。

**图 4.20　各振型的水平地震作用及地震剪力**

（5）各层层间剪力。

按式(4-83)进行组合，可求得各层层间地震剪力。

$$V_1 = \sqrt{1139.65^2 + 236.3^2 + 89.52^2} \approx 1167.33 (kN)$$

$$V_2 = \sqrt{922.78^2 + 6.59^2 + (-119.06)^2} \approx 930.37 (kN)$$

$$V_3 = \sqrt{502.88^2 + (-239.59)^2 + 37.63^2} \approx 557.77 (kN)$$

### 4.3.7 底部剪力法计算地震作用

多质点弹性体系采用振型分解反应谱法确定地震反应，能够取得比较精确的结果，因为从理论上讲结构各振型最大地震反应的计算是精确的，值的近似仅在于振型组合。但需要计算体系的自振频率和振型，运算十分冗繁，只能借助计算机才能完成；并且结构各位置处的各种最大地震反应并没有统一的总地震作用与之相对应，不能直观地反映总的地震作用。为了便于工程设计，简化计算，《建筑抗震设计规范（2016 年版）》（GB 50011—2010)规定，当满足一定条件时，可采用在振型分解反应谱法的基础上加以简化的近似计算方法——底部剪力法。

底部剪力法是把地震作用当作等效静力作用在结构上，以此计算结构的最大地震反应。可以简述为首先计算地震产生的结构底部最大剪力，然后将该剪力分配到结构各质点上作为地震作用，其计算简图如图 4.21 所示。

(a) 多质点弹性体系　　　　(b) 基本振型分布　　　　(c) 质点地震作用

**图 4.21　底部剪力法计算简图**

对于计算水平地震作用，《建筑抗震设计规范（2016 年版）》（GB 50011—2010)规定：高度不超过 40m、以剪切变形为主、质量和刚度沿高度分布比较均匀的结构，以及近似于单质点体系的结构，可采用底部剪力法。

理论分析进一步表明，在满足上述条件的前提下，还需采用以下两个假定。

（1）多层结构在地震作用下的地震反应以基本振型(第一振型)反应为主，忽略其他振型反应。

（2）结构基本振型(第一振型)分布为线性倒三角形，即近似为一条斜直线。由此任一质点的振型坐标与该质点离地面的高度成正比。

这样就可仅考虑基本振型，先算出作用于结构的总水平地震作用，即作用于结构底部的剪力，再将总水平地震作用按某一规律分配给各个质点。

**1. 结构底部剪力**

按振型分解反应谱法的多质点地震作用计算式(4-82)，可以计算出 $j$ 振型结构底部剪力 $V_j$ 等于各质点水平地震作用之和，即式(4-84)式(4-85)。

$$V_j = \sum_{i=1}^n F_{ji} = \sum_{i=1}^n \alpha_j \gamma_j X_{ji} G_i \qquad (4-84)$$

$$V_j = \alpha_1 G \sum_{i=1}^{n} \frac{\alpha_j}{\alpha_1} \gamma_j X_{ji} \frac{G_i}{G} \qquad (4-85)$$

各质点的总水平地震作用即为结构底部剪力 $F_{Ek}$，其计算式为(4-86)。

$$F_{Ek} = \sqrt{\sum_{j=1}^{n} V_j^2} = \alpha_1 G \sqrt{\sum_{i=1}^{n} \left( \sum_{i=1}^{n} \frac{\alpha_j}{\alpha_1} \gamma_j X_{ji} \frac{G_i}{G} \right)^2} \qquad (4-86)$$

根据式(4-87)和式(4-88)，可将式(4-86)简写为式(4-89)。

$$C = \sqrt{\sum_{i=1}^{n} \left( \sum_{i=1}^{n} \frac{\alpha_j}{\alpha_1} \gamma_j X_{ji} \frac{G_i}{G} \right)^2} \qquad (4-87)$$

$$G_{eq} = CG \qquad (4-88)$$

$$F_{Ek} = \alpha_1 G_{eq} \qquad (4-89)$$

式中　$C$——等效总重力荷载换算系数［根据底部剪力相等原则，把多质点体系用一个与其基本周期相同的单质点体系来代替。单质点体系 $C=1$，无穷多质点体系 $C=0.75$，一般多质点体系，《建筑抗震设计规范（2016年版)》（GB 50011—2010)取 $C=0.85$］；

　　$G$——结构总重力荷载代表值，$G=\sum G_i$，$G_i$ 为质点 $i$ 的重力荷载代表值；

　　$G_{eq}$——结构等效总重力荷载代表值，对于多质点体系 $G_{eq}=0.85\sum G_i$；

　　$F_{Ek}$——结构总水平地震作用标准值，即结构底部剪力标准值；

　　$\alpha_1$——相应于结构基本周期的水平地震影响系数，按图4.15确定。

2. 质点的地震作用

在求得结构的总水平地震作用后，就可将它分配到各质点，以求出各质点的地震作用。根据假定，结构振动仅考虑基本振型，基本振型分布为倒三角形，质点相对位移 $X_{1i}$ 与质点高度 $H_i$ 成正比。则根据式(4-82)，质点 $i$ 的水平地震作用为式(4-90)。

$$F_i = F_{1i} = \alpha_1 \gamma_1 X_{1i} G_i \qquad (4-90)$$

故可得出式(4-91)。

$$F_i \propto G_i X_{1i} \qquad (4-91)$$

当基本振型分布为倒三角形时，可得式(4-92)。

$$X_{1i} \propto H_i \qquad (4-92)$$

故由式(4-91)和式(4-92)可得式(4-93)。

$$F_i \propto G_i H_i \qquad (4-93)$$

由此，得式(4-94)。

$$F_i = \frac{G_i H_i}{\sum_{j=1}^{n} G_j H_j} F_{Ek} \qquad (4-94)$$

式(4-94)仅适用于基本周期 $T_1 \leqslant 1.4T_g$ 的结构，其中 $T_g$ 为特征周期，可根据场地类别及地震动参数区划的特征周期分区按表 4-5 采用。当 $T_1 > 1.4T_g$ 时，由于高振型的影响，通过对大量结构地震反应的直接动力分析结果可以看出，按式(4-94)计算可得结构顶部地震作用偏小，需要调整。《建筑抗震设计规范（2016 年版）》(GB 50011—2010)给出的方法是将结构总地震作用中的一部分作为附加的集中力作用于结构顶部，再将余下部分按倒三角形规律分配给各质点。附加的集中水平地震作用可表示为式(4-95)。

$$\Delta F_n = \delta_n F_{Ek} \qquad (4-95)$$

式中　$\Delta F_n$——顶部附加水平地震作用；

　　　$\delta_n$——顶部附加水平地震作用系数（对于多层钢筋混凝土和钢结构房屋，可按特征周期 $T_g$ 及结构基本周期 $T_1$ 由表 4-7 确定；其他房屋可采用0.0）。

表 4-7　顶部附加水平地震作用系数 $\delta_n$ 　　　　　单位：s

| $T_g$ | $T > 1.4T_g$ | $T_1 \leqslant 1.4T_g$ |
|---|---|---|
| $T_g \leqslant 0.35$ | $0.08T_1 + 0.07$ | |
| $0.35 < T_g \leqslant 0.55$ | $0.08T_1 + 0.01$ | 0.0 |
| $T_g > 0.55$ | $0.08T_1 - 0.02$ | |

采用底部剪力法计算时，各楼层可只考虑一个质点，质点 $i$ 的水平地震作用标准值就可写成式(4-96)。

$$F_i = \frac{G_i H_i}{\sum_{j=1}^{n} G_j H_j} F_{Ek}(1 - \delta_n) \quad (i = 1, 2, \cdots, n) \qquad (4-96)$$

此时，结构顶部的水平地震作用为按式(4-96)计算的 $F_n$ 与按式(4-95)计算的 $\Delta F_n$ 之和，如图 4.21(c)所示。

注意：当房屋顶部有突出屋面的附属小建筑物时，附加集中水平地震作用应置于主体房屋的顶层而不应置于小建筑物的顶部，而小建筑物顶部的地震作用仍可按式(4-96)计算。

### 3. 突出屋面地震作用放大

历次震害表明，地震作用下，突出建筑物屋面的附属小建（构）筑物，如电梯间、女儿墙、附墙烟囱等，都将遭受到严重破坏。这类附属小建（构）筑物由于质量和刚度较小，高振型的地震作用效应较大，会产生鞭端效应。

底部剪力法适用于质量和刚度沿高度分布比较均匀的结构。结构按底部剪力法计算时，只考虑了第一振型的影响，当建筑物有突出屋面的附属小建（构）筑物时，由于该部分的质量和刚度较小，在地震中相当于受到从屋面传来的放大了的地面加速度。根据顶部与底部不同质量比、不同刚度比以及不同场地条件的结构分析表明，采用底部剪力法计算这类附属小建筑物的地震作用效应时应乘以放大系数3。

所规定的放大系数是针对突出屋面的附属小建（构）筑物强度验算采用的，在验算建（构）筑物本身的抗震强度时仍采用底部剪力法的结果进行计算，也就是说突出屋面的附属小建（构）筑物的局部地震放大作用效应不向下传递。

**【例 4.3】** 试用底部剪力法求解某 3 层剪切型结构的层间地震剪力。已知该结构的基本自振周期 $T_1 = 0.613\text{s}$，其他条件同例 4.2。

**解：**（1）结构总水平地震作用。

由式（4-89）可知，结构总水平地震作用为：

$$F_{Ek} = \alpha_1 G_{eq}$$

由例 4.2 已算出水平地震影响系数 $\alpha_1 = 0.0966$。

$$G_{eq} = 0.85 \times \sum_{i=1}^{n} m_i g = 0.85 \times (500 + 500 + 400) \times 9.8 = 11662(\text{kN})$$

则

$$F_{Ek} = 0.0966 \times 11662 \approx 1126.55 \ (\text{kN})$$

（2）各楼层地震作用。

$T_g = 0.35\text{s}$，$T_1 = 0.613\text{s} > 1.4T_g = 0.49\text{s}$，由表 4-7，得

$$\delta_n = 0.08T_1 + 0.07 = 0.08 \times 0.613 + 0.07 = 0.11904$$

$$\Delta F_n = \delta_n F_{Ek} = 0.11904 \times 1126.55 \approx 134.105(\text{kN})$$

$$F_1 = \frac{9.8 \times 500 \times 4}{9.8 \times 500 \times 4 + 9.8 \times 500 \times 8 + 9.8 \times 400 \times 12} \times$$

$$1126.55 \times (1 - 0.11904) \approx 183.79 \ (\text{kN})$$

$$F_2 = \frac{9.8 \times 500 \times 8}{9.8 \times 500 \times 4 + 9.8 \times 500 \times 8 + 9.8 \times 400 \times 12} \times$$

$$1126.55 \times (1 - 0.11904) \approx 367.57(\text{kN})$$

$$F_3 = \frac{9.8 \times 400 \times 12}{9.8 \times 500 \times 4 + 9.8 \times 500 \times 8 + 9.8 \times 400 \times 12} \times$$

$$1126.55 \times (1 - 0.11904) \approx 441.09(\text{kN})$$

（3）层间地震剪力。

$$V_3 = F_3 + \Delta F_n = 441.09 + 134.105 = 575.195(\text{kN})$$

$$V_2 = F_2 + F_3 + \Delta F_n = 367.57 + 441.09 + 134.105 = 942.765(\text{kN})$$

$$V_1 = F_1 + F_2 + F_3 + \Delta F_n = F_1 + V_2 = 183.79 + 942.765 = 1126.555(\text{kN})$$

对比例 4.2 可知，只要结构满足使用底部剪力法的限制条件，计算仍可以得到令人满意的结果。

# 本 章 小 结

地震是以地面发生不同强烈程度的振动为特征的一种物理现象，地震分为天然地震和人工地震两大类，天然地震是地球内部构造运动的产物。地震虽然是一种随机现象，但其

呈现某种规律性，主要发生在洋脊、裂谷、海沟、转换断层和大陆内部的古板块边缘等构造活动带。震级是地震强弱的反映，与地震所释放的能量有关，一般用振幅来衡量。地震烈度是指某地区的地面和各类建筑物遭受一次地震影响的强弱程度。一次地震只有一个震级，但地震烈度对于不同地区却不同，地震作用是建筑抗震设计的基本依据，其数值大小不仅取决于地面运动的强弱程度，而且与结构的截面特性即基本自振周期、阻尼系数等直接相关。目前采用反应谱理论来计算地震作用。单质点体系水平地震作用的反应谱理论和多质点体系水平地震作用的振型分解反应谱法和底部剪力法是地震作用计算的理论依据和确定方法。

# 思 考 题

1. 简述地震的类型及成因。
2. 何谓地震波？简述地震波的种类、传播特点、对地面运动的影响。
3. 何谓震级、地震烈度？两者有何关联？
4. 何谓地震作用？确定地震作用的方法有哪些？
5. 哪些物理量可以用来表征地面运动特征？地震系数和动力系数的物理意义是什么？
6. 地震反应谱的影响因素有哪些？设计用反应谱如何反映这些影响因素？
7. 简述确定结构地震作用的底部剪力法和振型分解反应谱法的基本原理和步骤。
8. 何谓鞭端效应？地震作用计算时如何考虑这种效应？

# 习 题

**图 4.22 习题 1 图**

1. 某二层钢筋混凝土框架如图 4.22 所示，集中于楼盖和屋盖处的重力荷载代表值相等（房屋假定为框-剪体系），$G_1 = G_2 = 1200\text{kN}$，场地为 II 类，抗震设防烈度为 8 度罕遇地震，设计地震分组为第二组。$T_g = 0.4\text{s}$，$T_1 = 1.028\text{s}$，$\zeta = 0.05$，试按底部剪力法计算水平地震作用。

2. 已知一个 3 层剪切型结构，如图 4.23 所示。已知该结构的各阶结构周期和振型分别为 $T_1 = 0.433\text{s}$、$T_2 = 0.202\text{s}$、$T_3 = 0.136\text{s}$，$\{\varphi_1\} = \{0.301, 0.648, 1.000\}^T$、$\{\varphi_2\} = \{-0.676, -0.601, 1.000\}^T$、$\{\varphi_3\} = \{2.47, -2.57, 1.000\}^T$。设计反应谱的有关参数为 $T_g = 0.2\text{s}$，$\gamma = 0.9$，$\alpha_{\max} = 0.16$。试采用振型分解反应谱法求该 3 层剪切型结构在地震作用下的底部最大剪力和顶部最大位移。

3. 高度 $H = 150\text{m}$ 的钢筋混凝土烟囱，抗震设防烈度为 8 度，基本地震加速度为 $0.15g$，设计地震分组为第一组，场地类别为 III 类场地，各质点的重力荷载代表值如图 4.24（a）所示。烟囱的阻尼比 $\zeta = 0.05$，自振周期 $T_1 = 2.63\text{s}$，第一振型如图 4.24（b）所示。试采用振型分解反应谱法计算第一振型水平多遇地震作用下烟囱的底部剪力。

图 4.23 习题 2 图

(a) 各质点的重力荷载代表值  (b) 第一振型

图 4.24 习题 3 图

# 第5章
## 侧向压力

**教学目标**

(1) 熟知各种侧向压力的存在形态、形成条件。
(2) 掌握各种侧向压力的作用方式和计算方法。

**教学要求**

| 知识要点 | 能力要求 | 相关知识 |
|---|---|---|
| 土压力 | (1) 掌握土的侧向压力种类;<br>(2) 掌握土压力计算理论;<br>(3) 掌握各种条件下的挡土墙土压力计算 | (1) 静止土压力;<br>(2) 主动土压力;<br>(3) 被动土压力;<br>(4) 朗肯土压力理论;<br>(5) 库仑土压力理论 |
| 静水压力 | (1) 了解静水压力概念;<br>(2) 掌握静水压力计算 | (1) 静水压力特征;<br>(2) 大气压强 |
| 流水压力 | (1) 了解流水压力概念;<br>(2) 熟知流水压力计算 | (1) 流体流动特征;<br>(2) 流速 |
| 波浪荷载 | (1) 了解波浪特性;<br>(2) 了解波浪荷载计算 | (1) 风成波;<br>(2) 潮汐波;<br>(3) 船行波;<br>(4) 立波;<br>(5) 破碎波 |
| 冰荷载 | (1) 了解冰特性;<br>(2) 了解冰荷载计算 | (1) 静冰压力;<br>(2) 流冰 |

**基本概念**

静止土压力；主动土压力；被动土压力；朗肯土压力理论；库仑土压力理论。

**引例**

挡土墙是支撑填土或山坡土体、防止填土或土体变形失稳的构造物。由于挡土墙后的填土自重作用或者外荷载作用对墙背产生侧向压力。对于水坝、桥墩等结构物，水作用在结构物表面会产生侧向水压力。对于挡土墙或者挡水结构物而言，由于土或水产生的侧向压力往往是设计的主要荷载。

# 5.1 土 压 力

挡土墙是防止土体坍塌的结构物，广泛应用于房屋建筑、水利、铁路、公路和桥梁工程中。土的侧向压力是指挡土墙后的填土因自重或外荷载作用对墙背产生的侧向压力。由于土压力是挡土墙的主要外荷载，因此，设计挡土墙时首先要确定土压力的性质、大小、方向和作用点。

## 5.1.1 土压力分类

挡土墙一般都是条形建筑物，它的长度远大于其宽度，且其断面在相当长的范围内是不变的，因而土压力的计算是取一延米长的挡土墙来进行分析，而不考虑邻近部分的影响（位于弯道内侧的挡土墙，若条件许可，则可考虑邻近部分的影响），即一般将土压力的计算按平面问题来处理。

由于土压力是挡土墙的主要外荷载，因此，设计挡土墙时首先要确定土压力的性质、大小、方向和作用点。

挡土墙的位移对所承受的土压力有很大的影响，根据挡土墙的位移情况和墙后土体所处的应力状态（图 5.1），土压力可分为静止土压力、主动土压力和被动土压力。

(a) 静止土压力　　(b) 主动土压力　　(c) 被动土压力　　(d) 土压力关系曲线

**图 5.1　土压力及其关系曲线**

1. 静止土压力 $E_0$

当挡土墙在土压力作用下，保持原来的位置而不产生任何位移或转动时，土体内应力小于其抗剪强度，墙后土体处于弹性平衡状态，此时挡土墙所受的土压力称为静止土压力[图 5.1(a)]，一般用 $E_0$ 表示。例如地下室外墙由于受到内侧楼面支承可认为没有位移发生，这时作用在墙外侧的土压力可按静止土压力计算。

2. 主动土压力 $E_a$

当挡土墙墙后土压力过大或地基变形而向外（背离墙背方向）移动或转动时，土体则有向下滑移的趋势，直至土体内的剪应力大小与其抗剪强度相等时，墙后土体出现滑动面。滑动面以上的土体将沿这一滑动面向下向前滑动，墙背上的土压力减少到最小值，滑动楔体内应力处于主动极限平衡状态，此时作用在挡土墙墙背上的土压力称为主动土压力[图 5.1(b)]，一般用 $E_a$ 表示。例如基础开挖时的挡土墙，由于土体开挖，基础内侧失去支撑，挡土墙向基坑内产生位移，这时作用在挡土墙上的土压力可按主动土压力计算。

3. 被动土压力 $E_p$

当挡土墙由于外力作用或基础变形等原因向后（朝墙背方向）移动或转动时，墙体挤压墙后土体，土体则产生侧向压缩。土内产生压应力并随墙的位移增加而增加，作用在墙背上的土压力则随之从静止土压力值逐渐增大，直至土内的应力与其抗剪强度相等时，墙后土体也会出现滑动面，滑动面以上的土体将沿滑动方向向上向后推出，墙后土体开始隆起，作用在挡土墙上的土压力增加到最大值，滑动楔体内应力处于被动极限平衡状态。此时作用在挡土墙墙背上的土压力称为被动土压力[图 5.1(c)]，一般用 $E_p$ 表示。例如拱桥在桥面荷载作用下，拱体将水平推力传至桥台，挤压桥台背后土体，这时作用在桥台背后的侧向土压力可按被动土压力计算。

一般情况下，在相同的墙高和土体条件下，如图 5.1(d)所示，主动土压力小于静止土压力，而静止土压力又小于被动土压力，即 $E_a < E_0 < E_p$。

## 5.1.2 基本原理

土压力计算是一个比较复杂的问题，其理论研究从 18 世纪末即已开始。依据研究途径的不同，可以把有关极限状态下的土压力理论大致分为以下两类。

（1）假定破裂面的形状，依据极限状态下破裂棱体的静力平衡条件来确定土压力。这类土压力理论最初是由法国的库仑于 1773 年提出的，故被称为库仑理论。这是研究土压力问题的一种简化理论。

（2）假定土为松散介质，依据土中一点的极限平衡条件确定土压力强度和破裂面方向。这类土压力理论是由英国的朗肯于 1857 年首先提出的。他分析了以倾斜平面为界面的半无限体的极限平衡问题和与之相应的土压力及破裂面。这类理论被称为朗肯理论。

就当前国内外工程实践来看，使用比较广泛的土压力计算理论有库仑土压力理论、朗肯土压力理论。在这些土压力计算方法中，库仑土压力理论的应用最广，常用来计算非黏性土作填料的重力式挡土墙的土压力。对黏性土的土压力计算，也多采用基于库仑土压力理论的近似方法。目前，我国公路、铁路挡土墙的设计，不论是非黏性填料还是黏性填料，不论是否出现第二破裂面，都是采用库仑土压力理论推导出来的公式计算土压力。

朗肯土压力理论实质上是库仑土压力理论的一个特例。它适用于挡土墙后土体出现第二破裂面的情况，一般多用于计算衡重式、凸形折线式、悬臂式和扶壁式挡土墙的土压力。同时，用此土压力理论计算被动土压力的误差一般都比用库仑土压力理论小，故计算被动土压力亦宜采用朗肯土压力理论。

1. 朗肯土压力理论

朗肯土压力理论通过对弹性半空间土体的极限平衡状态应力的研究，推导出土压力计算方法。

（1）基本假定。

① 土体为弹性半空间体，是均质各向同性的无黏性土或黏性土。

② 挡土墙墙背竖直、光滑，土体表面水平。

③ 墙体在外力作用下将产生足够的位移和变形，使土体处于极限平衡状态。

④ 土体滑动面为直线。

（2）应力状态。

挡土墙墙背面土体中任意一点的应力状态（图 5.2），包括水平面上的竖向应力为 $\sigma_z$，其值等于该点以上土柱的重量，即 $\sigma_z = \gamma z$（其中，$\gamma$ 为墙后土体的重度，单位 $kN/m^3$；地下水位以下采用有效重度；$z$ 为该点与土体表面间的距离，单位 m）；竖向面上的水平正应力为 $\sigma_x$。由于墙背与填土之间无摩擦力产生，故该点的水平面上和竖向面上仅有正应力 $\sigma_z$ 和 $\sigma_x$，无剪应力，故这两个平面为主平面，$\sigma_z$ 和 $\sigma_x$ 分别为这两个平面上的主应力。

(a) 深度 $z$ 处的应力状态　(b) 主动朗肯土压力状态　(c) 被动朗肯土压力状态

(d) 摩尔应力圆表示的朗肯土压力状态

**图 5.2　弹性半空间土体的极限平衡状态**

① 弹性静止状态。当挡土墙无位移时，墙后土体处于弹性平衡状态，如图 5.2(a) 所示。墙背上的应力与弹性半空间土体应力相同，墙背竖向面和水平面均无剪应力。在上体任意深度 $z$ 处，水平面上的竖向正应力 $\sigma_z = \sigma_1 = \gamma z$，竖向面上的水平正应力 $\sigma_x = \sigma_3 = K_0 \gamma z$（其中，$K_0$ 为静止土压力系数，又称土的侧压力系数，与土的性质、密实程度等因素有关，正常固结土的静止土压力系数可按表 5-1 取值）。作用在挡土墙上的土压力强度为水平向主应力 $\sigma_0 = \sigma_x = \sigma_3 = K_0 \gamma z$，即为静止土压力强度；用 $\sigma_1$ 和 $\sigma_3$ 作出的摩尔应力圆与土的抗剪强度包线不相切，如图 5.2(d) 中圆 Ⅰ 所示。

107

表 5-1　正常固结土的静止土压力系数

| 土的名称 | 砾石、卵石 | 砂土 | 亚砂土（粉土） | 亚黏土（粉质黏土） | 黏土 |
|---|---|---|---|---|---|
| $K_0$ | 0.20 | 0.25 | 0.35 | 0.45 | 0.55 |

　　② 塑性主动状态。当挡土墙在外力和土压力作用下产生背离墙背方向的位移或变形时，墙后土体有伸张趋势，如图 5.2(b)所示。此时墙后土体竖向应力 $\sigma_z$ 不变，水平应力 $\sigma_x$ 逐渐减小，随着挡土墙位移减小到使土体处于塑性主动极限平衡状态时，土体中任意一点处作用在水平面上的竖向正应力 $\sigma_z=\sigma_1=\gamma z$ 为大主应力，作用在竖向面上的水平正应力 $\sigma_x=\sigma_3$ 为小主应力，作用在挡土墙上的土压力强度为水平向小主应力 $\sigma_a=\sigma_x=\sigma_3$，即为主动土压力强度。此时，土体中形成两组连续而又对称的滑动面，滑动面与大主应力面之间的夹角 $\theta$ 为 $\left(45°+\dfrac{\varphi}{2}\right)$，与小主应力面之间的夹角 $\theta$ 为 $\left(45°-\dfrac{\varphi}{2}\right)$（$\varphi$ 为土的内摩擦角）。用 $\sigma_3$ 和 $\sigma_1$ 作出的摩尔应力圆与土的抗剪强度包线相切，如图 5.2(d)中圆 Ⅱ 所示。土体形成一系列剪裂面，面上各点都处于极限平衡状态，称为朗肯土主动压力状态。

　　③ 塑性被动状态：当挡土墙在外力和土压力作用下产生向土体方向的位移或变形时，墙后土体沿水平方向被挤压，如图 5.2(c)所示。此时墙后土体竖向应力 $\sigma_z$ 不变化，水平应力 $\sigma_x$ 随着墙体位移增加而逐渐增大，土体中任意一点水平面上的竖向正应力 $\sigma_z=\sigma_3=\gamma z$ 为小主应力，竖向面上的水平正应力 $\sigma_x=\sigma_1$ 为大主应力，挡土墙上的土压力强度为水平向作用的大主应力 $\sigma_p=\sigma_x=\sigma_1$，即为被动土压力强度。此时，土体中任意一点处同样形成一两组连续而又对称的滑动面，滑动面与大主应力面之间的夹角 $\theta$ 为 $\left(45°+\dfrac{\varphi}{2}\right)$，与小主应力面之间的夹角 $\theta$ 为 $\left(45°-\dfrac{\varphi}{2}\right)$。用 $\sigma_3$ 和 $\sigma_1$ 作出的摩尔应力圆与土的抗剪强度包线相切，如图 5.2(d)中圆 Ⅲ 所示。土体形成一系列剪裂面，面上各点都处于极限平衡状态，称为朗肯被动土压力状态。

　　(3) 土体极限平衡状态。

　　当土体处于极限平衡状态时，$z$ 深度某点的大主应力 $\sigma_1$ 和小主应力 $\sigma_3$ 满足以下关系式。

无黏性土：

$$\sigma_3=\sigma_1\tan^2\left(45°-\frac{\varphi}{2}\right) \tag{5-1a}$$

$$\sigma_1=\sigma_3\tan^2\left(45°+\frac{\varphi}{2}\right) \tag{5-1b}$$

黏性土：

$$\sigma_3=\sigma_1\tan^2\left(45°-\frac{\varphi}{2}\right)-2c\cdot\tan\left(45°-\frac{\varphi}{2}\right) \tag{5-2a}$$

$$\sigma_1=\sigma_3\tan^2\left(45°+\frac{\varphi}{2}\right)+2c\cdot\tan\left(45°+\frac{\varphi}{2}\right) \tag{5-2b}$$

式中　$c$——填土的黏聚力。

　　(4) 土压力计算。

　　① 静止土压力 $E_0$。

　　土体表面以下任意深度 $z$ 处的静止土压力强度见式(5-3)。

$$\sigma_0 = K_0 \gamma z \tag{5-3}$$

由式(5-3)可知，静止土压力强度与深度成正比，沿墙高呈三角形分布，如图5.3所示。取单位墙长，则作用在挡土墙上的静止土压力见式(5-4)。

图5.3　静止土压力分布

$$E_0 = \frac{1}{2} \gamma H^2 K_0 \tag{5-4}$$

式中　$E_0$——作用在距墙底 $H/3$ 处的静止土压力；

　　　$H$——挡土墙高度。

② 主动土压力 $E_a$。

当挡土墙偏离土体处于主动朗肯土压力状态时，墙背土体离地表任意深度 $z$ 处竖向应力 $\sigma_z$ 为大主应力 $\sigma_1$，水平应力 $\sigma_x$ 为小主应力 $\sigma_3$。由极限平衡条件式(5-1)和式(5-2)可得主动土压力强度 $\sigma_a$，见式(5-5) 和式(5-6)。

无黏性土：

$$\sigma_a = \gamma z K_a \tag{5-5}$$

黏性土：

$$\sigma_a = \sigma_x = \gamma z K_a - 2c \sqrt{K_a} \tag{5-6}$$

式中　$K_a$——主动土压力系数，$K_a = \tan^2 \left( 45° - \dfrac{\varphi}{2} \right)$。

由式(5-5)可知，无黏性土的主动土压力强度与 $z$ 成正比，沿墙高的土压力强度分布为三角形，如图5.4所示，如取单位墙长计算，则主动土压力见式(5-7)。

$$E_a = \frac{1}{2} \gamma H^2 K_a \tag{5-7}$$

式中　$E_a$——作用在距墙底 $H/3$ 处的主动土压力。

由式(5-6)可知，黏性土的主动土压力包括两部分：一部分是土体自重；另一部分是由黏聚力 $c$ 引起的负土压力 $2c \sqrt{K_a}$，这两部分产生的土压力叠加后的作用效果如图5.4(c)所示，图中 $ade$ 部分对墙体是拉力，意味着墙与土已分离，计算土压力时，该部分略去不计，黏性土的土压力分布实际上仅是 $abc$ 部分。

$a$ 点离填土面的深度 $z_0$ 称为临界深度，$z_0$ 的计算见式(5-8)。

$$z_0 = \frac{2c}{\gamma \sqrt{K_a}} \tag{5-8}$$

如取单位墙长计算，则主动土压力 $E_a$ 见式(5-9)。

(a) 主动土压力计算　　　　　　　(b) 无黏性土　　　　　　　　(c) 黏性土

图 5.4　主动土压力分布

$$E_a = \frac{1}{2}(H - z_0)\left(\gamma H K_a - 2c\sqrt{K_a}\right) = \frac{1}{2}\gamma H^2 K_a - 2cH\sqrt{K_a} + \frac{2c^2}{\gamma} \qquad (5-9)$$

主动土压力 $E_a$ 通过三角形压力分布图 $abc$ 的形心，其作用点在离墙底 $(H - z_0)/3$ 处。

③ 被动土压力 $E_p$。

当挡土墙在外力作用下挤压土体出现被动朗肯状态时，墙背填土离地表任意深度 $z$ 处的竖向应力 $\sigma_z$ 已变为小主应力 $\sigma_3$，而水平应力 $\sigma_x$ 已成为大主应力 $\sigma_1$。由极限平衡条件式(5-1b)和式(5-2b)可得被动土压力强度 $\sigma_p$，见式(5-10)、式(5-11)。

无黏性土：

$$\sigma_p = \gamma z K_p \qquad (5-10)$$

式中　$K_p$——被动土压力系数，$K_p = \tan^2\left(45° + \dfrac{\varphi}{2}\right)$。

黏性土：

$$\sigma_p = \gamma z K_p + 2c\sqrt{K_p} \qquad (5-11)$$

由式(5-10)和式(5-11)可知，无黏性土的被动土压力强度与 $z$ 成正比，并沿墙高呈三角形分布，如图 5.5(a)所示；黏性土的被动土压力强度呈梯形分布，如图 5.5(b)所示。如取单位墙长，则被动土压力见式(5-12)、式(5-13)。

(a) 被动土压力计算　　　　　　　(b) 无黏性土　　　　　　　　(c) 黏性土

图 5.5　被动土压力分布

无黏性土：

$$E_p = \frac{1}{2}\gamma H^2 K_p \qquad\qquad (5-12)$$

黏性土：

$$E_p = \frac{1}{2}\gamma H^2 K_p + 2cH\sqrt{K_p} \qquad\qquad (5-13)$$

被动土压力 $E_p$ 通过三角形或梯形压力分布图的形心，具体位置可通过求力矩得到，则总被动土压力作用点距墙趾的高度见式(5-14)。

$$H_P = \frac{\frac{1}{2}\gamma H^2 K_P \cdot \frac{1}{3}H + 2cH\sqrt{K_p} \cdot \frac{1}{2}H}{\frac{1}{2}\gamma H^2 K_P + 2cH\sqrt{K_p}} \qquad\qquad (5-14)$$

**2. 库仑土压力理论**

库仑土压力理论是根据挡土墙后土体处于极限平衡状态并形成一滑动楔体时，从楔体的静力平衡条件得出的土压力计算理论。

(1) 基本假定。

① 挡土墙后的土体是理想的散粒体（黏聚力 $c=0$）。

② 滑动破坏面为一平面。

(2) 土压力计算。

① 主动土压力 $E_a$。

当挡土墙向前移动或转动而使墙后土体沿某一滑动面 $BC$ 破坏时，土楔体 $ABC$ 向下滑动而处于主动极限平衡状态，如图 5.6(a)所示。此时，作用于土楔体 $ABC$ 上的力有以下几种。

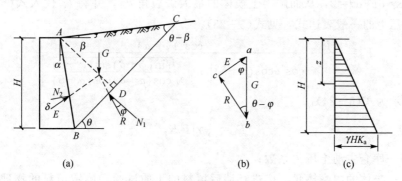

**图 5.6 库仑主动土压力**

a. 土楔体 $ABC$ 的自重 $G = \triangle_{ABC} \cdot \gamma$，只要确定滑动面 $BC$ 的位置，就可求得 $G$ 的大小。

b. 滑动面 $BC$ 上的反力 $R$，其大小是未知的。反力与滑动面的法线 $N_1$ 之间的夹角等于土体的内摩擦角 $\varphi$，并位于 $N_1$ 下侧。

c. 墙背对土楔体的反力 $E$，与其大小相等、方向相反的力就是墙背上的土压力。反力的方向与墙背的法线 $N_2$ 成 $\delta$ 角，$\delta$ 角为墙背与土体之间的摩擦角，称为外摩擦角。当土楔体下滑时，墙对土楔体的阻力是向上的，故反力必在 $N_2$ 下侧。

土楔体在以上 3 个力作用下处于静力平衡状态，因此必构成一个闭合的力矢三角形，如图 5.6(b)所示，根据正弦定律可知土楔体的反力［式(5-15)］。

$$E=G \frac{\sin(\theta-\varphi)}{\sin(\theta-\varphi+\psi)} \qquad (5-15)$$

式中　$\psi$——内摩擦角，$\varphi=90°-\alpha-\delta$，$\delta$ 为外摩擦角，$\alpha$ 为墙背与竖直面间的夹角。

土楔体自重计算见式(5-17)～式(5-21)。

$$G=\Delta_{ABC} \cdot \gamma=\gamma \cdot BC \cdot \frac{AD}{2} \qquad (5-16)$$

$$BC=AB \frac{\sin(90°-\alpha+\beta)}{\sin(\theta-\beta)} \qquad (5-17)$$

因为

$$AB=\frac{H}{\cos\alpha} \qquad (5-18)$$

故

$$BC=H \frac{\cos(\alpha-\beta)}{\cos\alpha\sin(\theta-\beta)} \qquad (5-19)$$

由 $\triangle ADB$ 可得

$$AD=AB\cos(\theta-\alpha)=\frac{H\cos(\theta-\alpha)}{\cos\alpha} \qquad (5-20)$$

于是有

$$G=\frac{\gamma H^2}{2} \frac{\cos(\alpha-\beta)\cos(\theta-\alpha)}{\cos^2\alpha\sin(\theta-\beta)} \qquad (5-21)$$

将式(5-21)代入式(5-15)可得 $E$ 的表达式，见式(5-22)。

$$E=\frac{\gamma H^2}{2} \frac{\cos(\alpha-\beta)\cos(\theta-\alpha)\sin(\theta-\varphi)}{\cos^2\alpha\sin(\theta-\beta)\sin(\theta-\varphi+\psi)} \qquad (5-22)$$

在式(5-22)中，只有滑动面 $BC$ 与水平面的夹角 $\theta$ 是未知的，其余参数都是已知的，也就是说，$E$ 是 $\theta$ 的函数。$E$ 的最大值 $E_{max}$ 即为墙背的主动土压力，其所对应的滑动面即是土楔体最危险的滑动面。

为此可令 $dE/d\theta=0$，从而解得土楔体的最大破裂角 $\theta_{cr}$，并将 $\theta_{cr}$ 代入式(5-22)可得库仑主动土压力的一般表达式，见式(5-23)。

$$E_a=\frac{\gamma H^2}{2} \cdot \frac{\cos^2(\varphi-\alpha)}{\cos^2\alpha\cos(\alpha+\delta)\left[1+\sqrt{\dfrac{\sin(\varphi+\delta)\sin(\varphi-\beta)}{\cos(\alpha+\delta)\cos(\alpha-\beta)}}\right]^2} \qquad (5-23)$$

简化表示为式(5-24)。

$$E_a=\frac{1}{2}\gamma H^2 K_a \qquad (5-24)$$

式中　$K_a$——库仑主动土压力系数；

　　　　$\varphi$——土体的内摩擦角，应进行墙后填料的土质试验，确定填料的物理力学指标，当缺乏可靠试验数据时，可参照表 5-2 和表 5-3 选用填料内摩擦角 $\varphi$；

　　　　$\beta$——土体面倾斜角；

　　　　$\delta$——外摩擦角，应根据墙背的粗糙程度和排水条件确定，可采用表 5-4 和表 5-5 所列数值。

表 5-2 填料内摩擦角和综合内摩擦角

| 填料种类 | | 综合内摩擦角 $\varphi_0$/(°) | 内摩擦角 $\varphi$/(°) | 重度/(kN/m³) |
|---|---|---|---|---|
| 粉土、黏土类 | 墙高 $H \leqslant 6m$ | 35～40 | — | 17～18 |
| | 墙高 $6m < H \leqslant 12m$ | 30～35 | — | |
| 碎石、不易风化的块石 | | — | 45～50 | 18～19 |
| 大卵石、碎石类土、不易风化的岩石碎块 | | — | 40～45 | 18～19 |
| 小卵石、砾石、粗砂、石屑 | | — | 35～40 | 18～19 |
| 中砂、细砂、砂质土 | | — | 30～35 | 17～18 |

注：填料重度可根据实测资料做适当修正，计算水位以下的填料重度采用浮重度。

表 5-3 路堑边坡填料综合内摩擦角和重度

| 坡度 | 综合内摩擦角 $\varphi_0$/(°) | 重度/(kN/m³) |
|---|---|---|
| 1∶0.5 | 65～70 | 25 |
| 1∶0.75 | 55～60 | 23～224 |
| 1∶1 | 50 | 20 |
| 1∶0.25 | 40～45 | 19 |
| 1∶1.5 | 35～40 | 17～18 |

注：在无不良地质情况下，习惯上多参考天然坡角及路堑边坡设计数据综合确定。

表 5-4 土与墙背的外摩擦角 $\delta$(一)

| 挡土墙情况 | 外摩擦角 $\delta$/ (°) | 挡土墙情况 | 外摩擦角 $\delta$/ (°) |
|---|---|---|---|
| 墙背平滑、排水不良 | $(0 \sim 0.33)\varphi$ | 墙背很粗糙、排水良好 | $(0.5 \sim 0.67)\varphi$ |
| 墙背粗糙、排水不良 | $(0.33 \sim 0.5)\varphi$ | 墙背与土体间不能滑动 | $(0.67 \sim 1.0)\varphi$ |

表 5-5 土与墙背间的外摩擦角 $\delta$(二)　　　　　　单位：(°)

| 墙身材料 | 墙背土 | |
|---|---|---|
| | 岩块及粗粒土 | 细粒土 |
| 混凝土 | $\frac{1}{2}\varphi$ | $\frac{2}{3}\varphi$ 或 $\frac{1}{2}\varphi_0$ |
| 石砌体 | $\frac{2}{3}\varphi$ | $\varphi$ 或 $\frac{2}{3}\varphi_0$ |
| 第二破裂面或假想墙背土体 | $\varphi$ | $\varphi_0$ |

当墙背垂直（$\alpha = 0$）、光滑（$\delta = 0$），土体面水平（$\beta = 0$）时，库仑主动土压力强度分布如图 5.6(c)所示，库仑主动土压力计算见式（5-25）。

$$E_a = \frac{1}{2}\gamma H^2 K_a \qquad (5-25)$$

可见，在上述情况下，式（5-25）与朗肯主动土压力式（5-7）完全相同。

② 被动土压力 $E_p$。

当墙受外力作用推向土体，直至土体沿某一滑动面 $BC$ 滑动破坏时，土楔体 $ABC$ 向上滑动，并处于被动极限平衡状态，如图 5.7(a) 所示。此时，按上述求主动土压力的原理，如图 5.7(b) 所示，可求得被动库仑土压力，见式（5-26）、式（5-27）。

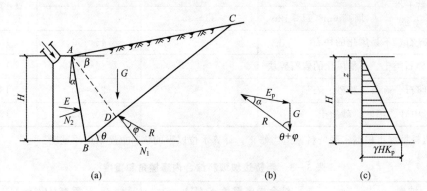

图 5.7  按库仑理论计算被动土压力

$$E_p = \frac{\gamma H^2}{2} \cdot \frac{\cos^2(\varphi+\alpha)}{\cos^2\alpha\cos(\alpha-\delta)\left[1-\sqrt{\dfrac{\sin(\varphi+\delta)\sin(\varphi+\beta)}{\cos(\alpha-\delta)\cos(\alpha-\beta)}}\right]^2} \qquad (5-26)$$

或
$$E_p = \frac{1}{2}\gamma H^2 K_p \qquad (5-27)$$

式中　$K_p$——库仑被动土压力系数。

当墙背垂直（$\alpha=0$）、光滑（$\delta=0$）、土体面水平（$\beta=0$）时，库仑被动土压力强度分布如图 5.7(c) 所示，库仑被动土压力见式（5-28）。

$$E_p = \frac{1}{2}\gamma H^2 K_p \qquad (5-28)$$

可见，在上述情况下，式（5-28）与朗肯被动土压力公式 [式（5-12）] 完全相同。

【例 5.1】　某挡土墙高 6m，墙背垂直光滑，填土面水平。填土的物理力学性质指标：$c=10\text{kPa}$，$\varphi=20°$，墙后填土为黏性中砂，重度 $\gamma=18.0\text{kN/m}^3$。试求主动土压力及其作用点位置，并给出主动土压力分布图。

**解：** （1）主动土压力强度。

挡土墙满足朗肯条件，可按朗肯土压力理论计算主动土压力。

主动土压力系数：

$$K_a = \tan^2\left(45° - \frac{20°}{2}\right) \approx 0.49$$

地面处：　$\sigma_a = \gamma z K_a - 2c\sqrt{K_a} = 18.0 \times 0 \times 0.49 - 2 \times 10.0 \times \sqrt{0.49} \approx -14.0\,(\text{kPa})$

墙底处：　$\sigma_a = \gamma z K_a - 2c\sqrt{K_a} = 18.0 \times 6.0 \times 0.49 - 2 \times 10.0 \times \sqrt{0.49} \approx 38.92\,(\text{kPa})$

（2）临界深度。

$$z_0 = \frac{2c}{\gamma\sqrt{K_a}} = \frac{2 \times 10.0}{18.0 \times \sqrt{0.49}} \approx 1.59\,(\text{m})$$

（3）主动土压力。

$$E_a = \frac{1}{2}\gamma H^2 K_a - 2cH\sqrt{K_a} + \frac{2c^2}{\gamma}$$

$$= \frac{1}{2} \times 18.0 \times 6.0^2 \times 0.49 - 2 \times 10.0 \times 6.0 \times \sqrt{0.49} + \frac{2 \times 10.0^2}{18.0}$$

$$\approx 85.87 (\text{kN/m})$$

（4）主动土压力作用点的位置。

主动土压力 $E_a$ 的作用点离墙底的距离：

$$\frac{H - z_0}{3} = \frac{6 - 1.59}{3} = 1.47(\text{m})$$

主动土压力分布如图 5.8 所示。

**图 5.8　主动土压力分布**

## 5.1.3　工程中挡土墙土压力计算

1. 土体表面受均布面荷载时的土压力计算

（1）土体表面受均布连续面荷载时的土压力计算。

当挡土墙后土体表面有连续均布面荷载 $q$ 作用时，可将均布荷载换算成当量土重，即用假想的土重代替均布荷载。当土体面水平时，换算土层厚度 $h$ 见式（5-29）。

$$h = \frac{q}{\gamma} \tag{5-29}$$

以 $(H+h)$ 为墙高，按土体面无荷载情况计算土压力。若土体为无黏性土时，按朗肯土压力理论计算，土体顶面 $a$ 点的土压力强度见式（5-30）。

$$\sigma_{aa} = \gamma h K_a = q K_a \tag{5-30}$$

墙底 $b$ 点的土压力强度见式（5-31）。

$$\sigma_{ab} = \gamma (H+h) K_a = (q + \gamma H) K_a \tag{5-31}$$

式中　$K_a$——主动土压力系数；

　　　$q$——挡土墙后土体表面的均布连续面荷载；

　　　$\gamma$——墙背填土的重度；

　　　$h$——换算土层厚度；

　　　$H$——计算点在土体表面以下的深度。

车辆荷载可近似地按均布荷载考虑，换算成重度与墙后填料相同的均布土层计算。车辆荷载按表 5-6 取用。

表 5-6　车辆荷载

| 墙高/m | $q/(\text{kN/m}^2)$ | 墙高/m | $q/(\text{kN/m}^2)$ |
|---|---|---|---|
| $H \leq 2.0$ | 20.0 | $H \geq 10.0$ | 10.0 |

注：中间值可以表中数值采用线性插值法计算。

作用于墙顶或墙后填土上的人群荷载规定为 $3\text{kN/m}^2$；作用于墙栏杆顶的水平推力采用 $0.75\text{kN/m}$；作用于栏杆扶手上的竖向力采用 $1\text{kN/m}$。土压力分布如图 5.9 所示，实际的土压力分布图为梯形 $abcd$ 部分，土压力作用点在梯形的重心。由此可知，当土体面有均布面荷载时，其土压力强度比无均布面荷载时增加 $qK_a$。由于 $q$ 的作用，在墙背上增加了一个附加的土压力 $E_{aq}$，可按式（5-32）计算。

图 5.9　土压力分布

$$E_{aq} = qHK_a \qquad (5-32)$$

于是作用在整个墙面上的总主动土压力 $E_a$ 计算见式（5-33）。

$$E_a = E_{aq} + E_{aH} = qHK_a + \frac{1}{2}\gamma H^2 K_a \qquad (5-33)$$

总主动土压力 $E_a$ 在挡土墙上的作用点距离墙踵高程处的竖直距离（高度）$y_a$，可根据力矩平衡的原理求得，即式（5-34）。

$$y_a = \frac{E_{aq} \cdot \frac{1}{2}H + E_{aH} \cdot \frac{1}{3}H}{E_a} \qquad (5-34)$$

（2）土体表面有均布不连续分布面荷载时的土压力计算。

若土体表面上的均布面荷载不是连续分布的，而是从墙背后某一距离开始，如图 5.10 所示。可自均布荷载的起点 $o$ 作两条辅助线 $oa$、$ob$，$oa$ 与水平面的夹角为 $\varphi$，$ob$ 与土体破坏面平行，与水平面的夹角 $\theta$ 可近似采用 $(45° + \varphi/2)$，$oa$、$ob$ 分别交墙背于 $a$ 点和 $b$ 点。可以认为 $a$ 点以上的土压力不受表面均布荷载的影响，按无荷载情况计算；$b$ 点以下的土压力则按连续均布荷载情况计算，$a$ 点和 $b$ 点间的土压力以直线连接，沿墙背面 $AB$ 上的土压力分布如图中阴影所示。阴影部分的面积就是总的主动压力 $E_a$ 的大小，$E_a$ 作用在阴影部分的形心处。

（3）土体表面有一定宽度范围均布面荷载时的土压力计算。

若土体表面的均布荷载在一定宽度范围内，如图 5.11 所示。可从荷载首尾 $o$ 点及 $o'$

图 5.10 土体表面有不连续分布面荷载时的土压力分布

点作两条辅助线 $oa$ 及 $o'b$，均与破坏面平行，且交墙背于 $a$、$b$ 两点。认为 $a$ 点以上及 $b$ 点以下墙背面的土压力不受荷载影响，$a$ 点与 $b$ 点之间的土压力按有均布面荷载情况计算。图中阴影面积就是总的主动土压力 $E_a$ 的大小，作用在阴影面积形心处。

图 5.11 土体表面有一定宽度范围均布面荷载时的土压力

2. 土体表面有连续线荷载时的土压力计算

若土体表面有连续线荷载 $Q$，$Q$ 距离墙背面有一定的距离，如图 5.12 所示。可自线荷载作用点 $o$ 引辅助线 $oa$ 和 $ob$，$oa$ 与水平面的夹角为 $\varphi$，$ob$ 与破坏面平行，两线分别交墙背于 $a$、$b$ 两点。则由于线荷载 $Q$ 的作用，在墙背上增加了一个附加的土压力 $E_Q$，可按式(5-35)计算。

图 5.12 土体表面有连续线荷载时的土压力分布

$$E_Q = K_a Q \tag{5-35}$$

其作用在墙背 $a$ 点以下 $1/3ab$ 处，与墙背的夹角为 $\varphi_0$。

于是，作用在墙背上的总的主动土压力计算见式(5-36)。

$$E_a = E_a' + E_Q = \frac{1}{2}\gamma H^2 K_a + K_a Q \qquad (5-36)$$

**3. 成层土体的土压力计算**

当挡土墙后有不同类的水平土层时，设上层土厚度为 $H_1$，重度为 $\gamma_1$，内摩擦角为 $\varphi_1$；下层土厚度为 $H_2$，重度为 $\gamma_2$，内摩擦角为 $\varphi_2$。在计算土压力时，第一层土压力按均质土计算，土压力分布如图 5.13（a）中所示的 $abe$ 部分；计算第二层土压力时，将第一层土按厚度换算成与第二层土相同的当量土层厚度 $H_1' = H_1\gamma_1/\gamma_2$，然后以 $(H_1' + H_2)$ 为墙高，按均质土计算土压力，但只在第二层土厚范围内有效，土压力分布如图 5.13（a）中的 $bcfd$ 部分所示。由于各层土的性质不同，各层土的土压力系数也不同。

当为黏性土时，挡土墙后主动土压力强度计算见式(5-37)、式(5-38)。

第一层土体：

$$E_{a0} = -2c_1\sqrt{K_{a1}} \qquad (5-37a)$$

$$E_{a1} = \gamma_1 H_1 K_{a1} - 2c_1\sqrt{K_{a1}} \qquad (5-37b)$$

第二层土体：

$$E_{a1}' = \gamma_1 H_1 K_{a2} - 2c_2\sqrt{K_{a2}} \qquad (5-38a)$$

$$E_{a2}' = (\gamma_1 H_1' + \gamma_2 H_2)K_{a2} - 2c_2\sqrt{K_{a2}} \qquad (5-38b)$$

当某层为无黏性土时，只需将该层土的黏聚力取为零即可。在两层土的交界处因上下土层土质不同，土压力大小亦不同，土压力强度分布出现突变，如图 5.13(b)、(c)所示。此时，作用在挡土墙上的主动土压力(图 5.13)由 3 部分组成，其计算见式(5-39)、式(5-40)。

$$E_a = E_{aH_1} + E_{aH_1H_2} + E_{aH_2} \qquad (5-39)$$

**图 5.13 挡土墙后有不同类的水平土层时的土压力分布**

其中，

$$\left. \begin{array}{l} E_{aH_1} = \dfrac{1}{2}\gamma_1 H_1^2 K_{a1} \\[2mm] E_{aH_1H_2} = \gamma_1 H_1 H_2 K_{a2} \\[2mm] E_{aH_2} = \dfrac{1}{2}\gamma_2 H_2^2 K_{a2} \end{array} \right\} \qquad (5-40)$$

设 $E_a$ 作用点到墙踵的垂直距离为 $y_a$，$E_{aH_1}$、$E_{aH_1H_2}$、$E_{aH_2}$ 的作用点到墙踵的垂直距离分别为 $y_1$、$y_2$、$y_3$，于是可得式（5-41）、式（5-42）。

$$y_a = \frac{E_{aH_1} \cdot y_1 + E_{aH_1H_2} \cdot y_2 + E_{aH_2} \cdot y_3}{E_a} \qquad (5-41)$$

其中，

$$\left. \begin{aligned} y_1 &= \frac{1}{3}H_1 + H_2 \\ y_2 &= \frac{1}{2}H_2 \\ y_3 &= \frac{1}{3}H_2 \end{aligned} \right\} \qquad (5-42)$$

**4. 墙后土体有地下水时的土压力计算**

挡土墙后土体常因排水不畅部分或全部处于地下水位以下，导致墙后土体含水量增加。黏性土随含水量的增加，抗剪强度降低，墙背土压力增大；无黏性土浸水后抗剪强度下降甚微，工程上一般忽略不计，即不考虑地下水对抗剪强度的影响。

（1）假定浸水后土体内摩擦角不变的土压力计算。

① 当墙后土体有地下水时，在地下水位以上挡土墙面上的总主动土压力计算见式（5-43）。

$$E_{aH_1} = \frac{1}{2}\gamma H_1^2 K_a \qquad (5-43)$$

计算地下水位以下的水压力、土压力，一般采用两种方法：一是水土分算法（即水压力、土压力分别计算，再相加）和水压力、土压力合算法。对于无黏性土利用有效应力原理按水压力、土压力分算原则计算。对于黏性土则采用水压力、土压力合算法，并取土的饱和重度计算总的水压力、土压力，即作用在墙背上总的侧向压力为土压力和水压力（计入地下水对挡土墙产生的静水压力）之和。图 5.14 中 $abdec$ 为土压力分布示意图，而 $cef$ 为水压力分布示意图。

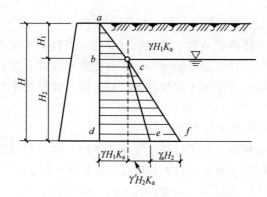

**图 5.14 墙后土体有地下水时的土压力分布示意图**

② 地下水位以下挡土墙受到的总主动土压力可按图 5.14 中矩形面积和三角形面积的叠加计算，即见式（5-44）。

$$E_{aH} = E_{aH_1H_2} + E_{aH_2} = \gamma H_1 H_2 K_a + \frac{1}{2}\gamma' H_2^2 K_a \qquad (5-44)$$

式中 $\gamma'$——地下水位以下土的重度，即浮重度。

于是，整个墙面上作用的总主动土压力见式（5-45）。

$$E_a = E_{aH_1} + E_{aH} = \frac{1}{2}\gamma H_1^2 K_a + \gamma H_1 H_2 K_a + \frac{1}{2}\gamma' H_2^2 K_a \qquad (5-45)$$

总主动土压力 $E_a$ 在挡土墙上的作用点到墙踵的垂直距离（高度）$y_a$，可根据力矩平衡的原理求得，即作用在挡土墙上的 3 部分土压力 $E_{aH_1}$、$E_{aH_1H_2}$ 和 $E_{aH_2}$ 对墙踵点的力矩之和等于作用在墙上的总土压力 $E_a$ 对墙踵点的力矩。

设 $E_a$ 作用点到墙踵的垂直距离为 $y_a$，$E_{aH_1}$、$E_{aH_1H_2}$、$E_{aH_2}$ 的作用点到墙踵的垂直距离分别为 $y_1$、$y_2$、$y_3$，于是可得式（5-46）。

$$y_a = \frac{E_{aH_1} \cdot y_1 + E_{aH_1H_2} \cdot y_2 + E_{aH_2} \cdot y_3}{E_a} \qquad (5-46)$$

其中，$y_1$、$y_2$、$y_3$ 的计算见式（5-47）。

$$\left.\begin{array}{l} y_1 = \dfrac{1}{3}H_1 + H_2 \\[2mm] y_2 = \dfrac{1}{2}H_2 \\[2mm] y_3 = \dfrac{1}{3}H_2 \end{array}\right\} \qquad (5-47)$$

③ 主动土压力 $E_a$ 与静水压力 $E_w$ 计算分别见式（5-48）、式（5-49）。

$$E_a = E_{aH_1} + E_{aH} = \frac{1}{2}\gamma H_1^2 K_a + \gamma H_1 H_2 K_a + \frac{1}{2}\gamma_0 H_2^2 K_a \qquad (5-48)$$

$$E_w = \frac{1}{2}\gamma_w H_2^2 \qquad (5-49)$$

式中 $\gamma_0$——填土的有效重度，$\gamma_0 = \gamma_{sat} - \gamma_w$；

$\gamma_{sat}$——土的饱和重度；

$\gamma_w$——水的重度。

（2）考虑浸水后土体内摩擦角降低的土压力计算。

因浸水使水位以下土体内摩擦角 $\varphi$ 降低，计算时，以计算水位为界，将填土分为上下两部分，按分层填土方法计算各部分的土压力。首先求水位以上部分填土的土压力，然后将上层填土重量作为均布荷载作用于水位以下部分土体，计算浸水部分的土压力，同时计算水压力。

（3）考虑动水压力作用的土压力计算。

当墙后为弱透水性填料时，由于墙外水位急剧下降，在填料内部将产生渗流，由此而引起动水压力 $E_d$，如图 5.15 所示，其大小按式（5-50）计算。

$$E_d = I_j S \gamma_w \qquad (5-50)$$

式中 $I_j$——降水曲线的平均坡度；

$S$——产生动水压力的浸水部分面积，可近似地取梯形 $abcd$ 的面积，即 $S = \dfrac{1}{2}(H_b^2 - H_b'^2)(\tan\theta - \tan\alpha)$。

**图 5.15 动水压力**

动水压力 $E_d$ 的作用点为 $S$ 的重心，其方向平行于 $I_j$。

透水性材料动水压力一般很小，可略而不计。

5. 有限范围土体的土压力计算

以上各种土压力计算式适用于墙后填料为均质体，并且滑动面能在填料范围内产生的情况。如果墙后存在着已知坡面或潜在滑动面，当其倾角大于由计算求得的滑动面的倾角时，墙后填料将沿着陡坡面（或滑动面）下滑，而不是沿计算滑动面下滑。此时作用在墙上的主动土压力分布如图 5.16 所示，其计算见式(5-51)。

(a)　　　　　　　　　　　(b)

**图 5.16 有限范围土体的主动土压力分布**

$$E_a = G\frac{\sin(\beta-\varphi)}{\cos(\psi-\beta)} \tag{5-51}$$

式中　$G$——土楔体及其上荷载；

　　　$\beta$——滑动面的倾角，即原地面的横坡或层面倾角；

　　　$\varphi$——土体与滑动面的摩擦角，当坡面无地下水，并按规定挖台阶填筑时，可采用土的内摩擦角；

　　　$\psi$——参数，$\psi=\varphi+\alpha+\delta$。

**6. 填土表面不规则时的土压力计算**

在工程中，常有填土表面不是单一的水平面或倾斜面，而是由两者组合而成的。可近似地分别按平面、倾斜面计算，再进行组合。如图 5.17 所示，墙背与实线所围成的图形为填土表面不规则时的土压力分布示意图。

(a) 先水平面，后倾斜面的填土　　(b) 先倾斜面，后水平面的填土　　(c) 先水平面，后倾斜面，再水平面的填土

**图 5.17　填土表面不规则时的土压力分布示意图**

**7. 折线形墙背面的土压力计算**

对折线形墙背，以墙背转折点或衡重台为界，分成上墙与下墙，分别按库仑土压力理论计算主动土压力，然后取两者的矢量和作为全墙的土压力。

计算上墙土压力时，不考虑下墙的影响，按俯斜墙背计算土压力。衡重式挡土墙的上墙，由于衡重台的存在，通常都将墙顶内缘和衡重台后缘的连线作为假想墙背，假想墙背与实际墙背间的土楔体与实际墙背一起移动。计算时先按墙背倾角 $\alpha$ 或假想墙背倾角 $\alpha'$ 是否大于第二破裂角 $\alpha_i$ 进行判断，如不出现第二滑动面，应以实际墙背或假想墙背为边界条件，按一般直线墙背库仑主动土压力计算；如出现第二滑动面，则按第二滑动面的主动土压力计算。

下墙土压力计算较复杂，目前普遍采用各种简化的计算方法，下面介绍两种常用的简化计算方法。

（1）延长墙背法。

如图 5.18 所示，在上墙土压力算出后，延长下墙墙背交于土体表面 $C$，以 $B'C$ 为假想墙背，根据延长墙背的边界条件，用相应的库仑公式计算土压力，并绘出墙背土压力分

**图 5.18　延长墙背法**

布图，从中截取下墙 $BB'$ 部分的土压力。将上下墙两部分土压力图叠加，即为全墙土压力。

这种方法存在着一定误差。第一，忽略了延长墙背与实际墙背之间的土楔体重及荷载，但考虑了在延长墙背和实际墙背上土压力方向不同而引起的垂直分力差，虽然两者能相互补偿，但未必能相互抵消。第二，绘制土压力图时假定上墙滑动面与下墙滑动面平行，但大多数情况下两者是不平行的，由此存在计算下墙土压力所引起的误差。以上误差一般偏于安全，由于此法计算简便，至今仍被广泛采用。

(2) 力多边形法。

在墙背土体处于极限平衡状态下，作用于破裂棱体上的诸力应构成矢量闭合的力多边形。在算得上墙土压力 $E_1$ 后，就可绘出下墙任一滑动面力多边形。利用力多边形来推求下墙土压力的方法，称为力多边形法。

各种边界条件下折线形墙背下墙土压力的力多边形法计算见有关设计手册。

**8. 倾斜墙背的土压力计算**

墙背面倾斜时的主动土压力可用库仑土压力理论计算，但在工程设计中常用计算简便的朗肯土压力理论，尤其是土体表面水平、墙背倾角较大的坦墙和 L 形墙，如图 5.19(a)和图 5.19(b)所示。当土体为黏性土时，用朗肯土压力公式较适合，计算方法如图 5.19(c)所示。

**图 5.19 倾斜墙背的土压力**

首先从墙踵 $B$ 点作竖直线 $A'B$，交于土体表面 $A'$ 点。假设 $A'B$ 为光滑面，作用在 $A'B$ 面上的主动土压力见式(5-52)。

$$E_a' = \frac{1}{2}\gamma H^2 K_a \tag{5-52}$$

然后计算 $A'B$ 与墙背面 $AB$ 之间的土重，其计算见式(5-52)。

$$W' = \frac{1}{2}\gamma H \cdot AA' = \frac{1}{2}\gamma H^2 c \cdot \tan\theta \tag{5-53}$$

式中 $\theta$——墙背面与水平面的夹角。

由 $E_a'$ 和 $W'$ 可以得到作用在 $AB$ 面上的主动土压力，其计算见式(5-54)。

$$E_a = \sqrt{E_a'^2 + W'^2} = \frac{1}{2}\frac{\gamma H^2}{\sin\theta}\sqrt{K_a^2\sin^2\theta + \cos^2\theta} \tag{5-54}$$

**9. 开挖情况的挡土墙土压力计算**

在天然地基、天然土坡及老土体中开挖建造挡土墙，若开挖面较陡，墙后土体受到限制而不可能出现库仑土压力理论的滑动面时，则不能用前述公式计算作用在墙背上的土压力。如图5.20所示，应当考虑开挖线内滑动土体的平衡条件，用力多边形法计算作用在墙背上的土压力。同时，再假定土体性质与开挖线以下的老土体性质相同，用前述公式计算土压力，取两者中的较大值；如果开挖面较缓，未限制土体中出现在库仑土压力理论的滑动面，就按假定土体的性质计算土压力。

**图 5.20  开挖情况的挡土墙土压力分布示意图**

**【例 5.2】** 已知某挡土墙高 $H=6\text{m}$，墙背竖直光滑，土体表面水平且有均布荷载 $q=10\text{kN/m}^2$，墙后土体重度 $\gamma=1.8\text{kN/m}^3$，内摩擦角 $\varphi=30°$，黏聚力 $c=0$，试求挡土墙的主动土压力 $E_a$，并绘出主动土压力分布示意图。

**解：** 将地面均布荷载换算成土体的当量土层厚度：

$$h=\frac{10}{18}\approx0.556(\text{m})$$

土体表面处的土压力强度：

$$E_{a1}=\gamma h K_a=q K_a=10\times\tan^2\left(45°-\frac{30°}{2}\right)\approx3.33(\text{kPa})$$

墙底处的土压力强度：

$$E_{a2}=\gamma(h+H)K_a=(q+\gamma H)\tan^2\left(45°-\frac{\varphi}{2}\right)$$

$$=(10+18\times6)\times\tan^2\left(45°-\frac{30°}{2}\right)\approx39.33\ (\text{kPa})$$

总主动土压力：

$$E_a=(E_{a1}+E_{a2})\frac{H}{2}=(3.33+39.33)\times\frac{6}{2}=127.98(\text{kN})$$

主动土压力作用点位置：

$$y=\frac{H}{3}\frac{2E_{a1}+E_{a2}}{E_{a1}+E_{a2}}=\frac{6}{3}\times\frac{2\times3.33+39.33}{3.33+39.33}\approx2.16(\text{m})$$

主动土压力分布示意图如图5.21所示。

**【例 5.3】** 已知某挡土墙高 $H=6\text{m}$，墙背竖直光滑，土体表面水平，共分两层。各层土的物理力学指标如图5.22（a）所示，试求总主动土压力 $E_a$，并绘出总主动土压力的分布示意图。

**解：** 第一层土体的土压力强度：

图 5.21　例 5.2 主动土压力分布示意图

图 5.22　例 5.3 总主动土压力分布示意图

$$E_{a01} = -2c_1 K_a = 0$$

$$E_{a1} = \gamma_1 H_1 K_a - 2c_1 \sqrt{K_{a1}} = 17 \times 2.5 \times \tan^2\left(45° - \frac{34°}{2}\right) \approx 12.02(\text{kPa})$$

第二层土体的土压力强度：

$$E_{a02} = \gamma_1 H_1 K_a - 2c_2 \sqrt{K_{a2}}$$

$$= 17 \times 2.5 \times \tan^2\left(45° - \frac{18°}{2}\right) - 2 \times 10 \times \tan\left(45° - \frac{18°}{2}\right) \approx 7.90(\text{kPa})$$

$$E_{a2} = (\gamma_1 H_1 + \gamma_2 H_2)K_a - 2c_2 \sqrt{K_{a2}}$$

$$= (17 \times 2.5 + 18 \times 3.5)\tan^2\left(45° - \frac{18°}{2}\right) - 2 \times 10 \times \tan\left(45° - \frac{18°}{2}\right) \approx 41.16 \ (\text{kPa})$$

总主动土压力 $E_a$：

$$E_a = 12.02 \times 2.5/2 + (7.90 + 41.16) \times \frac{3.5}{2} \approx 100.88 \ (\text{kPa})$$

总主动土压力分布示意图如图 5.22（b）所示。

## 5.1.4　动土压力

　　地震作用下的挡土墙上的土压力称为动土压力。由于地震时的动力作用，墙背上的动土压力不论其大小及分布都与无地震时的静土压力不同。动土压力的确定不仅与地震强度有关，而且与地基土性质、挡土墙与墙后填土的动力特性有关，是一个比较复杂的问题。工程实践中现有的方法仍以拟静力法进行动土压力计算。通常是以静力库仑土压力理论为基础，考虑竖向和水平向地震加速度的影响，对库仑土压力理论进行修正。

（1）设最不利竖向加速度为 $a_v$、水平加速度为 $a_h$；水平地震系数为 $K_h = a_h/g$、水平惯性力为 $W \cdot K_h$；垂直地震系数为 $K_v = a_v/g$、垂直惯性力为 $W \cdot K_v$。

（2）虚拟自重 $W'$（两个惯性力分量与重力的合力）。

如图 5.23 所示，虚拟自重的计算见式（5-55）～式（5-57）。

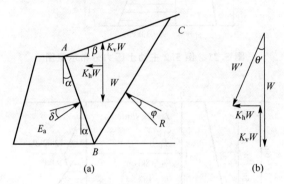

**图 5.23 虚拟自重**

$$W' = (1-K_v)W\sec\theta' = (1-K_v)\gamma A\sec\theta' = \gamma'A \qquad (5-55)$$

$$\theta' = \tan^{-1}\left(\frac{K_h}{1-K_v}\right) \qquad (5-56)$$

$$\gamma' = (1-K_v)\gamma\sec\theta' \qquad (5-57)$$

式中　$\theta'$——地震角，为虚拟自重方向与竖直向的夹角；

为方便计算，在挡土墙设计中，一般只考虑水平地震力，竖向地震力因影响小，可略去不计。则作用于破裂棱体与挡土墙重心上的最大水平地震力 $P_s$ 和地震角 $\theta'$ 可按式（5-58）、式（5-59）计算。

$$P_s = C_z W K_h \qquad (5-58)$$

$$\theta' = \arctan C_z K_h \qquad (5-59)$$

式中　$C_z$——综合影响系数，表示实际建筑物的地震反应与理论计算间的差异，取 $C_z = 0.25$；

　　$K_h$——水平地震系数，为地震时地面最大水平加速度的统计平均值与重力加速度的比值，见表5-7；

　　$W$——破裂棱体与挡土墙的重量。

**表 5-7 水平地震系数**

| 抗震设防烈度 | 水平地震系数 $K_h$ |
|:---:|:---:|
| 7 | 0.1 |
| 8 | 0.2 |
| 9 | 0.4 |

假设地震作用下，土的内摩擦角、墙背面与填土的摩擦角不变，则墙后滑动土体的力平衡关系如图5.24所示。

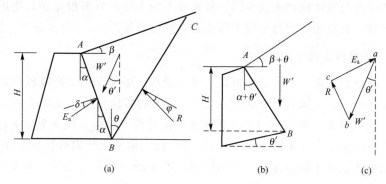

**图5.24 墙后土体的力多边形**

为了使地震作用的合力为竖直向，将图5.24(a)逆时针旋转$\theta'$角则为图5.24(b)，由于这种旋转并未改变平衡力系，因此不会改变主动动土压力的计算。但是，原挡土墙的边界条件参数发生了变化［式(5-60)］。

$$\left.\begin{array}{l} \beta'=\beta+\theta' \\ \alpha'=\alpha+\theta' \\ H'=AB\cos(\alpha+\theta')=H\dfrac{\cos(\alpha+\theta')}{\cos\alpha} \end{array}\right\} \qquad (5-60)$$

把上述边界条件参数及修正后重度$\gamma'$代入库仑土压力公式，得到地震作用下动土压力$E_a$［式(5-61)］。

$$E_a=(1-K_v)\frac{\gamma H^2}{2}K_{a\theta} \qquad (5-61)$$

其中，$K_{a\theta}$的计算见式(5-62)。

$$K_{a\theta}=\frac{\cos^2(\varphi-\alpha-\theta')}{\cos\theta'\cdot\cos^2(\alpha+\theta')\cdot\cos(\alpha+\theta'+\delta)\left[1+\sqrt{\dfrac{\sin(\varphi+\delta)\cdot\sin(\varphi-\beta-\theta')}{\cos(\alpha+\theta'+\delta)\cdot\cos(\alpha+\beta)}}\right]^2}$$

$$(5-62)$$

从图5.24(c)可以看出，当用$\gamma'$、$\beta'$、$\alpha'$取代$\gamma$、$\beta$、$\alpha$值时，地震作用下的力三角形$abc$与图5.6中一般情况下的力三角形$abc$完全相似，因此可直接采用库仑土压力公式来求算动土压力。

各种边界条件下的动土压力均可用$\gamma'$、$\beta'$、$\alpha'$取代$\gamma$、$\beta$、$\alpha$而按一般数解公式求算。必须指出，这种方法仅仅是利用原有公式来求解的计算过程，而动土压力$E_a$的作用方向仍应按实际墙背摩擦角$\delta$决定，在计算$E_x$和$E_y$时，仍采用$\delta$。

## 5.1.5 板桩墙及支撑板上的土压力

板桩墙在工程中的用途与其他形式的挡土墙相同，但是它们的受力与稳定状况又不同。首先，板桩墙是由一排质量不大的板桩打入土中所组成的，墙身自重小，与作用在其上的土压力相比可以忽略不计；其次，板桩墙是柔性的，在土压力作用下能产生侧向弯曲变形，其变形量常常足以使墙后及墙前的填土达到主动极限平衡状态或被动极限平衡状态；最后，板桩墙的弯曲变形随板桩墙的入土深度和结构形式而异。由于这些特点，板桩墙上的土压力分布与刚性的挡土墙不同。板桩墙上的土压力分布很复杂，实用上没有简单的理论公式计算，目前仍用朗肯土压力理论加以修正计算。

1. 悬臂式板桩墙上的土压力计算

悬臂式板桩墙只靠埋入土中的板桩部分维持稳定，适用于挡土高度较低的情况。当具有足够的入土深度时，一般将产生如图 5.25(a) 所示的弯曲变形。从图中可以看出，在拐点 $C$ 以上发生向前弯曲，而在 $C$ 点以下则发生向后弯曲。根据这些变形情况，悬臂式板桩墙上 $AC$ 段墙后的土压力按主动土压力计算，$BC$ 段墙前的土压力按被动土压力计算，$CD$ 段墙后的土压力按被动土压力计算，墙前则按主动土压力计算，土压力分布如图 5.25(b) 所示。

需注意的是，对于这种变形情况，悬臂式板桩墙后填土达到主动极限平衡状态时未必能使墙前达到被动极限平衡状态。为安全起见，常将被动土压力按计算值折减一半，即取安全系数为 2。同时，为进一步简化计算，目前常将 $CD$ 段的两侧土压力相减后以集中力 $p_{p2}$ 作用在 $C$ 点，因此，悬臂式板桩墙的最后受力状态如图 5.25(c) 所示。有了土压力的分布，即可根据力矩平衡条件，确定板桩的入土深度 $d_1$ 及其跨中弯矩和相应的断面。应该指出，在实际工程中，常将计算得到的 $d_1$ 值增大 20% 作为板桩实际的入土深度 $d$，以考虑 $CD$ 段上的土压力作为集中力 $p_{p2}$ 处的影响。

(a) 弯曲变形          (b) 土压力分布          (c) 受力状态

**图 5.25　悬臂式板桩墙上的土压力**

2. 锚着板桩墙上的土压力计算

若板桩墙上端设置有锚着拉杆，由拉杆与埋入土中部分共同来维持稳定，称为锚着式板桩墙。根据入土深度的深浅而产生不同的变形，可分为自由端板桩和固定端板桩两种计算形式。

自由端板桩墙是指板桩入土深度较浅，板桩墙的弯曲变形与上端未固定的简支梁相似，如图 5.26(a) 所示。此时墙后填土足以达到主动极限平衡状态，因此墙 $AD$ 段按主动土压力计算。而墙前的侧向土压力，过去一般采用被动土压力计算值的一半，即取安全系数为 2。现在一般认为，由于自由端板桩的入土深度较浅，在墙后主动土压力作用下有可能产生向前移动，并绕锚着点转动的趋势，其变形量可以达到被动极限平衡状态，因此应按被动土压力计算。综上所述，自由端板桩墙上的土压力分布如图 5.26(b)所示。自由端板桩墙上的土压力分布图确定以后，即可将板桩视为支承在锚着点 $A$ 和底端 $D$ 上的简支梁进行计算，以求得板桩的入土深度、最大弯矩和锚杆拉力等。

图 5.26　自由端板桩墙的弯曲变形和土压力分布

　　固定端板桩墙是指板桩的入土深度较深，足以使板桩下端产生如图 5.27(a)所示的弯曲变形。从变形曲线可以看出，$C$ 点相当于变形为零的拐弯点，而在 $D$ 点以下某一深度处板桩墙不发生弯曲变形，如同嵌固点，因此称这种板桩墙为固定端板桩墙。

　　根据固定端板桩墙变形的特点，在墙后 $C$ 点以上的土压力按主动土压力计算，在 $C$ 点以下的土压力按被动土压力计算。而在墙前 $C$ 点以上的土压力按被动土压力计算，$C$ 点以下的土压力按主动土压力计算。墙上土压力的分布如图 5.27(b)所示。为了简化计算，将板桩墙两侧的土压力相消后，取两个大小相等、方向相反的压力 $\Delta p$ 加在板桩墙下部的两侧，如图 5.27(b)中的阴影面积所示，并且将下部右侧的两部分土压力用一个集中力 $p_{bd}$ 作用在 $D_1$ 点来代替，最后成为图 5.27(c)所示的实用土压力计算图形。

图 5.27　固定端板桩墙的弯曲变形、土压力分布及实用土压力计算图形

### 3. 开挖支承上的土压力计算

　　在工程建设中常需要开挖土方，挖方的边坡要保持稳定，有时要做成有暂时支承的直立边坡。深挖方支承的形式如图 5.28 所示，图 5.28(a)用挡土板和横撑构成，图 5.28(b)用板桩和横撑构成。随着开挖深度的增大，横撑可分次设置。在设置最上一道横撑时，开挖引起的土体位移很小，但在设置以下的横撑时，由于开挖深度大，土体产生的位移增大，这种移动使挡土板或板桩上的土压力接近抛物线分布，其最大土压力约分布在挖方的半高处。在这种情况下，若按挡土墙后土压力理论计算，土压力将随深度直线增大，由此引起邻近横撑所承受的压力增大，而使整个支承逐渐破坏，这不同于挡土墙整体丧失稳定。因此，各个横撑必

须根据可能作用的最大压力设计。实测的支承上的土压力分布形状随土体的性质和支承施工方法而异，横撑上可能作用的最大压力是根据所有实测土压力分布曲线所绘的包线确定的。

(a) 挡土板和横撑              (b) 板桩和横撑

图 5.28　深挖方支承的形式

图 5.29(a)是太沙基和派克根据开挖支承实测和模型试验结果给出的支承上的土压力分布包络线。对于砂土，如图 5.29(b)所示，其中的土压力为均匀分布，为 $0.65\gamma H K_a$。对于 $\gamma H/c_\mu > 6$ 的黏性土，如图 5.29(c)所示，在接近极限平衡时土压力的最大值为 $(\gamma H - 4mc_\mu)$，$m$ 通常为 1。但是在软黏土中深开挖时，坑底的软土可流入坑内，$m$ 值要小得多，建议用 0.4。对于 $\gamma H/c_\mu < 4$ 的黏性土，如图 5.29(d)所示，土压力的最大值为 $(0.2 \sim 0.4)\gamma H$。对于 $\gamma H/c_\mu = 4 \sim 6$ 的情况，可取图 5.29(c)和图 5.29(d)之间的数值。

(a) 开挖支承     (b) 砂土     (c) $\gamma H/c_\mu > 6$ 的黏性土     (d) $\gamma H/c_\mu < 4$ 的黏性土

图 5.29　各种土体支承上的土压力分布包络线

## 5.1.6　涵洞上的土压力

涵洞上的土压力，因埋设方式不同而采用不同的计算方法。埋设方式有沟埋式和上埋式两种，如图 5.30 所示。

### 1. 沟埋式涵洞上的土压力

沟埋式是在天然地基或老填土中挖沟，将涵洞放在沟底，在其上填土。设开挖一条宽度为 $2B$ 的沟，如图 5.31 所示，填土面上有均布荷载 $q$。由于填土压缩下沉与沟壁发生摩擦，一部分填土和荷载的重力将传至两侧的沟壁上，使填土及荷载的自重减轻，这种现象称为填土中的拱作用。

图 5.30 涵管埋设的方式

图 5.31 埋设式涵洞

涵洞顶上的竖向压力为式(5-63)。

$$\sigma_z = \frac{B\left(\gamma - \dfrac{c}{B}\right)}{K\tan\varphi}(1 - e^{-K\frac{H}{B}\tan\varphi}) + q e^{-K\frac{H}{B}\tan\varphi} \qquad (5-63)$$

式中  $K$——土压力系数，一般采用静止土压力系数；

$\gamma$——沟中填土的重度；

$c$，$\varphi$——填土与沟壁之间的黏聚力和内摩擦角。

作用在涵洞顶上的总压力为式(5-64)。

$$W = \sigma_z D \qquad (5-64)$$

但填土经过长时间的压缩后，沟壁摩擦作用将消失，涵洞顶上所受到的由填土重力引起的总压力将增大为式(5-65)。

$$W = \gamma H D \qquad (5-65)$$

作用在涵洞侧壁的水平方向压力与竖向压力成正比，为式(5-66)。

$$\sigma_x = K\sigma_z = \frac{B\left(\gamma - \dfrac{c}{B}\right)}{\tan\varphi}(1 - e^{-K\frac{z}{B}\tan\varphi}) + K q e^{-K\frac{z}{B}\tan\varphi} \qquad (5-66)$$

但如果在软土地基上用沟埋式建造涵洞，为防止不均匀沉降而采用桩基础时，则要按上埋式计算作用在涵洞上的土压力。

2. 上埋式涵洞上的土压力

将涵洞放在天然地基上再填土，由于涵洞顶上的填土与两侧土之间的沉降不同，涵洞上的填土受到向下的剪切力，因此，作用在涵洞顶上的竖向压力为填土重力与该剪切力之和，计算为式(5-67)。

$$\sigma_z = \frac{D\left(\gamma + \dfrac{2c}{D}\right)}{2K\tan\varphi}(e^{2K\frac{H}{D}\tan\varphi} - 1) + q e^{2K\frac{H}{D}\tan\varphi} \qquad (5-67)$$

作用在涵洞顶上的总压力为式(5-68)

$$W = \sigma_x D \qquad (5-68)$$

作用在涵洞壁的水平方向压力与竖向压力成正比，为式(5-69)。

$$\sigma_x = k\sigma_z \frac{D\left(\gamma + \dfrac{2c}{D}\right)}{2\tan\varphi}(e^{2K\frac{z}{D}\tan\varphi} - 1)Kqe^{2K\frac{z}{D}\tan\varphi} \tag{5-69}$$

式(5-67)和式(5-69)适用于涵洞顶上填土厚度小的情况。若填土厚度较大，在上层某一深度内涵洞顶上的填土与周围的填土相对沉降很小（可以忽略不计），该深度处成为等沉降面，如图5.32所示。在等沉降面以下的填土才有相对沉降，从而产生剪切力。设产生相对沉降的土层厚度为 $H$，则作用在涵洞上的竖向压力与水平方向压力分别为式(5-70)、式(5-71)。

**图5.32 上埋式涵洞上的等沉降面**

$$\sigma_z = \frac{D\left(\gamma + \dfrac{2c}{D}\right)}{2K\tan\varphi}(e^{2K\frac{H_e}{D}\tan\varphi} - 1) + [q + \gamma(H - H_e)]e^{2K\frac{H}{D}\tan\varphi} \tag{5-70}$$

$$\sigma_x = \frac{D\left(\gamma + \dfrac{2c}{D}\right)}{2\tan\varphi}(e^{2K\frac{z}{D}\tan\varphi} - 1) + K[q + \gamma(H - H_e)]e^{2K\frac{z}{D}\tan\varphi} \tag{5-71}$$

$H_e$ 的计算为式(5-72)。

$$e^{2K\frac{H_e}{D}} - 2K\frac{H_e}{D}\tan\varphi = (2K\rho\tan\varphi)\gamma_{sd} + 1 \tag{5-72}$$

式中  $\gamma_{sd}$——实验系数，也称为沉降比，一般的土取0.75，压缩性大的土取0.5；

$\rho$——突出比，等于放涵洞的地面至洞顶的距离 $H'$ 除以涵洞的外径 $D$。

**【例5.4】** 已知一涵洞外径为1m，填土为砂土，重度 $\gamma = 17.6 \text{kN/m}^3$，内摩擦角为30°，涵洞顶上的填土厚度 $H = 3\text{m}$，设沟宽 $2B = 1.6\text{m}$，计算施工时作用在沟埋式涵洞顶上的土压力。

**解：** 沟埋式涵洞顶上的竖向压力：

$$\sigma_z = \frac{B\left(\gamma - \dfrac{C}{B}\right)}{K\tan\varphi}(1 - e^{-K\frac{z}{B}\tan\varphi}) = \frac{0.8 \times 17.6}{0.33 \times \tan30°}(1 - e^{-0.33 \times \frac{3}{0.8} \times \tan30°}) \approx 37.8 \text{ (kPa)}$$

作用在涵洞顶上的总压力：

$$W = \sigma_z D = 37.8 \times 1 = 37.8 (\text{kN/m})$$

## 5.2 静水压力及流水压力

静水压力是指静止液体对其接触面产生的压力，在建造水闸、堤坝、桥墩、围堰和码头等工程时，必须考虑水在结构物表面产生的静水压力。为了计算作用于某一面积上的静水压力，需要了解静水压强的特征及分布规律。

静水压强具有两个特征：一是静水压强指向作用面内部并垂直于作用面；二是静止液体中任一点处各方向的静水压强都相等，与作用面的方位无关。

静止液体任一点的静水压强由两部分组成：一部分是液体表面压强，另一部分是液体内部压强。在重力作用下，静止液体中任一点的静水压强 $p$ 等于液体表面压强 $p_0$ 加上该点在液面以下深度 $h$ 与液体重度 $\gamma$ 的乘积，即任一点静水压强可用静止液体的基本方程表示，即式(5-73)。

$$p = p_0 + \gamma h \qquad (5-73)$$

式(5-73)说明静止液体中某点的静水压强 $p$ 与该点在液面以下的深度成正比。

一般情况下，液体表面与大气接触，其压强 $p_0$ 即为大气压。由于液体性质受大气压影响不大，水面及挡水结构周围都有大气压作用，处于相互平衡状态，在确定液体压强时常以大气压为基准。以大气压为基准起算的压强称为相对压强，工程中计算静水压强时，只考虑相对压强。液体内部任一点的静水压强与深度成正比，可表示为式(5-74)。

$$p = \gamma h \qquad (5-74)$$

式中　$p$——液体内部任一点的静水压强；

　　　$h$——计算点到水面的距离；

　　　$\gamma$——水的重度。

静水压力随水深按比例增加且与水深成线性关系，总是作用在结构表面的法线方向，静水压力分布与受压面形状有关。图5.33列出了常见的受压面的静水压力分布。

(a) 受压面为垂直平面　　(b)受压面为内折平面　　(c)受压面为外折平面　　(d)受压面为曲线平面

**图5.33　常见受压面的静水压力分布**

流水压力

1. 流体流动特征

在某等速平面流场中，流线是一组互相平行的水平线，若在流场中放置一个固定的圆柱体，如图 5.34 所示，则流线在接近圆柱体时流动受阻，流速减小，水压增大。在到达圆柱体表面时，流线流速为零，水压达到最大；随后从 $a$ 点开始形成边界层内流动，即继续流来的流体质点在 $a$ 点较高压强作用下，改变原来流动方向沿圆柱面两侧向前流动；在圆柱面 $ab$ 区段，柱面弯曲导致该区段流线密集，边界层内流动处于加速减压状态。过 $b$ 点后流线扩散，边界层内流动呈现相反势态，处于减速加压状态。过 $c$ 点后继续流来的流体质点脱离边界向前流动，出现边界层分离现象。边界层分离后，$c$ 点下游水压较低，必有新的流体反向回流，出现漩涡区，如图 5.35 所示。边界层分离现象及漩涡区的产生，在流体流动中遇到河流、渠道截面突然改变，或遇到闸阀、桥墩等结构时是常见的现象。

**图 5.34 流场中放置一个固定圆柱体的流线**

(a) 截面突变          (b) 遇到桥墩

**图 5.35 漩涡区的产生**

流体在桥墩边界层出现分离现象，桥墩还会受到绕流阻力的作用。绕流阻力是结构在流场中受到流动方向上的流体阻力，由摩擦阻力和压强阻力两部分组成。压强阻力是当边界层出现分离现象且漩涡区面积较大时，迎水面的高压区与背水面的低压区的压力差形成的。根据试验结果，绕流阻力可由式（5-75）计算。

$$P = C_\mathrm{D} \frac{\rho v^2}{2} A \tag{5-75}$$

式中　$v$——流体的来流速度；

　　　$A$——绕流物体在垂直于来流方向上的投影面积；

　　　$C_\mathrm{D}$——绕流阻力系数，主要与结构形状有关；

　　　$\rho$——流体密度。

为减小绕流阻力，在实际工程中，常将桥墩、闸墩设计成流线型，以缩小边界层分离区。

#### 2. 桥墩流水压力的计算

位于流水中的桥墩，其上游迎水面受到流水压力作用。流水压力的大小与桥墩平面形状、墩台表面粗糙度、水流速度和水流形态等因素有关。因此，桥墩迎水面水流单元体的水压强 $p$ 见式(5-76)。

$$p=\frac{\rho v^2}{2}=\frac{\gamma v^2}{2g} \tag{5-76}$$

式中  $v$——水流未受桥墩影响时的流速，则水流单元体所具有的动能为 $\rho v^2/2$；

  $\rho$——水的密度，$\rho=\gamma/g$，$\gamma$ 为水的重度。

若桥墩迎水面受阻面积为 $A$，再考虑引入墩台平面形状系数 $C$，桥墩上的流水压力按式(5-77)计算。

$$P=CA\frac{\gamma v^2}{2g} \tag{5-77}$$

式中  $P$——作用在桥墩上的流水压力；

  $\gamma$——水的重度；

  $v$——设计流速；

  $A$——桥墩阻力面积，一般算至冲刷线处；

  $g$——重力加速度，取 $9.8\text{m/s}^2$；

  $C$——由试验测得的墩台平面形状系数，按表5-8取用。

表5-8 墩台平面形状系数 $C$

| 墩台形状 | $C$ | 墩台形状 | $C$ | 墩台形状 | $C$ |
|---|---|---|---|---|---|
| 方形 | 1.5 | 矩形(长边与水流平行) | 1.3 | 圆形 | 0.8 |
| 尖端形 | 0.7 | 圆端形 | 0.6 | — | — |

水流流速随深度呈曲线变化，河床底面处流速接近于零。为了简化计算，流水压力的分布可近似取为倒三角形，故流水压力着力点位置取在设计水位以下1/3水深处。

## 5.3 波浪荷载

### 5.3.1 波浪特性

波浪是液体自由表面在外力作用下产生的周期性起伏波动，它是液体质点振动的传播现象。

不同的干扰力作用于液体表面所形成的波流形态和特性不同，可分为如下3种波。

① 风成波，是由风力引起的波浪。

② 潮汐波，是由太阳和月球引力引起的波浪。

③ 船行波，是由船舶航行引起的波浪。

风成波对港口建筑和水工构筑物影响最大，是工程设计主要考虑的内容。风成波分为强制波（在风力直接作用下，静水表面形成的波）和自由波（风力渐止后，依靠其惯性力和重力的作用继续运动的波）。

从自由波的外形看又分为推进波（波是向前推进的）和驻波（波不再向前推进）。

从水域底部对波浪运动的影响来看又分为深水波（水域底部对波浪运动的形成无影响）和浅水波（水域底部对波浪运动的形成有影响）。

描述波浪运动性质及形态的要素如图 5.36 所示。

**图 5.36 描述波浪运动性质及形态的要素**

① 波峰，是波浪在静水面以上的部分，它的最高点称为波顶。

② 波谷，是波浪在静水面以下的部分，它的最低点称为波底。

③ 波高，也称浪高，是波顶与波底之间的垂直距离，用 $H$ 表示。

④ 波长，是两个相邻的波顶（或波底）之间的水平距离，用 $L$ 表示。

⑤ 波陡，是波高和波长的比值，用 $H/L$ 表示。

⑥ 波周期，是波顶向前推进一个波长所需的时间，用 $T$ 表示。

⑦ 超高，是波浪中心线（平分波高的水平线）到静水面的垂直距离，用 $h_s$ 表示。

在深水区，当水深 $d$ 大于半个波长（$d > L/2$）时，波浪运动就不再受水域底部摩擦阻力影响，底部水质点几乎不动，处于相对宁静状态，这种波浪被称为深水推进波。

当波浪推进到浅水地带，水深小于半个波长（$d < L/2$）时，水域底部对波浪运动产生摩阻作用，底部水质点前后摆动，这种波浪被称为浅水推进波。

波浪形成后，会沿着力的方向向前推进。当波浪向岸边推进时，水深不断减小，受水底的摩擦阻力作用，其波长和波速都比深水区略有缩减，波高有所增大，波陡比深水区大。一旦波陡增大到波峰不能保持平衡时，波峰就会发生破碎，波峰破碎处的水深称临界水深，用 $d_c$ 表示。波峰破碎区域位于一个相当长的范围内，这个区域被称为波浪破碎带。由于波峰破碎后波能消耗较多，当重新组成新的波浪向前推进时，其波长、波高均比原波显著减小。但破碎后的新波仍含有较多能量，继续推进，到一定临界水深后有可能再度破碎，甚至几度破碎，随着水域深度逐渐变浅，波浪受水域底部摩擦阻力影响加大，表层波浪传播速度大于底层，波高有所增大，波谷变得缓而长，并逐渐形成一股水流向前推移，而底层则产生回流，形成击岸波。击岸波冲击岸滩或建筑物（构筑物）后，水流顺岸滩上涌，波形不再存在，水流上涌一定高度后回流大海，这个区域称为上涌带。图 5.37 所示为波浪推进过程的示意图。

击岸波形成的冲击水流会对岸边的水工建筑产生冲击作用，产生波浪荷载。

**图 5.37 波浪推进过程的示意图**

## 5.3.2 波浪荷载的计算

波浪荷载不仅与波浪本身的特征有关,还与建筑形式和水底坡度有关。作用于直墙式构筑物(图 5.38)上的波浪一般分为立波、远堤破碎波和近堤破碎波 3 种波态。

**图 5.38 直墙式构筑物**

① 立波,是原始推进波冲击垂直墙面后与反射波互相叠加形成的一种干涉波。

② 远堤破碎波,是在距直墙半个波长以外发生破碎的波。

③ 近堤破碎波,是在距直墙半个波长范围内发生破碎的波。

在工程设计时,应根据基床类型(抛石明基床或暗基床)、水底坡度 $i$、波高 $H$ 及墙前水深 $d$、基床水深 $d_1$ 判别波态(表 5-9),进行波浪作用力的计算。

**表 5-9 直墙式构筑物的波态**

| 基床类型 | 产生条件 | 波态 |
| --- | --- | --- |
| 暗基床和低基床($d_1/d > 2/3$) | $d \geqslant 2H$ | 立波 |
| | $D < 2H,\ i \leqslant 1/10$ | 远堤破碎波 |
| 中基床($2/3 \geqslant d_1/d > 1/3$) | $d_1 \geqslant 1.8H$ | 立波 |
| | $d_1 < 1.8H$ | 近堤破碎波 |
| 高基床($d_1/d \leqslant 1/3$) | $d_1 \geqslant 1.5H$ | 立波 |
| | $d_1 < 1.5H$ | 近堤破碎波 |

1. 立波作用力

波浪遇到直墙反射后，形成波高 $2H$、波长 $L$ 的立波。假定立波的波浪压力强度沿水深按直线分布，当 $d/L=0.139\sim0.2$ 和 $H/L\geqslant1/30$ 时，可按下面的方法计算直墙各转折点波浪压力强度，再将各点用直线相连，即得直墙上立波的波浪压力强度分布。

（1）波峰作用时立波作用力（图 5.39）。

**图 5.39　波峰作用时立波作用力**

① 水底处波浪压力强度 $p_d$，其计算见式（5 - 78）。

$$p_d = \frac{\gamma H}{\operatorname{ch}\dfrac{2\pi d}{L}} \qquad (5-78)$$

式中　$\gamma$——水的重度。

② 静水面以上高度 $H+h_s$ 处的波浪压力强度为零。

③ 静水面处波浪压力强度 $p_s$ 见式（5 - 79）。

$$p_s = (p_d + \gamma d)\left(\frac{H+h_s}{d+H+h_s}\right) \qquad (5-79)$$

超高 $h_s$ 的计算见式（5 - 80）。

$$h_s = \frac{\pi H^2}{L}\operatorname{cth}\frac{2\pi d}{L} \qquad (5-80)$$

④ 墙底处波浪压力强度 $p_b$ 见式（5 - 81）。

$$p_b = p_s - (p_s - p_d)\frac{d_1}{d} \qquad (5-81)$$

⑤ 单位长度直墙上总波浪力 $P$ 见式（5 - 82）。

$$P = \frac{(H+h_s+d_1)(p_b+\gamma d_1)}{2} - \gamma d_1^2 \qquad (5-82)$$

⑥ 墙底波浪浮托力 $P_u$ 见式（5 - 83）。

$$P_u = \frac{b p_b}{2} \qquad (5-83)$$

（2）波谷作用时的立波作用力（图 5.40）。

① 水底处波浪压力强度 $p'_d$ 见式（5 - 84）。

**图 5.40 波谷作用时的立波作用力**

$$p'_d = \frac{\gamma H}{\mathrm{ch}\dfrac{2\pi d}{L}} \tag{5-84}$$

② 静水面处波浪压力强度为零。

③ 静水面以下 $H-h_s$ 处波浪压力强度 $p'_s$ 见式(5-85)。

$$p'_s = \gamma(H-h_s) \tag{5-85}$$

④ 墙底波浪压力强度 $p'_b$ 见式(5-86)。

$$p'_b = p'_s - (p'_s - p'_d)\frac{d_1 + h_s - H}{d + h_s - H} \tag{5-86}$$

⑤ 单位长度直墙上总波浪压力 $P'$ 见式(5-87)。

$$P' = \frac{\gamma d_1^2 - (d_1 + h_s - H)(rd_1 - p'_b)}{2} \tag{5-87}$$

⑥ 单位长度墙底面上方向向下的波浪力 $P'_u$ 见式(5-88)。

$$P'_u = \frac{b p'_b}{2} \tag{5-88}$$

当相对水深 $d/L > 0.2$ 时,采用简化方法计算出的波峰立波压力强度将显著偏大,故应采取其他方法确定。

**2. 远堤破碎波作用力**

远堤破碎波不仅与波高有关,而且与波陡、水底坡度有关,波陡越小或水底坡度越陡,波压力越大。

(1) 正向波波峰作用时的波浪力 (图 5.41)。

① 静水面以上高度 $H$ 处波浪压力强度为零。

② 静水面处的波浪压力强度 $p_s$ 见式(5-89)。

$$p_s = \gamma K_1 K_2 H \tag{5-89}$$

式中  $K_1$——水底坡度 $i$ 的函数,按表 5-10 取用;

$K_2$——坡坦 $L/H$ 的函数,按表 5-11 取用。

**图 5.41  正向波波峰作用时的波浪力**

**表 5 - 10  $K_1$ 取值**

| 水底坡度 $i$ | $K_1$ 值 | 水底坡度 $i$ | $K_1$ 值 | 水底坡度 $i$ | $K_1$ 值 | 水底坡度 $i$ | $K_1$ 值 | 水底坡度 $i$ | $K_1$ 值 | 水底坡度 $i$ | $K_1$ 值 | 水底坡度 $i$ | $K_1$ 值 |
|---|---|---|---|---|---|---|---|---|---|---|---|---|---|
| 1/10 | 1.89 | 1/25 | 1.54 | 1/40 | 1.40 | 1/50 | 1.37 | 1/60 | 1.33 | 1/80 | 1.29 | 1/100 | 1.25 |

**表 5 - 11  $K_2$ 取值**

| 坡坦 $L/H$ | 14 | 15 | 16 | 17 | 18 | 19 | 20 | 21 | 22 |
|---|---|---|---|---|---|---|---|---|---|
| $K_2$ | 1.01 | 1.06 | 1.12 | 1.17 | 1.21 | 1.26 | 1.30 | 1.34 | 1.37 |
| 坡坦 $L/H$ | 23 | 24 | 25 | 26 | 27 | 28 | 29 | 30 | |
| $K_2$ | 1.41 | 1.44 | 1.16 | 1.49 | 1.50 | 1.52 | 1.54 | 1.55 | |

③ 静水面以上的波浪压力强度按直线变化。静水面以下深度 $z = H/2$ 处的波浪压力强度取为 $0.7p_s$。

④ 水底处波浪压力强度取为 $(0.5 \sim 0.6)p_s$。

⑤ 墙底面上的波浪浮托力 $P_u$ 见式（5 - 90）。

$$P_u = u \frac{B p_s}{2} \tag{5-90}$$

（2）正向波波谷作用时的波浪力（图 5.42）。

**图 5.42  正向波波谷作用时的波浪力**

① 静水面处波浪压力强度为零。

② 静水面以下，深度 $z=H/2$ 处至水底处的波浪压力强度见式(5-91)。

$$p=0.5\gamma H \tag{5-91}$$

③ 墙底面处向下的波浪力 $P'_u$（方向向下）见式(5-92)。

$$P'_u=\frac{bp}{2} \tag{5-92}$$

**3. 近堤破碎波的波浪力**

如图 5.43 所示，当墙前水深 $d_1 \geqslant 0.6H$ 时，正向波波峰作用时近堤破碎波的波浪力可按下述方法计算。

**图 5.43  正向波波峰作用时近堤破碎波的波浪力**

① 静水面以上，高度 $z$ 处的波浪压力强度为零，$z$ 按式(5-93)计算。

$$z=\left(0.27+0.53\frac{d_1}{H}\right)H \tag{5-93}$$

② 静水面处波浪压力强度 $p_s$ 的计算见式(5-94)、式(5-95)。

当 $\dfrac{2}{3}\geqslant\dfrac{d_1}{d}>\dfrac{1}{3}$ 时：

$$p_s=1.25\gamma H\left(1.8\frac{H}{d_1}-0.16\right)\left(1-0.13\frac{H}{d_1}\right) \tag{5-94}$$

当 $\dfrac{1}{3}\geqslant\dfrac{d_1}{d}\geqslant\dfrac{1}{4}$ 时：

$$p_s=1.25\gamma H\left[\left(13.9-36.4\frac{d_1}{d}\right)\left(\frac{H}{d_1}-0.67\right)+1.03\right]\left(1-0.13\frac{H}{d_1}\right) \tag{5-95}$$

③ 墙底处波浪压力强度见式(5-96)。

$$p_b=0.6p_s \tag{5-96}$$

④ 单位长度墙身上的总波浪力 $P$ 计算见式(5-97)、式(5-98)。

当 $\dfrac{2}{3}\geqslant\dfrac{d_1}{d}>\dfrac{1}{3}$ 时：

$$P=1.25\gamma Hd_1\left(1.9\frac{H}{d_1}-0.17\right) \tag{5-97}$$

当 $\dfrac{1}{3}\geqslant\dfrac{d_1}{d}\geqslant\dfrac{1}{4}$ 时：

$$P=1.25\gamma Hd_1\left[\left(14.8-38.8\frac{d_1}{d}\right)\left(\frac{H}{d_1}-0.67\right)+1.1\right] \tag{5-98}$$

⑤ 墙底面上的波浪浮托力 $P_u$ 见式(5-99)。

$$P_u = 0.6 \frac{B p_b}{2} \qquad (5-99)$$

# 5.4 冰 荷 载

冰荷载按照其作用性质的不同，可分为静冰压力和动冰压力。

静冰压力包括：①冰堆整体推移的静压力；②大面积冰层的静压力；③冰层受温度影响膨胀时产生的静压力；④冰层因水位升降产生的竖向作用力。

动冰压力主要指河流流冰产生的冲击力。

## 5.4.1 冰堆整体推移的静压力

当大面积冰层以缓慢的速度接触墩台时，受阻于桥墩而停滞在墩台前，形成冰层或冰堆现象。墩台受到流冰挤压，并在冰层破碎前的一瞬间对墩台产生最大压力，基于作用在墩台的冰压力不能大于冰的破坏力这一原理，考虑到冰的破坏力与结构的形状、气温及冰的抗压极限强度等因素有关，可导出极限冰压力计算式，见式(5-100)。

$$p = \alpha\beta F_y bh \qquad (5-100)$$

式中　$p$——极限冰压力；

　　　$h$——冰层计算厚度，可取发生频率为 1%的冬季冰的最大厚度的 80%，当缺乏观测资料时，可用勘探确定最大冰厚；

　　　$b$——墩台或结构在流冰作用高程处的宽度；

　　　$\alpha$——墩台形状系数，与墩台水平截面形状有关，可按表 5-12 取值；

　　　$F_y$——冰的抗压极限强度，采用相应流冰期冰块的实际强度，当缺少试验资料时，取开始流冰时 $F_y = 735\text{kPa}$，最高流冰水位时 $F_y = 441\text{kPa}$；

　　　$\beta$——地区系数（气温在零上解冻时为 1.0；气温在零下解冻且冰温为 $-10\text{℃}$ 及以下者为 2.0；其间用内插法求得）。

表 5-12　墩台形状系数 $\alpha$

| 墩台水平截面形状 | 三角形夹角 $2\alpha$ | | | | | 圆形 | 矩形 |
| --- | --- | --- | --- | --- | --- | --- | --- |
| | 45° | 60° | 75° | 90° | 120° | | |
| 墩台形状系数 $\alpha$ | 0.60 | 0.65 | 0.69 | 0.73 | 0.81 | 0.9 | 1.0 |

## 5.4.2 大面积冰层的静压力

由于水流和风的作用，推动大面积浮冰移动对结构产生静压力，可根据水流方向和风向，考虑冰层面积来计算，如图 5.44 所示。

$$p = \Omega[(p_1 + p_2 + p_3)\sin\alpha + p_4\sin\beta] \qquad (5-101)$$

式中　$p$——作用于结构的静压力；

　　　$\Omega$——浮冰冰层面积，取有史以来有记载的最大浮冰冰层面积；

**图 5.44  大面积浮冰对结构产生的静压力示意图**

$p_1$——水流对冰层下表面的摩阻力，可取为 $0.5v_s^2$，$v_s$ 为冰层下的水流流速；

$p_2$——水流对浮冰边缘的作用力，可取为 $50\dfrac{h}{l}v_s^2$，$h$ 为冰厚，$l$ 为冰层沿水流方向的平均长度，在河中不得大于两倍河宽；

$p_3$——水面坡降对冰层产生的作用力，等于 $920hi$，$i$ 为水面坡降；

$p_4$——风对冰层上表面的摩擦阻力，$p_4 = (0.001 \sim 0.002)V_F$，$V_F$ 为风速，采用历史上有冰时期与水流方向基本一致的最大风速；

$\alpha$——结构迎冰面与冰流方向间的水平夹角；

$\beta$——结构迎冰面与风向间的水平夹角。

## 5.4.3  冰层受温度影响膨胀时产生的静压力

温度升高冰层膨胀，当冰层的自由膨胀受到坝体、桥墩等结构物的约束时，则冰层对约束体产生静压力。冰膨胀时产生的静压力与冰面温度、升温速率、冰盖厚度及冰与结构之间的距离有关。

日照气温早晨上升傍晚下降，当冰层很厚时，日照升温对 50cm 以下深度处的冰层影响很小，因为该处尚未达到升温所需的时间，气温已经开始下降。因此，当冰层厚度 $h >$ 50cm 时，冰层计算厚度 $h$ 取 50cm；当冰层厚度 $h <$ 50cm 时，冰层计算厚度取实际冰层厚度。试验表明，产生最大静冰压力的冰层厚度约为 25cm。静冰压力沿冰层厚度方向基本上呈上大下小的倒三角形分布，可认为静冰压力的合力作用点在冰面以下 1/3 冰层厚度处。

确定冰与结构接触面的静压力时，其中冰层初始温度、冰温上升速率、冰层厚度及冰层约束体之间的距离，由式（5-102）确定。

$$P = 3.1\,\frac{(t_0+1)^{1.67}}{t_0^{0.881}}\eta^{0.33}hb\varphi \tag{5-102}$$

式中  $P$——冰层升温时，冰与结构接触面产生的静压力；

　　　$t_0$——冰层初始温度，取冰层内温度的平均值或取 $0.4t$，$t$ 为冰层开始升温时的气温；

　　　$\eta$——冰温上升速率，采用冰层厚度内的平均温升值，即 $\eta = t_1/s = 0.4t_2/s$，$s$ 为气温变化的时间，$t_1$ 为 $s$ 期间内冰层平均温升值，$t_2$ 为 $s$ 期间内气温的上升值；

$h$——冰层计算厚度，采用冰层实际厚度，但不大于 0.5m；

$b$——墩台宽度；

$\varphi$——系数，视冰层的长度 $L$ 而定，见表 5 - 13。

表 5 - 13  系数 $\varphi$

| $L/m$ | $\varphi$ | $L/m$ | $\varphi$ | $L/m$ | $\varphi$ | $L/m$ | $\varphi$ | $L/m$ | $\varphi$ |
|---|---|---|---|---|---|---|---|---|---|
| ＜50 | 1.0 | 50（含）~75 | 0.9 | 75（含）~100 | 0.8 | 100（含）~150 | 0.7 | ≥150 | 0.6 |

### 5.4.4 冰层因水位升降产生的上拔力

当冰层与结构冻结在一起时，若水位升高，水通过冻结在桥墩、桩群等结构上的冰层对结构产生上拔力。可按照桥墩四周冰层有效直径为 50 倍冰层厚度的平板应力来计算上拔力，见式(5-103)。

$$V=\frac{300h^2}{\ln\frac{50h}{d}} \tag{5-103}$$

式中  $V$——上拔力；

$h$——冰层厚度；

$d$——桩柱或桩群直径，当桩柱或桩群周围有半径不小于 20 倍冰层厚度的连续冰层，且桩群中各桩距离在 1m 以内时，若桩群或桩柱截面为矩形，则 $d=\sqrt{ab}$（$a$、$b$ 为矩形长、宽）。

### 5.4.5 动冰压力 （流冰冲击力）

当冰块运动时，对结构前缘的作用力与冰块的抗压强度、冰层厚度、冰块尺寸、冰块运动速度及方向等因素有关。由于这些条件不同，冰块碰到结构时可能发生破碎，也可能只有撞击而不破碎。

(1) 当冰块的运动方向大致垂直于结构的正面，即冰块运动方向与结构正面的夹角 $\varphi=80°$（含）~90°时，则动冰压力（流冰冲击力）计算见式(5-104)。

$$P=kvh\sqrt{\Omega} \tag{5-104}$$

(2) 当冰块的运动方向与结构正面的夹角 $\varphi<80°$时，则动冰压力（流冰冲击力）按式(5-105)计算。

$$P=Cvh^2\sqrt{\frac{\Omega}{\mu\Omega+\lambda h^2}}\sin\varphi \tag{5-105}$$

式中  $P$——动冰压力（流冰冲击力）；

$v$——冰块运动速度，宜按资料确定（当无实测资料时，对于河流可采用水流速度；对于水库可采用历年冰块运动期内最大风速的 3%，但不大于 0.6m/s）；

$h$——冰层计算厚度，可采用当地最大冰厚的 70%~80%，流冰初期取最大值；

$\Omega$——冰块面积，可由当地或邻近地区的实测或调查资料确定；

$C$——系数，可取 $136 \; s \cdot kN/m^3$；

$k，\lambda$——与冰的抗压极限强度 $F_y$ 有关的系数，按表 5-14 采用；

$\mu$——随 $\varphi$ 角变化的系数，按表 5-15 采用。

表 5-14　系数 $k$、$\lambda$

| $F_y$/kPa | $k/(s \cdot kN/m^3)$ | $\lambda$ | $F_y$/kPa | $k/(s \cdot kN/m^3)$ | $\lambda$ |
|---|---|---|---|---|---|
| 441 | 2.9 | 2220 | 735 | 3.7 | 1333 |
| 980 | 4.3 | 1000 | 1225 | 4.8 | 800 |
| 1471 | 5.2 | 667 | — | — | — |

注：表中 $F_y$ 为其他值时，$k$、$\lambda$ 可用内插法求得。

表 5-15　系数 $\mu$

| $\varphi$ | $\mu$ | $\varphi$ | $\mu$ | $\varphi$ | $\mu$ | $\varphi$ | $\mu$ |
|---|---|---|---|---|---|---|---|
| 20° | 6.70 | 30° | 2.25 | 45° | 0.50 | 55° | 0.16 |
| 60° | 0.08 | 65° | 0.04 | 70° | 0.016 | 75° | 0.005 |

# 本 章 小 结

土压力是指挡土墙后的填土因自重或外荷载作用对墙背产生的侧向压力。根据挡土墙的移动情况和墙后土体所处的应力状态，土压力可分为静止土压力、主动土压力和被动土压力3种情形。土压力计算的理论主要有朗肯土压力理论和库仑土压力理论。库仑土压力理论的应用最广，常用来计算非黏性土作填料的重力式挡墙的土压力。对黏性土的土压力计算，也多采用基于库仑土压力理论的近似方法。朗肯土压力理论实质上是库仑土压力理论的一个特例，一般多用于计算衡重式、凸形折线式、悬臂式和扶壁式挡土墙的土压力，计算被动土压力亦宜采用朗肯土压力理论。各种条件下挡土墙的土压力应视实际状况进行计算。

静止液体对其接触面产生静水压力，并随水深按比例增加而与水深成线性关系；且作用在结构物表面的法线方向，水压力分布与受压面形状有关。

流体在结构边界层产生分离现象，还会导致绕流阻力对结构的作用。绕流阻力由摩擦阻力和压强阻力两部分组成。

不同的干扰力作用于液体表面所形成的波流形状和特性不同，波浪荷载不仅与波浪本身的特征有关，还与建筑物形式和水底坡度有关。

冰荷载按照其作用性质的不同，可分为静冰压力和动冰压力。

# 思 考 题

1. 土压力有哪几种？影响土压力的大小及分布的主要因素是什么？如何计算土压力？

2. 水工建筑在确定流水荷载时，为什么主要考虑静冰压力？

3. 水工建筑为什么设计成流线型？

4. 确定波浪荷载计算的理论依据是什么？如何计算？

5. 在计算静冰压力时，如何考虑结构形状的影响？

# 习　题

某浆砌毛石重力式挡土墙如图 5.45 所示。墙高 6m，墙背垂直、光滑；墙后填土的表面水平并与墙齐高；挡土墙基础埋深 1m。

图 5.45　习题 1 图

（1）当墙后填土重度 $\gamma = 18\text{kN/m}^3$、内摩擦角 $\varphi = 30°$、黏聚力 $c = 0$、土对墙背的摩擦角 $\delta = 0$、填土表面无均布荷载时，试求该挡土墙的主动土压力 $E_a$。

（2）除已知条件同（1）外，墙后尚有地下水，地下水位在墙底面以上 2m 处。地下水位以下的填土重度 $\gamma_1 = 20\text{kN/m}^3$，假定其内摩擦角 $\varphi = 30°$，且黏聚力 $c = 0$，土对墙背的摩擦角 $\delta = 0$，并已知在地下水位处填土产生的主动土压力强度 $E_{a1} = 24\text{kPa}$ 时，试计算作用在墙背的总压力 $E_a$。

（3）当墙后填土的重度 $\gamma = 18\text{kN/m}^3$，内摩擦角 $\varphi \approx 30°$，黏聚力 $c = 0$，土对墙背的摩擦角 $\delta = 0$，无地下水。当填土表面有均布荷载 $q = 20\text{kPa}$ 时，试计算该挡土墙的主动土压力 $E_a$。

（4）假定墙后填土是黏性土，其重度 $\gamma = 17\text{kN/m}^3$，内摩擦角 $\varphi = 20°$，黏聚力 $c = 10\text{kPa}$，土对墙背的摩擦角 $\delta = 0$。当填土表面有连续均布荷载 $q = 20\text{kPa}$ 时，试计算墙顶面处的主动土压力强度 $E_{a1}$。

（5）当填土为黏性土，其重度 $\gamma = 17\text{kN/m}^3$，内摩擦角 $\varphi = 25°$，黏聚力 $c = 10\text{kPa}$，土对墙背的摩擦角 $\delta = 0$。当填土表面有连续均布荷载 $q = 10\text{kPa}$ 时，已知墙顶面处的主动土压力强度 $E_{a1} = -8.68\text{kPa}$，墙底面处的主动土压力强度 $E_{a2} = 32.73\text{kPa}$，试计算该挡土墙的主动土压力 $E_a$。

# 第6章
# 其他荷载与作用

## 教学目标

（1）了解其他荷载与作用产生的条件和对结构的影响。

（2）熟悉其他荷载与作用的取值和计算方法。

## 教学要求

| 知识要点 | 能力要求 | 相关知识 |
|---|---|---|
| 温度作用 | （1）熟悉温度作用概念；<br>（2）了解产生温度作用的条件和对结构的影响 | 虚功原理 |
| 变形作用 | 了解产生变形作用的条件和对结构的影响 | （1）沉降；<br>（2）收缩；<br>（3）徐变 |
| 爆炸作用 | （1）了解爆炸的概念及其类型；<br>（2）熟悉爆炸对结构的影响及爆炸作用计算 | （1）冲击波；<br>（2）超压；<br>（3）泄压；<br>（4）压缩波 |
| 浮力 | （1）了解浮力概念；<br>（2）熟悉浮力计算原则 | 土的物理特性 |
| 制动力及离心力 | （1）了解制动力及离心力概念；<br>（2）了解其计算方法 | （1）吊车运行；<br>（2）冲击力及撞击力 |
| 预应力 | （1）了解预应力概念；<br>（2）熟悉预应力施加的方法及工艺 | （1）先张法；<br>（2）后张法 |

**基本概念**

徐变；冲击波；预应力。

 **引例**

结构除受到前述章节所提到的荷载外，在有些情况下，还会受到其他荷载，如温度作用、变形作用、爆炸作用、浮力、制动力及离心力、预应力等。

# 6.1 温 度 作 用

## 6.1.1 温度作用的概念

当结构或构件所处环境的温度发生变化，且结构或构件的热变形受到边界条件约束或相邻构件的制约，不能自由胀缩时，就会在结构或构件内形成一定的应力，这个应力被称为温度应力，即温度作用，指因温度变化引起的结构变形和附加力。温度作用不仅取决于结构环境的温度变化，它还与结构或构件受到的约束条件有关。

在土木工程中所遇到的许多因温度作用而引发的问题，从约束条件看大致可分为两类。

第一类，结构的变形受到其他物体的阻碍或支承条件的制约，不能自由变形。现浇钢筋混凝土框架结构的基础梁嵌固在两柱基之间，基础梁的伸缩变形受到柱基约束，没有任何变形余地(图 6.1)。排架结构支承于地基上，当上部横梁因温度变化伸长时，横梁的变形使柱产生侧移，在柱中引起内力；柱对横梁施加约束，在横梁中产生压力(图 6.2)。

图 6.1 基础梁嵌固于柱基之间

图 6.2 排架结构受到支承条件的约束

第二类，构件内部各单元体之间相互制约，不能自由变形。在日照作用下屋面温度升高，而室内温度相对较低，简支梁沿梁高受到不均匀温度作用，会产生翘曲变形，在梁中产生应力。大体积混凝土梁结硬时，水化热使得中心温度较高、两侧温度偏低，内外温差不均衡会在截面内引起应力，产生裂缝。

## 6.1.2 温度应力的计算

结构受温度变化的影响应根据不同结构类型和约束条件进行分类而分别计算。一类是静定结构在温度变化时能够自由变形，结构无约束应力产生，故无内力。但由于任何材料都具有热胀冷缩的性质，因此静定结构在满足其约束的条件下可自由地产生变形，这时应考虑结构的这种变形是否超过允许范围。此变形可由变形体系的虚功原理并按式（6-1）计算。

$$\Delta_{Pt} = \sum \alpha t_0 \omega_{N-P} + \sum \alpha \Delta_t \omega_{M-P}/h \tag{6-1}$$

式中　$\Delta_{Pt}$——结构中任一点 $P$ 沿任意方向 $P-P$ 的变形；

$\alpha$——材料的线膨胀系数，温度每升高或降低1℃，单位长度构件的伸长量或缩短量，几种主要材料的线膨胀系数见表6-1；

$t_0$——杆件轴线处的温度变化；

$\Delta_t$——杆件上、下侧温差的绝对值；

$h$——杆件截面高度；

$\omega_{N-P}$——杆件的 $\overline{N}_P$ 图的面积，$\overline{N}_P$ 图为虚拟状态下轴力大小沿杆件的分布图；

$\omega_{M-P}$——杆件的 $\overline{M}_P$ 图的面积，$\overline{M}_P$ 图为虚拟状态下弯矩大小沿杆件的分布图。

表6-1　几种主要材料的线膨胀系数

| 结构种类 | 线膨胀系数/(1/℃) | 结构种类 | 线膨胀系数/(1/℃) |
| --- | --- | --- | --- |
| 钢结构 | $1.2 \times 10^{-5}$ | 混凝土结构 | $1.0 \times 10^{-5}$ |
| 混凝土砌块 | $0.9 \times 10^{-5}$ | 砖砌块 | $0.8 \times 10^{-5}$ |

对于存在多余约束的超静定结构，或物体内部单元体相互制约的构件，温度改变引起的变形将受到限制，从而在结构内产生内力。这一温度作用效应的计算，可根据变形协调条件，按结构力学或弹性力学方法确定。

（1）受均匀温差 $T$ 作用的两端嵌固于支座的梁[图6.3(a)]，若求此梁的温度应力，可将其一端解除约束，成为一个静定悬臂梁 [图6.3（b）]。悬臂梁在温差 $T$ 的作用下产生的 $\Delta L$ 的自由伸长量及相对变形值 ε 可由式（6-2）、式（6-3）求得。

$$\Delta L = \alpha T L \tag{6-2}$$

$$\varepsilon = \frac{\Delta L}{L} = \alpha T \tag{6-3}$$

式中　$T$——温差；

$L$——梁跨度。

如果悬臂梁右端受到嵌固不能自由伸长，梁内便会产生约束力，约束力 $N$ 的大小等于将自由变形梁压回原位所施加的力（拉力为正、压力为负），即式（6-4）。

$$N = -\frac{EA}{L}\Delta L \tag{6-4}$$

杆件截面受温度作用的应力 （图6.4）计算见式（6-5）。

（a）两端嵌固于支座的梁　　　　　　　（b）悬臂梁

**图 6.3　两端嵌固的梁与自由变形梁示意图**

$$\sigma=-\frac{P}{A}=-\frac{EA}{LA}\cdot\alpha TL=\alpha TE \tag{6-5}$$

式中　　$E$——材料弹性模量；

　　　　$A$——材料截面面积；

　　　　$\sigma$——杆件截面受温度作用的应力。

由式（6-5）可知，杆件截面受温度作用的应力与温差、材料线膨胀系数和弹性模量有关，其数值等于温差引起的应变与弹性模量的乘积。

（2）排架横梁受到均匀温差 $T$ 作用的应力示意图（图 6.4）。

**图 6.4　排架横梁受到均匀温差 $T$ 作用的应力示意图**

横梁受温度影响伸长 $\Delta L=\alpha TL$（若忽略横梁的弹性变形），此即柱顶产生的水平位移。$K$ 为柱顶产生单位位移时所施加的力（柱的抗侧刚度），由结构力学可知 $K$ 为式（6-6）。

$$K=\frac{3EI}{H^3} \tag{6-6}$$

柱顶所受到的水平剪力见式（6-7）。

$$V=\Delta L\cdot K=\alpha TL\cdot\frac{3EI}{H^3} \tag{6-7}$$

式中　　$I$——柱截面惯性矩；

　　　　$H$——柱高；

　　　　$L$——横梁长（结构长度）。

由此可见，温度变化在柱中引起的约束内力与结构长度成正比。当结构长度很长时，必然会在结构中产生较大的温度应力。为了降低温度应力，只能缩短结构的长度，这就是过长的结构每隔一定距离必须设置伸缩缝的原因。

## 6.2 变形作用

所谓变形作用，实质上是结构由于种种原因引起的变形受到多于约束的阻碍，而导致结构产生内力。其主要原因有：①由于外界因素造成结构基础的移动或不均匀沉降；②由于自身原因收缩或徐变使构件产生伸缩变形，两者均导致结构或构件产生内力。因而从广义上来说，这种变形作用也是荷载。

当静定结构体系产生符合其约束条件的位移时，不会产生内力；而当超静定结构体系的多余约束限制了结构自由变形时，基础的移动和不均匀沉降或当混凝土构件在空气中结硬产生收缩以及在不变荷载的长期作用下产生徐变时，由于构件与构件之间、钢筋与混凝土之间相互影响、相互制约，不能自由变形，都会引起结构内力。

超静定结构由于变形作用引起的内力和位移计算应遵循力学基本原理，可根据长期压密后的最终沉降量、收缩量、徐变量，由静力平衡条件和变形协调条件计算构件截面的附加内力和附加变形。

## 6.3 爆炸作用

### 6.3.1 爆炸的概念及类型

爆炸是物质在足够小的容积、极短的时间内迅速释放出大量能量的物理变化和化学变化的现象。按照发生的机理和作用的性质，爆炸可分为物理爆炸(锅炉爆炸)、化学爆炸(炸药爆炸和燃气爆炸)和核爆炸(核裂变和核聚变)等。因此爆炸作用是一种复杂的荷载。

核爆炸发生时，压力在几毫秒内即可达到峰值，且峰值压力相当高，正压作用后还有一个负压段，如图 6.5(a)所示。化学爆炸［图 6.5(b)］和燃气爆炸压力升高相对较慢，峰值压力较核爆炸低很多。化学爆炸正压作用时间短，从几毫秒到几十毫秒不等，负压段更短。燃气爆炸［图 6.5(c)］是一个缓慢衰减的过程，正压作用时间较长，负压段很小，甚至测不出负压段。

(a)核爆炸　　　　　　(b) 化学爆炸　　　　　　(c) 燃气爆炸

**图 6.5　压力-时间曲线**

由于爆炸是在极短的时间内达到峰值压力的，周围气体迅速地被压缩和推进，从而产生过高的运动速度，形成波的高速推进，这种使气体被压缩而产生的波称为冲击波，它会在瞬间压缩周围空气而产生超压。超压是指爆炸压力超过正常大气压，核爆炸、化学爆炸和燃气爆炸都产生不同幅度的超压。冲击波的前锋犹如一道运动着的高压气体墙面，称为波阵面，超压向其空间内的各表面施加挤压力，作用效应相当于静压。冲击波所到之处，除产生超压外，还产生波阵面，而后使空气质点产生高速运动引起动压，动压与物体形状和受力面方位有关。燃气爆炸的效应以超压为主，动压很小（可以忽略），所以燃气爆炸波属压力波。

## 6.3.2 爆炸对结构的影响及荷载计算

爆炸对结构产生破坏作用，其破坏程度与爆炸物的性质和爆炸物的质量有关。爆炸物质量越大，积聚和释放的能量越多，破坏作用也越剧烈。爆炸发生的环境或位置不同，其破坏作用也不同，在封闭房间、密闭管道内发生的爆炸的破坏作用比在结构外部发生的爆炸要严重得多。当冲击波作用在建筑物时，会引起压力、密度、温度和质点迅速变化，而其变化是结构几何形状、大小和所处方位的函数。

（1）当爆炸发生在一个密闭结构中时，在直接遭受冲击波的维护结构上受到骤然增大的反射超压，并产生高压区，这时的反射超压的反射系数见式（6-8）。

$$K_f = \frac{\Delta p_f}{\Delta p} = 2 + \frac{6\Delta p}{\Delta p + 7} \tag{6-8}$$

式中　$\Delta p_f$——最大的反射超压；

　　　$\Delta p$——入射波波阵面上的最大超压；

　　　$K_f$——反射系数，取值为 2～8。

如果燃气爆炸发生在生产车间、居民厨房等室内环境，一旦发生爆炸，常常是窗玻璃被压碎、屋盖被气浪掀起，导致室内压力下降，反而起到了泄压保护的作用。

Dragosavic 在体积为 $20m^3$ 的试验房屋内测得了包含泄爆影响的压力时间曲线，经过整理绘出了室内理想化的理论燃气爆炸的升压曲线模型（图 6.6）。图中 A 点是泄爆点，压力从 O 开始上升到 A 点出现泄爆（窗玻璃压碎），泄爆后压力稍有上升随即又下降，下降过程中有时会出现短暂的负超压，经过一段时间，由于波阵面后的湍流及波的反射出现高频振荡。图中 $p_v$ 为泄爆压力，$p_1$ 为第一次压力峰值，$p_2$ 为第二次压力峰值，$p_w$ 为高频

图 6.6　理论燃气爆炸的升压曲线模型

振荡峰值。该试验是在空旷房屋中进行的，如果室内有家具或其他器物等障碍物，则高频振荡会大大减弱。

易爆建筑在设计时需要有一个压力峰值的估算，作为确定窗户面积、屋盖轻重等的依据，使得易爆场所一旦发生燃爆能及时泄爆减压。Dragosavic 给出了最大爆炸压力计算式，即式(6-9)。

$$\Delta p = 3 + 0.5 p_{v} + 0.04 \varphi^{2} \tag{6-9}$$

式中 $\Delta p$——最大爆炸压力；

$\quad\quad \varphi$——泄压系数，房间体积与泄压面积之比；

$\quad\quad p_{v}$——泄爆压力。

式(6-9)不适用于大体积空间中爆炸压力估算和泄压计算。

(2) 爆炸冲击波绕过结构物对结构产生动压作用。由于结构物形状不同，维护结构面相对气流流动方向的位置也不同。可用试验确定的表面阻力系数 $C_{d}$（对矩形结构物取 1.0）表示动压作用引起的维护结构面压力 $C_{d} \cdot q(t)$，因此维护结构迎波面压力从 $\Delta p_{f}$ 衰减到 $\Delta p(t) + C_{d} \cdot q(t)$，其单位面积平均压力 $\Delta p_{1}(t)$ 为式(6-10)。

$$\Delta p_{1}(t) = \Delta p(t) + C_{d} \cdot q(t) \tag{6-10}$$

式中 $q(t)$——冲击波产生的动压。

注意维护结构的顶盖、迎波面及背波面上的每个点，压力自始至终为冲击波超压与动压作用之和。不同之处在于由于涡流等原因，产生作用力的方向不同，压力时 $C_{d}$ 取正，吸力时 $C_{d}$ 取负，且作用时间不同。

在冲击波超压和动压共同作用下，结构物受到巨大的挤压作用，加之前后压力差的作用，使得整个结构受到超大水平推力，导致结构平移和倾斜。而对于烟囱、桅杆、塔楼及桁架等细长形结构，由于它们的横向线性尺寸很小，则所受合力就只有动压作用，因此容易遭到抛掷和弯折。

(3) 地面爆炸冲击波对地下结构的作用与对上部结构的作用有很大不同。其主要影响因素有：①地面上空气冲击波压力引起岩土压缩波向下传播并衰减；②压缩波在自由场中传播时参数变化；③压缩波作用于结构物的反射压力取决于波与结构的相互作用。根据《人民防空地下室设计规范》（GB 50038—2005），综合考虑各种因素，采用简化的综合反射系数法的半经验实用计算方法。采用将地面冲击波超压计算的结构各自的动荷载峰值，根据结构的自振频率及动荷载的升压时间查阅有关图表得到荷载系数，最后再换算成作用在结构上的等效静荷载。

压缩波峰值压力 $P_{h}$ 为式(6-11)。

$$P_{h} = \Delta p_{d} e^{-\alpha h} \tag{6-11}$$

结构顶盖动载峰值 $p_{d}$ 为式(6-12)。

$$p_{d} = K'_{f} p_{h} \tag{6-12}$$

结构侧维护动载峰值 $p_{c}$ 为式(6-13)。

$$p_{c} = \xi p_{h} \tag{6-13}$$

底板动载峰值 $p_{b}$ 为式(6-14)。

$$p_{b} = \eta p_{h} \tag{6-14}$$

式中 $\Delta p_{d}$——地面上空气冲击波超压；

$h$——地下结构距地表深度；

$\alpha$——衰减系数［对非饱和土，主要由颗粒骨架承受外加荷载，因此传播时衰减
相对大；而对饱和土，主要靠水分来传递外加荷载，因此传播时衰减很小，
一般为 $0.03\sim0.1$（适合于核爆炸，对一般燃气爆炸或化学爆炸衰减的速率
要大得多）］；

$p_h$——顶盖深度处自由场压缩波压力峰值；

$K'_f$——综合反射系数，与结构埋深、外包尺寸及形状等复杂因素有关，一般饱和
土中结构取1.8；

$\xi$——侧压系数，按表6-2取值；

$\eta$——底压系数，对饱和土和非饱和土中结构分别取 $0.8\sim1.0$ 和 $0.5\sim0.75$。

表6-2　侧压系数 $\xi$

| 岩土介质类别 | | 侧压系数 $\xi$ |
| --- | --- | --- |
| 碎石土 | | 0.15~0.25 |
| 砂土 | 地下水位以上 | 0.25~0.35 |
| | 地下水位以下 | 0.70~0.90 |
| 粉土 | | 0.33~0.43 |
| 黏土 | 坚硬、硬塑 | 0.20~0.40 |
| | 可塑 | 0.40~0.70 |
| | 软塑、流塑 | 0.70~1.00 |

# 6.4　浮　力

如果结构或基础的底面位于地下水位以下，这时底面受到的浮力如何计算至今仍是一个值得研究的问题。一般来讲，地下水或地表水能否通过土的孔隙，联通或溶入结构或基础底面是产生浮力的必要条件，为此，浮力的计算主要取决于地基土的物理特性。

当地下水能够通过土的孔隙溶入结构或基础的底面，且土（如粉土或砂性土等）的固体颗粒与结构底面之间的接触面很小，可以把它们作为点的接触时，才可以认为土中结构或基础处于完全浮力作用状态。若固体颗粒与结构或基础底面之间的接触面较大，而且各个固体颗粒的连贯是由胶结连接而形成（如对密实的黏性土），地下水不能充分渗透到地基土和结构或基础底面之间，则地基土中结构或基础不会处于完全的浮力作用状态。

浮力可根据地基土的透水性，按照结构丧失的重量等于它所排开的水重这一浮力原则计算。

从安全角度出发，结构或基础受到的浮力可按如下方面考虑。

（1）如果结构置于透水性饱和的地基上，可认为结构处于完全浮力作用状态。

（2）如果结构置于不透水性的地基上，且结构或基础底面与地基接触良好，可不考虑浮力。

（3）如果结构置于透水性较差的地基上，可按50%计算浮力。

（4）如果不能确定地基是否透水，应从透水和不透水两种情况与其他荷载组合，取其最不利者；对于黏性土地基，浮力与土体的物理特性有关，应结合实际情况确定。

（5）对有桩基的结构，作用在桩基承台底部的浮力应考虑全部面积，但桩嵌入不透水持力层者，计算承台底部浮力时应扣除桩的截面积。

注意两点：①在确定地基承载力设计值时，无论是结构或基础底面以下土体的天然重度还是底面以上土体的加权平均重度，地下水位以下的土体重度一律取有效重度；②设计时应考虑到地下水位并不是一成不变的，而是随季节产生涨落的。

# 6.5　制　动　力

## 6.5.1　汽车制动力

汽车制动力是汽车在桥上刹车时，为克服汽车的惯性力而在车轮与路面之间产生的滑动摩擦力。《公路桥涵设计通用规范》（JTG D60—2015）把经常、大量出现的汽车荷载排列成车队形式，作为设计荷载。但事实上，在桥上成列车队同时刹车的概率极小，制动力的取值仅为摩擦系数乘以桥上成队车辆重力的一个部分。当桥涵为一或二车道时，制动力按布置在荷载长度内的一行汽车车队总重力的10%计算，但不得小于一辆车重的30%；对于四车道的桥梁，制动力取上述规定数值的2倍。履带车和平板挂车不计制动力。

城市桥梁以两条及两条以上加载车道为标准，当设计一个车道时，取城-A级汽车制动力160kN或10%车道荷载与城-B级汽车制动力90kN或10%车道荷载二者的较大值。

制动力的方向为车行驶方向，其作用点在车辆的竖向重心线与桥面以上1.2m高处水平线的交点。在计算墩台汽车制动力时，可移至支座中心处（铰或滚轴中心）或滑动、橡胶、摆动支座的底板面上；在计算刚架桥、拱桥汽车制动力时，可移至桥面上，但不计由此而产生的力矩。

## 6.5.2　吊车制动力

在工业厂房中常设有吊车，吊车在运行中的刹车会产生制动力。因此在设计有吊车厂房结构时，一般需考虑吊车运行时大车和小车的刹车产生的纵向和横向水平制动力。

吊车纵向水平制动力（图6.7）是由吊车桥架沿厂房纵向运行时制动引起的惯性力产生的，其大小受制动轮与轨道间的摩擦力的影响，当制动惯性力大于制动轮与轨道间的摩擦力时，吊车轮将在轨道上滑动。经实测，吊车轮与钢轨间的摩擦系数一般小于0.1，所以吊车纵向水平制动力可按一边轨道上所有刹车轮的最大轮压之和的10%采用，其作用点位于刹车轮与轨道的接触点，方向与吊车的行驶方向一致。

吊车横向水平制动力（图6.8）是吊车小车及起吊物沿桥架在厂房横向运行时制动所引起的惯性力。该惯性力与吊钩种类和起吊物重量有关，一般硬钩吊车比软钩吊车的制动加速度大。另外，起吊物越重，一般运行速度越慢，制动产生的加速度则越小。故《建筑结构荷载规范》（GB 50009—2012）规定，吊车横向水平制动力按式（6-15）计算。

图 6.7　吊车纵向水平制动力

图 6.8　吊车横向水平制动力

$$T = \alpha(G + Wg) \qquad\qquad (6-15)$$

式中　$G$——小车重量；

　　　$W$——吊车额定起重量；

　　　$\alpha$——制动系数（对于硬钩吊车取 0.2。对于软钩吊车，当额定起重量不大于 10t 时，取 0.12；当额定起重量为 10～50t 时，取 0.1；当额定起重量不小于 75t 时，取 0.08）。

## 6.5.3　汽车竖向冲击力

　　车辆在桥面上高速行驶时，由于桥面不平整或车轮不圆或发动机抖动等多种原因，都会引起车体上下振动，使得桥跨结构受到影响。结构在动荷载作用下产生的应力和变形要大于在静荷载作用下产生的应力和变形，这种由于冲击力作用而使桥梁发生振动造成内力和变形增大的现象称为冲击作用。目前对冲击作用尚不能从理论上作做符合实际的详细计算，一般可根据试验和实测结果或近似地将汽车荷载乘以冲击系数 $\mu$ 来计算车辆的冲击荷载，即采用静力学的方法考虑荷载增大系数来反映冲击力作用。

　　冲击力影响与结构刚度有关，一般来说，跨径越大、结构越柔，对动荷载的缓冲作用效果越好，冲击力影响越小。因此，冲击力是随跨径的增大而减小的，可近似认为冲击系数 $\mu$ 与跨径 $l$ 成反比。

　　冲击系数是根据在已建成的实桥上所做的振动试验的结果分析整理而确定的，设计中可按不同结构种类和跨径大小选用相应的冲击系数。《公路桥涵设计通用规范》（JTG

D60—2015) 给出了钢筋混凝土、混凝土和砖石砌桥涵的冲击系数 (表 6-3) 及钢桥的冲击系数 (表 6-4)。当跨径 $l$ 在表中所列数值之间时,冲击系数按直线内插法求得。

表 6-3 钢筋混凝土、混凝土和砖石砌桥涵的冲击系数

| 结构种类 | 跨径/m | 冲击系数 $\mu$ |
|---|---|---|
| 梁、刚构、拱上构造、桩式或柱式墩台、涵洞盖板 | $l \leqslant 5$ | 0.30 |
| | $l \geqslant 45$ | 0 |
| 拱桥的主拱圈或拱肋 | $l \leqslant 20$ | 0.20 |
| | $l \geqslant 70$ | 0 |

表 6-4 钢桥的冲击系数

| 结构种类 | 冲击系数 $\mu$ |
|---|---|
| 主桁(梁、拱)、联合桥面梁、钢墩台等 | $\dfrac{15}{37.5+l}$ |
| 吊桥的主桁、主索或主链、塔架 | $\dfrac{50}{70+l}$ |

《城市桥梁设计规范 (2019 版)》(CJJ 11—2011) 按车道荷载和车辆荷载分别给出城市桥梁汽车荷载冲击系数 $\mu$。

(1) 车道荷载的冲击系数 [式 (6-16)]。

$$\mu = \frac{20}{80+l} \tag{6-16}$$

式中  $l$ ——跨径。

当 $l=20\text{m}$ 时,$\mu=0.20$;当 $l=150\text{m}$ 时,$\mu=0.10$。

(2) 车辆荷载的冲击系数 [式 (6-17)]。

$$\mu = 0.6686 - 0.3032 \lg l < 0.4 \tag{6-17}$$

由于结构上的填料能起到缓冲和减振作用,冲击力影响能被填料吸收一部分,故对于拱桥、涵洞及重力式墩台,当填料厚度(包括路面厚度)等于或大于 0.5m 时,可不计冲击力。

## 6.5.4 汽车水平撞击力

桥梁防撞栏杆的设计应考虑汽车对栏杆的水平撞击力,撞击力与车重、车速、碰撞角度等因素有关。对此各国规范的规定不尽相同。

# 6.6 离 心 力

位于曲线上的桥梁,当曲线半径等于或小于 250m 时,汽车应考虑离心力的作用。离心力的大小与曲线半径成反比,离心力的取值可通过车辆荷载乘以离心力系数 $C$ 得到,离心力系数 $C$ 可由力学方法导出。

离心力 $F$ 计算见式(6-18)。

$$F = m \cdot \frac{v^2}{R} = \frac{W}{g} \cdot \frac{v^2}{R} \qquad (6-18)$$

式中　$v$——行车速度，应按桥梁所在道路等级的规定采用；

　　　$R$——曲线半径；

　　　$g$——重力加速度，取 $9.8\mathrm{m/s^2}$；

　　　$W$——车辆总重量，$W = mg$，$m$ 为车辆质量。

离心力系数 $C$ 的计算见式(6-19)。

$$C = \frac{v^2}{gR} \qquad (6-19)$$

如果将行车速度 $v$ 的单位以 km/h 表示，并将 $g = 9.8\mathrm{m/s^2}$ 代入式(6-19)，可得式(6-20)。

$$C = \frac{v^2}{9.8 \times 3.6^2 \times R} \approx \frac{v^2}{127R} \qquad (6-20)$$

离心力应作用在汽车的重心上，一般离桥面 1.2m，为了计算简便，也可移到桥面上，但不计由此而引起的力矩。离心力对墩台的影响多按均布荷载考虑，即把离心力均匀分布在桥跨上，由两墩台平均分担。

# 6.7　预　应　力

## 6.7.1　预应力的概念

预应力混凝土结构是由配置受力的预应力筋通过张拉或其他方法建立预应力的混凝土制成的结构。它从本质上改善了钢筋混凝土结构的受力性能，具有技术革命的意义。

图 6.9 所示为预应力梁的受力情况。发现荷载作用减小了梁截面下边缘的拉应力，有

图 6.9　预应力梁的受力情况

时甚至使之变成压应力。由此可见，预应力混凝土与普通混凝土相比，具有以下特点。

（1）构件的抗裂度和刚度提高。由于钢筋混凝土中预应力的作用，当构件在使用阶段荷载作用下产生拉应力时，首先要抵消预压应力。这就推迟了混凝土裂缝的出现，并限制了裂缝的发展，从而提高了混凝土构件的抗裂度和刚度。

（2）构件的耐久性增加。预应力混凝土能避免或延缓构件出现裂缝，而且能限制裂缝的扩大，构件内的预应力筋不容易锈蚀，延长了使用期限。

（3）自重减轻。由于采用高强度材料，构件截面尺寸相应减小，自重减轻。

（4）节省材料。预应力混凝土可以发挥钢材的强度，钢材和混凝土的用量均可减少。

（5）预应力混凝土施工需要专门的材料和设备、特殊的工艺，造价较高。

## 6.7.2　预应力混凝土的分类

预应力混凝土按预加应力的方法可分为先张法预应力混凝土和后张法预应力混凝土；按预加应力的程度可分为全预应力混凝土和部分预应力混凝土；按预应力筋与混凝土的黏结状况可分为有黏结预应力混凝土和无黏结预应力混凝土；按预应力筋的位置可分为体内预应力混凝土和体外预应力混凝土。

### 1. 先张法预应力混凝土和后张法预应力混凝土

钢筋混凝土构件中配有纵向受力钢筋，通过张拉这些纵向受力钢筋并使其产生回缩，对构件施加预应力。根据张拉预应力筋和浇捣混凝土的先后顺序，将建立预应力的方法分为先张法和后张法。

（1）先张法预应力混凝土。

先张法预应力混凝土施工工艺如图 6.10 所示。采用先张法时，预应力的建立主要依靠钢筋与混凝土之间的黏结力。该方法适用于以钢丝或直径小于 16mm 的钢筋配筋等中、小型构件，如预应力混凝土空心板等。

**图 6.10　先张法预应力混凝土施工工艺**

（2）后张法预应力混凝土。

后张法预应力混凝土施工工艺如图 6.11 所示。采用后张法时，预应力的建立主要依靠构件两端的锚固装置。该方法适用于钢筋或钢铰线配筋的大型预应力构件，如屋架、吊车梁、屋面梁。后张法施加预应力的缺点是工序多、预留孔道占截面面积大、施工复杂、压力灌浆费时、造价高。

(a) 制作构件，预留孔道(塑料管、铁管)　　　　(b) 穿筋

灌浆

(c) 张拉预应力钢筋　　　　(d) 锚固钢筋，孔道灌浆

**图6.11　后张法预应力混凝土施工工艺**

2. 全预应力混凝土和部分预应力混凝土

(1) 全预应力混凝土。

全预应力混凝土指预应力混凝土结构在最不利荷载效应组合作用下，混凝土中不允许出现拉应力。《混凝土结构设计规范（2015版）》（GB 50010—2010)中裂缝控制等级为一级。

全预应力混凝土具有抗裂性好和刚度大等优点，但也存在以下缺点。

① 抗裂要求高。预应力筋的配筋量取决于抗裂要求，而不取决于承载力的需要，这就导致预应力筋配筋量增大。

② 反拱往往过大。由于截面预加应力值高，尤其对永久荷载小、可变荷载大的情况，会使构件的反拱过大，导致混凝土在垂直于张拉方向产生裂缝，并且由于混凝土的徐变会使反拱随时间的增长而发展，从而影响上部结构构件的正常使用。

③ 张拉应力高。对锚具和张拉设备要求高，当锚具下混凝土受到较大的局部压力时，需配置较多的钢筋网片或螺旋筋以加强混凝土的局部承压力。

④ 延性较差。由于全预应力混凝土构件的开裂荷载与破坏荷载较为接近，致使构件破坏时的变形能力较差，对结构抗震不利。

⑤ 由于高压应力的作用，随时间的增长，徐变和反拱加大。

(2) 部分预应力混凝土。

部分预应力混凝土指预应力混凝土结构在最不利荷载效应组合作用下，容许混凝土受拉区出现拉应力或裂缝。

① 限值预应力混凝土。

限值预应力混凝土属部分预应力混凝土。使用荷载作用下根据荷载效应组合情况，不同程度地保证混凝土不开裂的构件，则称为限值预应力混凝土，大致相当于《混凝土结构设计规范（2015版）》（GB 50010—2010)中裂缝控制等级为二级。

② 有限预应力混凝土。

在最不利荷载效应组合作用下，受拉区出现拉应力但不出现裂缝的预应力混凝土结构称为有限预应力混凝土，大致相当于《混凝土结构设计规范（2015年版）》（GB 50010—2010)中裂缝控制等级为三级，即允许出现裂缝的构件。

部分预应力混凝土的特点如下。

① 可合理控制裂缝与变形，节约钢材。因可根据结构构件的不同使用要求、可变荷载的作用情况及环境条件等对裂缝和变形进行合理的控制，降低了预应力，从而减少了锚

具的用量，适量降低了费用。

② 反拱不致过大。由于预加应力值相对较小，构件的初始反拱小，徐变变形亦减小。

③ 延性较好。在部分预应力混凝土构件中，通常配置非预应力筋，因而其正截面受弯的延性较好，有利于结构抗震，并可改善裂缝分布，减小裂缝宽度。

④ 经济性好。与全预应力混凝土相比，可简化张拉、锚固等工艺，获得较好的综合经济效果。

⑤ 计算较为复杂。部分预应力混凝土构件需按开裂截面分析，计算较烦冗，在部分预应力混凝土多层框架的内力分析中，除需计算由荷载及预应力作用引起的内力外，还需考虑框架在预应力作用下的轴向压缩变形引起的内力。此外，在超静定结构中还需考虑预应力次弯矩和次剪力的影响，并需计算配置非预应力筋。

越来越多的研究成果和工程实践表明，采用部分预应力混凝土结构是合理的。可以认为，部分预应力混凝土结构的出现是预应力混凝土结构设计和应用的一个重要发展。

3. 有黏结预应力混凝土和无黏结预应力混凝土

有黏结预应力混凝土指预应力筋与其周围的混凝土有可靠的黏结强度，使得在荷载作用下预应力筋与其周围的混凝土有共同的变形。先张法预应力混凝土及后张法预应力混凝土都是有黏结预应力混凝土。

无黏结预应力混凝土指预应力筋与其周围的混凝土没有任何黏结强度，在荷载作用下预应力筋与其周围的混凝土各自变形。这种预应力混凝土采用的预应力筋全长涂有特制的防锈油脂，并套有防老化的塑料管保护。

无黏结预应力技术克服了一般后张法预应力混凝土施工工艺的缺点。因为后张法预应力混凝土构件需要有预留孔道、穿筋、灌浆等施工工序，而预留孔道（尤其是曲线形孔道）和灌浆都比较麻烦，灰浆漏灌还易造成事故隐患。因此，若将预应力筋外表涂以防锈油脂并用油纸包裹，外套塑料管，它就可以像普通钢筋一样直接按设计位置放入钢筋骨架内，并浇灌混凝土，这种钢筋就是无黏结预应力筋。当混凝土达到规定的强度（如不低于混凝土设计强度等级的 75%），即可对无黏结预应力筋进行张拉，建立预应力。

无黏结预应力筋外涂油脂的作用是减少摩擦力，并能防锈，故要求它具有良好的化学稳定性，温度高时不流淌，温度低时不硬脆。无黏结预应力筋一般采用工业化生产。

由于无黏结预应力混凝土技术综合了先张法预应力混凝土和后张法预应力混凝土施工工艺的优点，因而具有广阔的发展前景。

4. 体内预应力混凝土和体外预应力混凝土

体内预应力混凝土指预应力筋布置在混凝土构件体内，并且混凝土构件中的预加力通过张拉结构中的高强钢筋，使构件产生预压应力的预应力混凝土。先张法预应力混凝土和后张法预应力混凝土等均属此类。

体外预应力混凝土（图 6.12）指预应力筋布置在混凝土构件体外，并且结构构件中的预加力来自结构之外的预应力混凝土。如利用桥梁的有利地形和地质条件，采用千斤顶对梁施加压力作用；在连续梁中利用千斤顶在支座施加反力，使内力做有利分布。混凝土斜拉桥与悬索桥均属此类特例。

图 6.12  体外预应力混凝土

# 本 章 小 结

当结构所处环境的温度发生变化，且结构或构件的热变形受到边界条件约束或相邻构件的制约，不能自由胀缩时，就会在结构或构件内形成一定的应力，即温度作用。温度作用不仅取决于结构环境的温度变化，它还与结构或构件受到的约束条件有关。

结构由于种种原因引起的变形受到多于约束的阻碍，而导致结构产生内力即为变形作用。

爆炸是物质在足够小的容积和极短的时间内突然迅速释放出大量能量的物理或化学变化的现象。爆炸作用是一种复杂的荷载。爆炸对结构产生破坏作用，其破坏程度与爆炸物的性质和爆炸物的质量有关。

如果结构或基础的底面位于地下水位以下，这时底面受到浮力，浮力的计算主要取决于地基土的物理特性。浮力可根据地基土的透水程度，按照结构丧失的重量等于它所排开的水重这一浮力原则计算。

预先施加压应力的措施，从本质上改善了结构材料的受力性能。

# 思 考 题

1. 简述温度应力产生的原因及条件。

2. 举例说明地基不均匀沉降对结构的影响。

3. 简述混凝土收缩的原因。

4. 《混凝土结构设计规范（2015 年版）》（GB 50010—2010)为什么对变形缝的最大间距提出了要求？

5. 爆炸有哪些种类？各以什么方式释放能量？

6. 采取何种措施能减轻燃气爆炸对建筑的破坏？

7. 桥梁设计应如何考虑汽车竖向冲击力？

8. 试述厂房吊车纵向和横向水平制动力的作用方式。

9. 为什么要在结构或构件中建立预应力？

# 习 题

1. 已知刚架如图 6.13 所示，梁下侧和柱右侧温度升高 10℃，梁上侧和柱左侧温度无改变。杆件截面为矩形，截面高度 $h=6000\mathrm{mm}$，$\alpha=1.0\times10^{-5}\,\mathrm{℃}^{-1}$。试求刚架 $C$ 点的竖向位移 $\Delta c$。

**图 6.13 习题 1 图**

2. 图 6.14 为超静定刚架，支座 $B$ 发生了水平位移 $a$ 和下沉 $b$，求刚架的弯矩图。

**图 6.14 习题 2 图**

# 第7章
# 荷载的统计分析

## 教学目标

(1) 了解荷载的概率模型。

(2) 了解荷载效应组合规则。

(3) 熟悉各种荷载代表值的取值和计算方法。

## 教学要求

| 知识要点 | 能力要求 | 相关知识 |
|---|---|---|
| 荷载的概率模型 | (1) 了解平稳二项随机过程模型；<br>(2) 了解荷载统计参数分析 | (1) 随机过程；<br>(2) 样本函数；<br>(3) 正态分布；<br>(4) 极值Ⅰ型分布 |
| 荷载效应组合规则 | (1) 了解 Turkstras 组合规则；<br>(2) 了解 JCSS 组合规则 | (1) 荷载效应；<br>(2) 概率 |
| 常遇荷载的统计分析 | 熟悉各种荷载统计分析过程及参数 | (1) 设计基准期；<br>(2) 标准差；<br>(3) 平均值 |
| 荷载的代表值 | (1) 熟悉荷载的代表值概念；<br>(2) 掌握荷载的代表值取值 | (1) 均值；<br>(2) 众值；<br>(3) 中值；<br>(4) 分位值 |

**基本概念**

荷载效应；荷载代表值；荷载组合值；荷载频遇值；荷载准永久值。

**引例**

施加在结构上的荷载，不但具有随机性，而且还与时间参数有关，在数学上采用随机过程概率模型来描述。对结构设计和可靠度分析来说，最有意义的是确定设计基准期内的荷载最大值。

# 7.1　荷载的概率模型

## 7.1.1　平稳二项随机过程模型

施加在结构上的荷载，不仅具有随机性，一般还与时间有关，在数学上可采用随机过程概率模型来描述。在一个确定的设计基准期 $T$ 内，对荷载随机过程做一次连续观测（如对某地的风压连续观测 50 年），获得的观测时间内的数据称为随机过程的一个样本函数。每个随机过程都是由大量的样本函数构成的。

荷载随机过程的样本函数十分复杂，它随荷载的类型而异。目前对各类荷载随机过程的样本函数及其性质了解甚少。在结构设计和可靠度分析中，主要讨论的是结构在设计基准期 $T$ 内的荷载最大值 $Q_T$。不同的设计基准期 $T$ 内，统计得到的 $Q_T$ 值很可能不同，即 $Q_T$ 为随机变量。为便于 $Q_T$ 的统计分析，通常将楼面活荷载、风荷载、雪荷载等处理成平稳二项随机过程 $\{Q(t)，t \in T\}$，其基本假定如下。

① 荷载一次持续施加于结构上的时段长度为 $\tau$，而在设计基准期 $T$ 内可分为 $r$ 个相等的时期，即 $r = T/\tau$。

② 在任一时段内荷载出现的概率为 $p$，不出现的概率 $q = 1 - p$。

③ 在任一时段内，当荷载出现时，其值是非负随机变量；在不同时段内其概率分布函数 $F_i(X) = P[Q(t) \leqslant x, t \in \tau]$ 相同，这种概率分布称为任意时段荷载概率分布。

④ 不同时段内的荷载随机变量是相互独立的，且不同时段内荷载是否出现也相互独立。

以上假定实际上是将荷载随机过程的样本函数模型化为等时段的矩形波函数（图 7.1）。

**图 7.1　等时段的矩形波函数**

根据上述假定，可导出设计基准期 $T$ 内荷载最大值 $Q_T$ 的概率分布 $F_T(x)$。

由假设②和③，任一时段 $\tau$ 内的概率分布 $F_\tau(x)$ 为式(7-1)。

$$
\begin{aligned}
F_\tau(x) &= P[Q(\tau) \leqslant x, t \in \tau] \\
&= P[Q(t) \neq 0] \cdot P[Q(t) \leqslant x, t \in \tau \mid Q(t) \neq 0] + \\
&\quad P[Q(t) = 0] \cdot P[Q(t) \leqslant x, t \in \tau \mid Q(t) = 0] \\
&= p \cdot F_i(x) + q \cdot 1 \\
&= p \cdot F_i(x) + (1-p) \\
&= 1 - p \cdot [1 - F_i(x)]
\end{aligned}
\tag{7-1}
$$

由假设①和④，可得设计基准期 $T$ 内最大值 $Q_T$ 的概率分布 $F_T(x)$ 为式(7-2)。

$$
F_T(x) = P[Q_T \leqslant x] = P\left[\max_{0 \leqslant t \leqslant T} Q(t) \leqslant x\right] = \prod_{j=1}^{r} P[Q(t) \leqslant x, \tau \in \tau_j]
$$

$$
= \prod_{j=1}^{r} \{1 - p[1 - F_i(x)]\} = \{1 - p[1 - F_i(x)]\}^r
\tag{7-2}
$$

设荷载在 $T$ 年内出现的平均次数为 $N$，则可得式(7-3)。

$$
N = pr
\tag{7-3}
$$

显然，

(1) 当 $p=1$ 时，$N=r$，由式(7-2)得式(7-4)。

$$
F_T(x) = [F_i(x)]^N
\tag{7-4}
$$

(2) 当 $p<1$ 时，利用近似关系式得：$e^{-x} \approx 1 - x$（$x$ 为小数）。

如果式(7-2)中 $p[1-F_i(x)]$ 项充分小，则可得式(7-5)。

$$
\begin{aligned}
F_T(x) &\approx \{e^{-p[1-F_i(x)]}\}^r \approx \{e^{-p[1-F_i(x)]}\}^{pr} \\
&\approx \{1 - [1 - F_i(x)]\}^{pr} \\
&\approx [F_i(x)]^N
\end{aligned}
\tag{7-5}
$$

由上述可知，荷载统计时需确定 3 个统计参数：①荷载在 $T$ 内变动次数 $r$ 或变动一次的时段 $\tau$；②在每个时段 $\tau$ 内荷载 $Q$ 出现的频率 $p$；③任意时段荷载概率分布 $F_i(x)$。采用平稳二项随机过程模型确定设计基准期 $T$ 内的荷载最大值的概率分布 $F_T(x)$。对于几种常遇的荷载，参数可以通过调查测定或经验判断得到。

## 7.1.2 荷载统计参数分析

按照上述平稳二项随机过程模型，可以直接由任意时段荷载概率分布 $F_i(x)$ 的统计参数推求设计基准期 $T$ 内荷载最大值的概率分布 $F_T(x)$ 的统计参数。

1. $F_i(x)$ [式(7-6)] 为正态分布

$$
F_i(x) = \int_{-\infty}^{x} \frac{1}{\sqrt{2\pi}\sigma_i} \exp\left[-\frac{(y-\mu_i)^2}{2\sigma_i^2}\right] \mathrm{d}y
\tag{7-6}
$$

式中　$\mu_i$, $\sigma_i$——任意时段荷载的均值和方差。

若已知设计基准期 $T$ 内荷载的平均变动次数为 $N$，由式(7-4)或式(7-5)可以证明 $F_T(x)$ 近似服从正态分布，即为式(7-7)。

$$F_T(x) = \int_{-\infty}^{x} \frac{1}{\sqrt{2\pi}\sigma_T} \exp\left[-\frac{(y-\mu_T)^2}{2\sigma_T^2}\right] dy \tag{7-7}$$

其统计参数的均值 $\mu_T$ 和方差 $\sigma_T$ 可按式(7-8)、式(7-9)近似计算。

$$\mu_T \approx \mu_i + 3.5\left(1 - \frac{1}{\sqrt[4]{N}}\right)\sigma_i \tag{7-8}$$

$$\sigma_T \approx \frac{\sigma_i}{\sqrt[4]{N}} \tag{7-9}$$

2. $F_i(x)$ 为极值 I 分布

$$F_i(x) = \exp\left\{-\exp\left[-\frac{x-u_i}{\alpha_i}\right]\right\} \tag{7-10}$$

其中，$\alpha_i$ 和 $u_i$ 为常数。

$\alpha_i$ 和 $u_i$ 与均值 $\mu_T$ 和方差 $\sigma_T$ 的关系见式(7-11)、式(7-12)。

$$\sigma_T = 1.2826\alpha_i \tag{7-11}$$

$$\mu_T = u_i + 0.5772\alpha_i \tag{7-12}$$

由式(7-4)或式(7-5)，得式(7-13)。

$$F_T(x) = [F_i(x)]^N = \exp\left\{-N\exp\left[\frac{x-u_i}{\alpha_i}\right]\right\}$$

$$= \exp\left\{-\exp(\ln N)\exp\left[-\frac{x-u_i}{\alpha_i}\right]\right\}$$

$$= \exp\left\{-\exp\left[-\frac{x-u_i-\alpha_i\ln N}{\alpha_i}\right]\right\} \tag{7-13}$$

显然，$F_T(x)$ 仍为极值型分布，将其表达为式(7-14)。

$$F_T(x) = \exp\left\{-\exp\left[-\frac{x-u_T}{\alpha_T}\right]\right\} \tag{7-14}$$

对比式(7-14)与式(7-13)，参数 $u_T$、$\alpha_T$ 与 $u_i$、$\alpha_i$ 间的关系见式(7-15)、式(7-16)。

$$u_T = u_i + \alpha_i\ln N \tag{7-15}$$

$$\alpha_T = \alpha_i \tag{7-16}$$

$F_T(x)$ 均值 $\mu_T$、方差 $\sigma_T$ 与参数 $u_i$、$\alpha_i$ 的关系式仍为式(7-11)、式(7-12)的形式，由此可得 $\mu_T$、$\sigma_T$ 与 $\mu_i$、$\alpha_i$ 的关系为式(7-17)、式(7-18)。

$$\sigma_T = 1.2826\alpha_i \tag{7-17}$$

$$\mu_T = \mu_i + \alpha_i\ln N = 0.5772\alpha_i + u_i + \alpha_i\ln N \tag{7-18}$$

## 7.2 荷载效应组合规则

结构在设计基准期内，可能经常会遇到同时承受永久荷载及两种以上可变荷载（如活荷载、风荷载、雪荷载等）的情况。在进行结构分析和设计时，必须研究和考虑两种以上可变荷载同时作用而引起的荷载效应组合问题。因此，为确保结构安全，应考虑荷载效应组合，研究多个可变荷载是否相遇及相遇的概率大小问题。一般来说，多种可变荷载在设计基准期内最大值相遇的概率不是很大。例如最大风荷载与最大雪荷载同时存在的概率，除个别情况外，一般是极小的。但是研究这个问题远比研究单个荷载的问题复杂得多。

1. Turkstras 组合规则

该规则轮流以一个荷载效应的设计基准期 $T$ 内最大值 $S_{Ci}$ 与其余荷载的任意点值组合，见式(7-19)。

$$S_{Ci} = \max_{t \in [0,T]} S_i(t) + S_1(t_0) + \cdots + S_{i-1}(t_0) + S_{i+1}(t_0) + \cdots + S_n(t_0) \quad (i = 1, 2, \cdots, n)$$

$$(7-19)$$

式中　$t_0$——$S_i(t)$ 达到最大的时刻。

在时间 $T$ 内，荷载效应组合的最大值 $S_C$ 取为式(7-19)组合的最大值，即可写为式(7-20)。

$$S_C = \max(S_{C1}, S_{C2}, \cdots, S_{Cn}) \quad (7-20)$$

其中任一组合的概率分布，可根据式(7-19)中各求和项的概率分布通过卷积运算得到。

图 7.2 为 3 个不同荷载按 Turkstras 规则组合的情况。显然，该规则并不是偏于保守的，因为理论上还可能存在更不利的组合。这种组合规则比较简单，并且通常与一种荷载达到最大值时产生失效的观测结果一致。近年来，对荷载效应组合方面的研究表明，在许多实际情况下，Turkstras 组合规则是一个较好的近似方法。

**图 7.2　3 个不同荷载按 Turkstras 规则组合的情况**

2. JCSS 组合规则

该规则是国际结构安全性联合委员会(JCSS)建议的荷载组合规则。按照这种规则，先假定可变荷载的样本函数为平稳二项过程，将某一可变荷载 $Q_1(t)$ 在设计基准期 $[0, T]$ 内的最大值效应 $\max_{t \in [0,T]} S_1(t)$ (持续时间为 $\tau_1$)，与另一可变荷载 $Q_2(t)$ 在时间 $\tau_1$ 内的局部最大值效应 $\max_{t \in [0,\tau_1]} S_2(t)$ (持续时间为 $\tau_2$)，以及第三个可变荷载 $Q_3(t)$ 在时间 $\tau_2$ 内的局部最大值效应 $\max_{t \in [0,\tau_2]} S_3(t)$ (持续时间为 $\tau_3$)相组合；依次类推。图 7.3 所示阴影部分为 3 个可变荷载效应组合的示意。

按该规则确定荷载效应组合的最大值时，可考虑所有可能的不利组合项，取其中最不利者。对于 $n$ 个荷载组合，一般有 $2^{n-1}$ 项可能的不利组合。

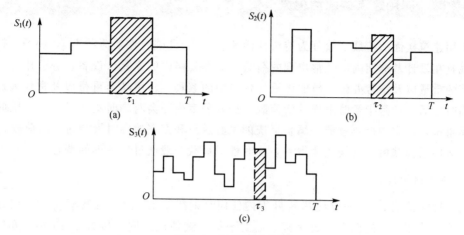

图 7.3　JCSS 组合规则

## 7.3　常遇荷载的统计分析

### 7.3.1　永久荷载

永久荷载在设计基准期 $T$ 内必然出现，故 $p=1$，且基本上不随时间变化，故可认为 $r=1$。其模型化的样本函数为一条与时间轴平行的直线，如图 7.4 所示。因此，永久荷载可直接用随机变量来描述，记为 $G$。

图 7.4　永久荷载的样本函数

以无量纲参数 $\Omega=G/G_k$ 作为基本统计对象，其中 $G$ 为实测重量，$G_k$ 为《建筑结构荷载规范》（GB 50009—2012)规定的标准值（设计尺寸乘重度标准值），经统计假设检验，认为 $G$ 服从正态分布 $N(1.060G_k, 0.074G_k)$。概率分布函数 $F_G(x)$ 为式（7 - 21）。

$$F_G(x) = \frac{1}{\sqrt{2\pi}\,0.074G_k} \int_{-\infty}^{x} \exp\left[-\frac{(u-1.06G_k)^2}{0.011G_k^2}\right] du \qquad (7-21)$$

根据式（7 - 4）可得式（7 - 22）。

$$F_{GT}(x) = [F_G(x)]^N \qquad (7-22)$$

即设计基准期最大永久荷载 $F_{GT}$ 的概率分布函数与任意时段永久荷载的概率分布函数相同，故统计参数也保持不变。

## 7.3.2 民用建筑楼面活荷载

民用建筑楼面活荷载一般分为持久性活荷载 $L_i(t)$ 和临时性活荷载 $L_r(t)$ 两类。持久性活荷载是在设计基准期内，经常出现的荷载，如办公楼内的家具、设备、办公用具、文件资料等的重量以及正常办公人员的体重，住宅中的家具、日用品等重量以及常住人员的体重。临时性活荷载是指暂时出现的活荷载，如办公室内开会时临时集中的人员、临时堆放的物品重量，住宅中逢年过节、婚丧喜庆的家庭成员和亲友的临时聚会时的活荷载。

持久性活荷载可由现场实测得到，临时性活荷载一般通过口头询问调查。

### 1. 持久性活荷载

持久性活荷载 $L_i(t)$ 在设计基准期 $T$ 内任何时刻都存在，故出现概率 $p=1$。经过对办公楼、住宅使用情况的调查，每次搬迁后的平均持续使用时间 $\tau$ 接近于 10 年，亦即在设计基准期 50 年内，总时段数 $r=5$，荷载出现次数 $N=pr=5$。也即在设计基准期 50 年内，总时段 $r=5$，荷载出现次数 $N=5$。据此持久性活荷载的样本函数可模型化为图 7.5。

**图 7.5 持久性活荷载的样本函数模型**

以无量纲参数 $\Omega_L=L_i/L_k$ 作为基本统计对象，其中 $L_i$ 为实测所得的室面积平均荷载，$L_k$ 为《建筑结构荷载规范》(GB 50009—2012)的标准值($L_k=2\text{kN/m}^2$)，经统计假设检验，任意时段持久性活荷载的概率分布服从极值 I 型分布［式(7-23)、式(7-24)］。

办公楼：

$$F_{L_i}(x)=\exp\left[-\exp\left(-\frac{x-0.153L_k}{0.069L_k}\right)\right] \qquad (7-23)$$

其平均值为 $0.193L_k$，标准差为 $0.088L_k$。

住宅：

$$F_{L_i}(x)=\exp\left[-\exp\left(-\frac{x-0.215L_k}{0.063L_k}\right)\right] \qquad (7-24)$$

其平均值为 $0.251L_k$，标准差为 $0.081L_k$。

根据任意时段持久性活荷载的概率分布和式(7-5)，可以求得 50 年设计基准期内持久性活荷载的最大值概率分布函数［式(7-25)、式(7-26)］。

办公楼：

$$F_{L_{iT}}(x)=\left\{\exp\left[-\exp\left(-\frac{x-0.153L_k}{0.069L_k}\right)\right]\right\}^5$$

$$=\exp\left[-\exp\left(-\frac{x-0.153L_k-0.069L_k\ln5}{0.069L_k}\right)\right]$$

$$= \exp\left[-\exp\left(-\frac{x-0.264L_k}{0.069L_k}\right)\right] \quad (7-25)$$

其平均值为 $0.304L_k$，标准差为 $0.088L_k$。

住宅：

$$F_{L_{iT}}(x) = \left\{\exp\left[-\exp\left(-\frac{x-0.215L_k}{0.063L_k}\right)\right]\right\}^5$$

$$= \exp\left[-\exp\left(-\frac{x-0.316L_k}{0.063L_k}\right)\right] \quad (7-26)$$

其平均值为 $0.353L_k$，标准差为 $0.081L_k$。

2. 临时性活荷载

临时性活荷载在设计基准期 $T$ 内的平均出现次数很多，持续时间较短，在每一时段内出现的概率 $p$ 也很小，其样本函数经模型化后如图 7.6 所示。对临时性活荷载的统计特性，包括临时性活荷载的变化幅度、平均出现次数、持续时段长度 $\tau$ 等，要取得精确的资料是困难的。

图 7.6　临时性活荷载的样本函数模型

临时性活荷载调查测定时，按用户在使用期（平均取 10 年）内的最大值计算，10 年内的最大临时性荷载记为 $L_{rs}(t)$。经 $x^2$ 统计假设检验，临时性活荷载的概率分布服从极值 I 型分布。

办公楼 [式(7-27)]：

$$F_{L_{rs}}(x) = \exp\left[-\exp\left(-\frac{x-0.123L_k}{0.095L_k}\right)\right] \quad (7-27)$$

其平均值为 $0.178L_k$，标准差为 $0.122L_k$。

办公楼楼面临时性活荷载在设计基准期的最大值分布为式(7-28)。

$$F_{L_{rT}}(x) \approx \left[F_{L_{rs}}(x)\right]^5 = \exp\left[-\exp\left(-\frac{x-0.276L_k}{0.095L_k}\right)\right] \quad (7-28)$$

其平均值为 $0.331L_k$，标准差为 $0.122L_k$。

住宅 [式(7-29)]：

$$F_{L_{rs}}(x) = \exp\left[-\exp\left(-\frac{x-0.177L_k}{0.098L_k}\right)\right] \quad (7-29)$$

其平均值为 $0.233L_k$，标准差为 $0.126L_k$。

住宅楼面临时性活荷载在设计基准期的最大值分布为式(7-30)。

$$F_{L_{rT}}(x) \approx \left[F_{L_{rs}}(x)\right]^5 = \exp\left[-\exp\left(-\frac{x-0.335L_k}{0.098L_k}\right)\right] \quad (7-30)$$

其平均值为 $0.391L_k$，标准差为 $0.126L_k$。

### 7.3.3　办公楼楼面活荷载的统计参数

由上述统计分析结果和 Turkstras 组合规则（由任意时段持久性活荷载 $L_i$ 与设计基准期最大临时性活荷载 $L_{rT}$ 组合）可得出设计基准期内办公楼楼面活荷载的统计参数为式（7-31）～式（7-33）。

$$\mu_{L_T} = \mu_{L_i} + \mu_{L_{rT}} = (0.304 + 0.331)L_k = 0.635L_k \tag{7-31}$$

$$\sigma_{L_T} = \sqrt{\sigma_{L_i}^2 + \sigma_{L_{rT}}^2} = \sqrt{(0.088L_k)^2 + (0.122L_k)^2} \approx 0.150L_k \tag{7-32}$$

$$\delta_{L_T} = \sigma_{L_T}/\mu_{L_T} = 0.150L_k/0.635L_k \approx 0.236 \tag{7-33}$$

若采用 $K_L = \mu_{L_T}/L_k$ 作为办公楼楼面活荷载的统计变量，则有办公楼楼面活荷载的统计参数为 $K_{L_k} = 0.635L_k/L_k = 0.635$，$\delta_k = 0.236$。

### 7.3.4　住宅楼楼面活荷载的统计参数

设计基准期内住宅楼楼面活荷载的统计参数为式（7-34）～式（7-36）。

$$\mu_{L_T} = \mu_{L_i} + \mu_{L_{rT}} = (0.353 + 0.391)L_k = 0.744L_k \tag{7-34}$$

$$\sigma_{L_T} = \sqrt{\sigma_{L_i}^2 + \sigma_{L_{rT}}^2} = \sqrt{(0.081L_k)^2 + (0.126L_k)^2} \approx 0.150L_k \tag{7-35}$$

$$\delta_{L_T} = \sigma_{L_T}/\mu_{L_T} = 0.150L_k/0.744L_k \approx 0.202 \tag{7-36}$$

若采用 $K_L = \mu_{L_T}/L_k$ 作为住宅楼楼面活荷载的统计变量，则有住宅楼楼面荷载的统计参数为 $K_{L_k} = 0.744L_k/L_k = 0.744$，$\delta_k = 0.202$。

## 7.4　荷载代表值

荷载代表值是指设计中用以验算极限状态所采用的荷载量值，如荷载标准值、荷载准永久值、荷载频遇值和荷载组合值。

建筑结构设计中，对不同荷载应采用不同的代表值。永久荷载采用荷载标准值作为代表值；可变荷载应根据设计要求采用荷载标准值、荷载组合值、荷载频遇值或荷载准永久值作为代表值；偶然荷载应按建筑结构使用的特点确定其代表值。

### 7.4.1　荷载标准值

荷载标准值是《建筑结构荷载规范》（GB 50009—2012）规定的荷载基本代表值，为设计基准期内最大荷载统计分布的特征值（如均值、众值、中值或某个分位值）。由于最大荷载值是随机变量，因此，原则上应由设计基准期（50年）最大荷载值概率分布的某一分位数来确定。但是，有些荷载并不具备充分的统计参数，只能根据已有的工程经验确定，故实际上荷载标准值取值的分位数并不统一。

对于结构或非承重构件的自重，永久荷载标准值可由设计尺寸与材料单位体积的自重计算确定。《建筑结构荷载规范》（GB 50009—2012）给出的自重大体上相当于统计平均值，其分位数为 0.5。对于自重变异较大的材料（如屋面保温材料、防水材料、找平层等），在设计中应根据该荷载对结构有利或不利，分别取《建筑结构荷载规范》（GB 50009—2012）中给出的自重上限值和下限值。

可变荷载标准值是由设计基准期内荷载最大值概率分布的某一分位数确定的。例如，民用建筑楼面活荷载的标准值 $L_k$ 相当于民用建筑在设计基准期最大活荷载 $L_T$ 概率分布的平均值 $\mu_{L_T}$ 加 $\alpha$ 倍标准差 $\sigma_{L_T}$，即 $L_k = \mu_{L_T} + \alpha\sigma_{L_T}$。

实际上，并非所有的荷载都能取得充分的统计资料，并以合理的统计分析来规定其特征值。因此《建筑结构荷载规范》（GB 50009—2012）没有对分位数做具体的规定，但对性质类同的可变荷载，应尽可能使其取值在保证率上保持相同的水平。

## 7.4.2　荷载准永久值

荷载准永久值是对可变荷载而言的，是指可变荷载中比较呆滞的部分（如住宅中较为固定的家具、办公室的设备、学校的课桌椅等），在规定的时间内具有较长的总持续期。它对结构的影响犹如永久荷载。荷载准永久值主要用于正常使用极限状态的长期荷载效应组合，其值与可变荷载出现的频繁程度和持续时间长短有关。荷载准永久值根据在设计基准期内荷载达到和超过该值的总持续时间与设计基准期的比值为 0.5 确定。对办公楼、住宅楼面活荷载、风荷载、雪荷载等，这相当于取其任意时段荷载概率分布的 0.5 分位数。

可变荷载的准永久值记为 $\Psi_q Q_k$，其中 $\Psi_q$ 称为准永久系数，是对荷载标准值 $Q_k$ 的一种折减系数，即 $\Psi_q =$ 荷载准永久值/荷载标准值。

## 7.4.3　荷载组合值

荷载组合值是对可变荷载而言的，它是当结构承受两个或两个以上可变荷载时，承载能力极限状态按基本组合设计及正常使用极限状态按短期效应组合设计所采用的荷载代表值。当两种或两种以上可变荷载在结构上同时作用时，由于所有荷载同时达到其单独出现时可能达到的最大值的概率极小，因此，除主导荷载（产生最大荷载效应的荷载）仍可以用其标准值为代表值外，其他伴随荷载均取小于其标准值的组合值为荷载代表值。

荷载组合值记为 $\Psi_c Q_k$，其中 $\Psi_c$ 称为组合值系数，是对荷载标准值 $Q_k$ 的一种折减系数。其值应根据两个或两个以上可变荷载在设计基准期 $T$ 内相遇的情况及其组合的最大效应概率分布，并考虑结构可靠指标具有一致性的原则确定。

## 7.4.4　荷载频遇值

荷载频遇值同样是对可变荷载而言的，它是指在设计基准期 $T$ 内，其超越的总时间为规定的较小比率或超越频率为规定频率的荷载值。

荷载频遇值记为 $\Psi_f Q_k$，其中 $\Psi_f$ 称为频遇值系数，是对荷载标准值 $Q_k$ 的一种折减系数。

它是正常使用极限状态按频遇组合设计时所采用的可变荷载代表值。

# 本 章 小 结

施加在结构上的荷载，不仅具有随机性，一般还与时间有关，在数学上可采用随机过程概率模型来描述。荷载随机过程的样本函数十分复杂，它随荷载的类型而异。在结构设计和可靠度分析中，主要讨论的是结构设计基准期 $T$ 内的荷载最大值 $Q_T$。为便于对 $Q_T$ 的统计分析，通常将楼面活荷载、风荷载、雪荷载等处理成平稳二项随机过程 $\{Q(t)，t \in T\}$。

结构在设计基准期内，可能经常会遇到同时承受永久荷载及两种以上可变荷载如活荷载、风荷载、雪荷载等的情况。在进行结构分析和设计时，必须研究和考虑两种以上可变荷载同时作用而引起的荷载效应组合问题。荷载效应组合规则包括 Turkstras 组合规则、JCSS 组合规则。

荷载代表值是指设计中用以验算极限状态所采用的荷载量值，如荷载标准值、荷载组合值、荷载频遇值和荷载准永久值。建筑结构设计中，对不同荷载应采用不同的代表值。永久荷载采用标准值作为代表值；可变荷载应根据设计要求采用荷载标准值、荷载组合值、荷载频遇值或荷载准永久值作为代表值；偶然荷载应按建筑结构使用的特点确定其代表值。

# 思 考 题

1. 为什么要把荷载处理为平稳二项随机过程模型？简述其基本假定。
2. 荷载的统计参数有哪些？进行荷载统计时必须统计哪 3 个参数？
3. 简述 Turkstras 和 JCSS 组合原则。
4. 荷载有哪些代表值？有何意义？
5. 荷载组合效应与荷载有何区别？有何联系？

# 习 题

某地连续 25 年的年标准最大风压 $x_i$（N/m²）为：111.4，138.1，143.1，436.7，352.0，374.4，214.2，198.0，239.6，222.5，314.4，218.3，198.0，160.4，148.2，138.1，204.2，202.0，198.0，118.9，198.3，160.4，126.7，79.8，101.2。

求该地设计基准期内的标准最大风压统计参数。

# 第8章
# 结构构件抗力的统计分析

**教学目标**

（1）了解影响结构构件抗力的各种不定性因素。
（2）掌握材料强度的标准值和设计值的取值方法。
（3）熟悉结构构件抗力的统计特征。

**教学要求**

| 知识要点 | 能力要求 | 相关知识 |
| --- | --- | --- |
| 结构构件抗力的不定性 | 了解影响结构构件抗力的各种不定性因素 | 不定性 |
| 结构构件抗力的统计特征 | 熟悉结构构件抗力的统计参数及分布类型 | 结构抗力 |
| 材料强度的标准值和设计值 | （1）熟悉材料强度标准值的确定；<br>（2）掌握材料强度设计值的计算 | （1）概率分布；<br>（2）标准值；<br>（3）设计值 |

**基本概念**

抗力；概率。

**引例**

结构构件抗力指结构构件承受作用效应的能力，如承载能力等。影响结构构件抗力的主要因素是结构构件材料性能 $f$、截面几何参数 $a$ 和计算模式的精确性 $p$，它们都是相互独立的随机变量。

# 8.1  结构构件抗力的不定性

## 8.1.1  结构构件材料性能的不定性

结构构件材料性能的不定性主要是指材料质量因素以及工艺、荷载、环境、尺寸等因素引起的结构构件材料性能的变异性。在工程问题中，材料性能（如强度、弹性模量等）一般是采用标准试件和标准试验方法确定的，并以一个时期内由全国有代表性的生产单位（或地区）的材料性能的统计结果作为全国平均生产水平的代表。对于结构构件的材料性能，应进一步考虑实际材料性能与标准试件材料性能的差别、实际工作条件与标准试验条件的差别等。结构构件材料性能的不定性可用随机变量 $\Omega_f$ 表达，见式（8-1）

$$\Omega_f = \frac{f_c}{\omega_0 f_k} = \frac{1}{\omega_0} \cdot \frac{f_c}{f_s} \cdot \frac{f_s}{f_k} \tag{8-1}$$

式中　$f_c$，$f_s$——结构构件的材料性能值及试件的材料性能值；

　　　　$f_k$——规范规定的结构构件材料性能标准值；

　　　　$\omega_0$——规范规定的反映结构构件材料性能与试件材料性能差别，包括缺陷、外形、尺寸、施工质量、加载速度、试验方法、时间等的系数。

式（8-1）可根据式（8-2）写成式（8-3）的形式。

$$\Omega_0 = \frac{f_c}{f_s}, \quad \Omega_1 = \frac{f_s}{f_k} \tag{8-2}$$

$$\Omega_f = \frac{1}{\omega_0} \Omega_0 \Omega_1 \tag{8-3}$$

式中　$\Omega_0$——反映结构构件材料性能与试件材料性能差别的随机变量；

　　　　$\Omega_1$——反映试件材料性能不定性的随机变量。

则，$\Omega_f$ 的平均值 $\mu_{\Omega_f}$ 和变异系数 $\delta_{\Omega_f}$ 分别见式（8-4）和式（8-5）。

$$\mu_{\Omega_f} = \frac{1}{\omega_0} \mu_{\Omega_0} \mu_{\Omega_1} = \frac{\mu_{\Omega_0} \mu_f}{\omega_0 f_k} \tag{8-4}$$

$$\delta_{\Omega_f} = \sqrt{\delta_{\Omega_0}^2 + \delta_f^2} \tag{8-5}$$

式中　$\mu_f$，$\mu_{\Omega_0}$，$\mu_{\Omega_1}$——试件材料性能 $f_s$ 的平均值及随机变量 $\Omega_0$、$\Omega_1$ 的平均值；

　　　　$\delta_f$，$\delta_{\Omega_0}$——试件材料性能 $f_s$ 的变异系数及随机变量 $\Omega_0$ 的变异系数。

**【例8.1】** 某钢筋的材料屈服强度平均值 $\mu_{f_y}=280.3\text{MPa}$，标准差 $\sigma_{f_y}=21.3\text{MPa}$。由于加荷速度及上、下屈服强度的差别，构件中材料的屈服强度低于试件材料的屈服强度，两者的比值 $\Omega_0$ 的平均值 $\mu_{\Omega_0}=0.92$，标准差 $\sigma_{\Omega_0}=0.032$。规范规定的构件材料屈服强度值 $\omega_0 f_k=240\text{MPa}$。试求该钢筋的材料屈服强度 $f_y$ 的统计参数。

**解：**（1）求 $\Omega_0$ 和 $\Omega_{f_y}$ 的变异系数。

$$\delta_{\Omega_0}=\frac{\sigma_{\Omega_0}}{\mu_{\Omega_0}}=\frac{0.032}{0.92}\approx 0.035$$

$$\delta_{f_y}=\frac{\sigma_{f_y}}{\mu_{f_y}}=\frac{21.3}{280.3}\approx 0.076$$

（2）计算屈服强度 $f_y$ 的统计参数。

由式(8-3)、式(8-4)可得

$$\mu_{\Omega_f}=\frac{\mu_{\Omega_0}\mu_{f_y}}{\omega_0 f_k}=\frac{0.92\times 280.3}{240}\approx 1.074$$

$$\delta_{\Omega_f}=\sqrt{\delta_{\Omega_0}^2+\delta_{f_y}^2}=\sqrt{0.035^2+0.076^2}\approx 0.084$$

我国对各种常用结构材料的强度性能进行过大量的统计研究，得出的统计参数见表8-1。

表8-1 各种常用结构材料强度性能的统计参数

| 结构材料 | 材料受力状况和类型 | | $\mu_{\Omega_f}$ | $\delta_{\Omega_f}$ |
|---|---|---|---|---|
| 型钢 | 受拉 | Q235 钢 | 1.08 | 0.08 |
| | | 16Mn 钢 | 1.09 | 0.07 |
| 薄壁型钢 | 受拉 | Q235F 钢 | 1.12 | 0.10 |
| | | Q235 钢 | 1.27 | 0.08 |
| | | 16Mn 钢 | 1.05 | 0.08 |
| 钢筋 | 受拉 | Q235F 钢 | 1.02 | 0.08 |
| | | 20MnSi | 1.14 | 0.07 |
| | | 25MnSi | 1.09 | 0.06 |
| 混凝土 | 轴心受压 | C20 | 1.66 | 0.23 |
| | | C30 | 1.41 | 0.19 |
| | | C40 | 1.35 | 0.16 |
| 砖砌体 | 轴心受压 | | 1.15 | 0.20 |
| | 小偏心受压 | | 1.10 | 0.20 |
| | 齿缝受剪 | | 1.00 | 0.22 |
| | 受剪 | | 1.00 | 0.24 |
| 木材 | 轴心受拉 | | 1.48 | 0.32 |
| | 轴心受压 | | 1.28 | 0.22 |
| | 受弯 | | 1.47 | 0.25 |
| | 顺纹受剪 | | 1.32 | 0.22 |

### 8.1.2 结构构件几何参数的不定性

结构构件几何参数的不定性主要是指制作尺寸偏差和安装误差等引起的结构构件几何参数的变异性，它反映了所设计的结构构件和制作安装后的实际结构构件之间几何上的差异。根据对结构构件抗力的影响程度，一般结构构件可仅考虑截面几何参数（如宽度、有效高度、面积、面积矩、抵抗矩、惯性矩、箍筋间距等）的变异。

结构构件几何参数的不定性可采用随机变量 $\Omega_a$ 表达，见式（8-6）。

$$\Omega_a = \frac{a}{a_k} \tag{8-6}$$

式中  $a$，$a_k$——结构构件的几何参数及几何参数标准值。

从而，$\Omega_a$ 的平均值 $\mu_{\Omega_a}$ 和变异系数 $\delta_{\Omega_a}$ 见式（8-7）、式（8-8）。

$$\mu_{\Omega_a} = \frac{\mu_a}{a_k} \tag{8-7}$$

$$\delta_{\Omega_a} = \delta_a \tag{8-8}$$

式中  $\mu_a$，$\delta_a$——结构构件几何参数的平均值及变异系数。

结构构件实际几何参数的统计参数可根据正常生产情况下结构构件几何尺寸的实测数据，经统计分析得到；当实测数据不足时，也可根据有关标准中规定的几何尺寸公差，经分析判断确定。

一般来说，结构构件几何参数的变异系数随结构构件截面几何尺寸的增大而减小，故钢筋混凝土结构和砌体结构截面尺寸的变异系数，通常小于钢结构和薄壁型钢结构的相应值。注意：结构构件截面几何特性的变异对其可靠度影响较大，不可忽视；而结构构件长度、跨度的变异对其可靠度影响则相对较小，有时可按确定量来考虑。

【例8.2】 根据钢筋混凝土工程施工及验收规范，经统计，某预制梁截面宽度 $b$ 允许偏差 $\Delta b$ 为（-5mm，2mm），截面高度 $h$ 允许偏差 $\Delta h$ 为（-5mm，2mm）。截面尺寸标准值 $b_k=200$mm，$h_k=500$mm。假定截面尺寸符合正态分布，合格率应达到95%。试求该钢筋混凝土预制梁截面宽度和高度的统计参数。

**解：**（1）计算截面宽度 $b$ 和截面高度 $h$ 的平均值和方差。

根据所规定的允许偏差，截面尺寸平均值：

$$\mu_b = b_k + \left(\frac{\Delta b^+ - \Delta b^-}{2}\right) = 200 + \left(\frac{2-5}{2}\right) = 198.5(\text{mm})$$

$$\mu_h = h_k + \left(\frac{\Delta h^+ - \Delta h^-}{2}\right) = 500 + \left(\frac{2-5}{2}\right) = 498.5(\text{mm})$$

由正态分布函数的性质可知，当合格率为95%时，$b_{min}=\mu_b-1.645\sigma_b$。

$$\mu_b - b_{min} = \frac{\Delta b^+ + \Delta b^-}{2} = \frac{2+5}{2} = 3.5(\text{mm})$$

$$\sigma_b = \frac{\mu_b - b_{min}}{1.645} = \frac{3.5}{1.645} \approx 2.128(\text{mm})$$

同理

$$\sigma_h = \frac{\mu_h - h_{min}}{1.645} = \frac{3.5}{1.645} \approx 2.128(\text{mm})$$

（2）计算截面宽度 $b$ 和截面高度 $h$ 的统计参数。

根据式（8-7）、式（8-8）可得：

$$\mu_{\Omega_b}=\frac{\mu_b}{b_k}=\frac{198.5}{200}\approx0.993, \quad \delta_{\Omega_b}=\delta_b=\frac{\sigma_b}{\mu_b}=\frac{2.128}{198.5}\approx0.011$$

$$\mu_{\Omega_h}=\frac{\mu_h}{h_k}=\frac{498.5}{500}=0.997, \quad \delta_{\Omega_h}=\delta_h=\frac{\sigma_h}{\mu_h}=\frac{2.128}{498.5}\approx0.004$$

我国对各种结构构件的几何尺寸进行了大量的实测统计工作，得出的有关统计参数列于表8-2中。

表 8-2　各种结构构件的几何尺寸统计参数

| 结构构件种类 | 项目 | $\mu_{\Omega_a}$ | $\delta_{\Omega_a}$ |
|---|---|---|---|
| 型钢构件 | 截面面积 | 1.00 | 0.05 |
| 薄壁型钢构件 | 截面面积 | 1.00 | 0.05 |
| 钢筋混凝土构件 | 截面高度、宽度 | 1.00 | 0.02 |
| | 截面有效高度 | 1.00 | 0.03 |
| | 纵筋截面面积 | 1.00 | 0.03 |
| | 纵筋重心到截面近边距离（混凝土保护层厚度） | 0.85 | 0.30 |
| | 箍筋平均间距 | 0.99 | 0.07 |
| | 纵筋锚固长度 | 1.02 | 0.09 |
| 砖砌体 | 单向尺寸（37cm） | 1.00 | 0.02 |
| | 截面尺寸（37cm×37cm） | 1.01 | 0.02 |
| 木构件 | 单向尺寸 | 0.98 | 0.03 |
| | 截面面积 | 0.96 | 0.06 |
| | 截面模量 | 0.94 | 0.08 |

## 8.1.3 结构构件计算模式的不定性

结构构件计算模式的不定性主要是指在抗力计算中，采用的基本假定和计算式的不精确等。例如，在建立计算式的过程中，常采用理想弹性、理想塑性、匀质性、各向同性、平面变形等假定；常采用矩形、三角形等简单应力分布图形来代替实际应力分布图形；常采用简支、固定支等典型边界条件来代替实际边界条件；常采用铰支、刚接来代替实际的连接条件；常采用线性方法来简化计算式；等等。所有这些近似的处理，必然会导致实际的结构构件抗力与给定公式计算的抗力之间的差异，引起的变异性。在计算钢筋混凝土受弯构件正截面强度时，通常用所谓"等效矩形应力分布图形"来代替受压区混凝土实际的呈曲线分布的压应力图形。这种简化计算的假定，同样会使结构的实际强度与计算强度之间产生误差（虽然不是太大）。结构构件计算模式的不定性就反映了这种差异。

结构构件计算模式的不定性，可用随机变量 $\Omega_P$ 表达，见式（8-9）。

$$\Omega_P = \frac{R^0}{R^c} \qquad (8-9)$$

式中 $R^0$，$R^c$——结构构件的实际抗力（可取试验实测值或精确计算值）及按规范公式的计算抗力。

式（8-9）中 $R^c$ 应根据材料性能和几何尺寸的实测值按规范给定的公式计算，以排除 $\Omega_f$、$\Omega_a$ 的变异性对 $\Omega_P$ 的影响。

## 8.2 结构构件抗力的统计特征

### 8.2.1 结构构件抗力的统计参数

对于由几种材料构成的结构构件，在考虑上述 3 种不定性的情况下，其抗力可采用式（8-10）表达。

$$R = \Omega_P R_P = \Omega_P R(f_{c_1} \cdot a_1, f_{c_2} \cdot a_2, \cdots, f_{c_n} \cdot a_n) \qquad (8-10)$$

或写成式（8-11）。

$$R = \Omega_P R(f_{c_i} \cdot a_i) \quad (i=1,2,\cdots,n) \qquad (8-11)$$

则可得式（8-12）。

$$R = \Omega_P R[(\Omega_{f_i} \cdot \omega_{0_i} \cdot f_{k_i}) \cdot (\Omega_{ai} \cdot a_{ki})] \quad (i=1,2,\cdots,n) \qquad (8-12)$$

式中 $R_P$——由计算式确定的结构构件抗力，$R_P = R(\cdot)$，其中 $R(\cdot)$ 为抗力函数；

$f_{c_i}$——结构构件中第 $i$ 种材料的构件性能；

$a_i$——与第 $i$ 种材料相应的结构构件几何参数；

$\Omega_{f_i}$、$f_{k_i}$——结构构件中第 $i$ 种材料的材料性能随机变量及其试件标准值；

$\Omega_{ai}$、$a_{ki}$——与第 $i$ 种材料相应的结构构件几何参数随机变量及其标准值。

按随机变量函数统计参数的运算法则，求出抗力 $R$ 的统计参数见式（8-13）～式（8-15）。

$$\mu_{R_P} = R(\mu_{f_{c_i}}, \mu_{a_i}) \quad (i=1,2,\cdots,n) \qquad (8-13)$$

$$\sigma_{R_P}^2 = \left[ \sum_{i=1}^{n} \left( \frac{\partial R_P}{\partial X_i} \bigg|_\mu \right)^2 \cdot \sigma_{xi}^2 \right]^{\frac{1}{2}} \quad (i=1,2,\cdots,n) \qquad (8-14)$$

$$\delta_{R_P} = \frac{\sigma_{R_P}}{\mu_{R_P}} \qquad (8-15)$$

式中 $X_i$——抗力函数 $R(\cdot)$ 的有关变量 $f_{c_i}$ 和 $a_i(i=1,2,\cdots,n)$；

$(\cdot)|_\mu$——计算偏导数时变量均用各自的平均值赋值。

从而，结构构件抗力 $R$ 的统计参数可按式（8-16）、式（8-17）计算。

$$\kappa_R = \frac{\mu_R}{R_k} = \frac{\mu_{\Omega_P} \cdot \mu_{R_P}}{R_k} \qquad (8-16)$$

$$\delta_R = \sqrt{\delta_{\Omega_P}^2 + \delta_{R_P}^2} \qquad (8-17)$$

式中　$R_k$——按规范规定的材料性能和几何参数标准值及抗力计算式求得的结构构件抗力值。

结构构件抗力值 $R_k$ 可表达为式(8-18)。

$$R_k = R(\omega_{0i} f_{ki} \cdot a_{ki}) \quad (i = 1, 2, \cdots, n) \tag{8-18}$$

如果结构构件仅由单一材料构成,则抗力计算可简化为式(8-19)。

$$R = \Omega_P \cdot (\Omega_f \cdot \omega_0 f_k) \cdot (\Omega_a \cdot a_k) = \Omega_P \cdot \Omega_f \cdot \Omega_a \cdot R_k \tag{8-19}$$

其中 $R_k$ 的计算见式(8-20)。

$$R_k = \omega_0 f_k \cdot a_k \tag{8-20}$$

则可得式(8-21)、式(8-22)。

$$\kappa_R = \frac{\mu_R}{R_k} = \mu_{\Omega_P} \cdot \mu_{\Omega_f} \cdot \mu_{\Omega_a} \tag{8-21}$$

$$\delta_R = \sqrt{\delta_{\Omega_P}^2 + \delta_{\Omega_f}^2 + \delta_{\Omega_a}^2} \tag{8-22}$$

对于钢筋混凝土,配筋砖砌体等由两种或两种以上材料构成的结构构件,可采用式(8-16)、式(8-17)计算抗力的统计参数。对于钢、木等由单一材料构成的结构构件,可采用式(8-21)、式(8-22)计算抗力的统计参数。

## 8.2.2　结构构件抗力的分布类型

由式(8-10)、式(8-19)可知,结构构件抗力 $R$ 由多个随机变量相乘而得,所以一般认为结构构件抗力服从对数正态分布。

# 8.3　材料强度的标准值和设计值

材料强度标准值 $f_k$ 是结构设计时所用的材料强度 $f$ 的基本代表值,它不仅是设计表达式中材料性能取值的依据,而且是生产中控制材料质量的主要依据。

材料强度标准值应根据符合规定质量的材料性能的概率分布的某一分位数确定。从当前的发展来看,一般将材料强度标准值 $f_k$ 定义在设计限定质量相应的材料强度 $f$ 概率分布的 0.05 分位数上,这时相应的偏低率 $P_k$ 为 5%。当材料强度 $f$ 服从正态分布时,材料强度标准值计算见式(8-23)。

$$f_k = \mu_f - \alpha \sigma_f = \mu_f - 1.645 \sigma_f \tag{8-23}$$

当材料强度符合式(8-23)所定义的标准值时,可近似地认为其在质量上等同于极限质量。

材料强度设计值是荷载分项系数与荷载标准值的乘积。荷载分项系数是根据规定的目标可靠指标和不同活荷载与永久荷载比值,对不同类型的构件进行反算后,得出相应的分项系数,并从中优选出合适的数值。荷载分项系数确定后,即可确定材料强度的设计值。

# 本 章 小 结

结构构件承受作用效应的能力,如承载能力,称为结构抗力。影响结构构件抗力的主要因素是结构构件材料性能 $f$、截面几何参数 $a$ 和计算模式的精确性 $p$，它们都是相互独立的随机变量。材料性能（如强度、弹性模量等）一般是采用标准试件和标准试验方法确定的。结构构件几何参数的变异对其可靠度影响较大，一般构件可仅考虑截面几何参数（如宽度、有效高度、面积、面积矩、抵抗矩、惯性矩、箍筋间距等）的变异。在抗力计算中，采用的基本假定和计算式的不精确等计算模式的不定性，都会引起结构构件的变异性。结构构件抗力服从对数正态分布。材料强度的标准值 $f_k$ 是结构设计时所用的材料强度 $f$ 的基本代表值，它不仅是设计表达式中材料性能取值的依据，而且是生产中控制材料质量的主要依据。

# 思 考 题

1. 影响结构抗力的主要因素有哪些？
2. 结构构件材料性能的不定性是由什么原因引起的？
3. 什么是结构计算模式的不定性？如何统计？
4. 结构构件几何参数的不定性主要包括哪些？
5. 结构构件的抗力服从什么分布？其统计参数如何计算？

# 习 题

1. 试件钢筋本身屈服强度的平均值 $\mu_{f_y} = 380\text{MPa}$，变异系数 $\delta_{f_y} = 0.053$。由于加荷速度及上、下屈服强度的差别，构件中材料的屈服强度低于试件材料的屈服强度，经统计，两者比值 $K_0$ 的平均值 $\mu_{K_0} = 0.975$，变异系数 $\delta_{f_y} = 0.011$。钢筋轧制时截面面积变异，其平均值 $\mu_{K_0} = 1.015$，变异系数 $\delta_{f_y} = 0.0247$，设计中选用规格引起的钢筋截面面积变异，其平均值 $\mu_{K_0} = 1.025$，变异系数 $\delta_{f_y} = 0.05$。规范规定的构件材料屈服强度值为 $k_0 f_k = 340\text{MPa}$。试求 16Mn 钢筋屈服强度的统计参数。

2. 预制板截面宽度允许偏差 $\Delta b$ 为 $(-5\text{mm}, 3\text{mm})$，截面高度允许偏差 $\Delta h$ 为 $(-3\text{mm}, 25\text{mm})$，截面尺寸标准值为 $b_k = 500\text{mm}$，$h_k = 100\text{mm}$，假定截面尺寸符合正态分布，合格率应达到 90%。求优良等级钢筋混凝土预制板截面宽度和高度的统计参数。

3. 设对 10 根梁进行实验，相关数据见表 8-3。求钢筋混凝土斜压抗剪强度计算公式的不精确性的统计参数。

表 8-3　各种结构构件抗力 $R$ 的统计参数

| 序号 | $f_a^s$/MPa | $b^s \times h_0^s$/cm | $a^s/h_0^s$ | $Q_P^s$/kN | $Q_P$/kN | $Q_P^s/Q_P$ |
|---|---|---|---|---|---|---|
| 1 | 385 | 7.9×18.0 | 0.8 | 12.2 | 15.1 | 0.807 |
| 2 | 194 | 10.1×54.9 | 1.0 | 29.9 | 33.1 | 0.905 |
| 3 | 252 | 7.5×55.4 | 1.0 | 29.9 | 32.6 | 0.916 |
| 4 | 256 | 6.6×54.5 | 1.0 | 24.9 | 27.7 | 0.900 |
| 5 | 195 | 5.1×54.5 | 1.0 | 16.9 | 16.8 | 1.015 |

续表

| 序号 | $f_a^s$/MPa | $b^s \times h_0^s$/cm | $a^s/h_0^s$ | $Q_P^s$/kN | $Q_P$/kN | $Q_P^s/Q_P$ |
|------|-------------|------------------------|-------------|------------|----------|-------------|
| 6 | 266 | 5.1×55.1 | 1.5 | 20.0 | 21.4 | 0.936 |
| 7 | 266 | 5.0×54.5 | 1.5 | 21.7 | 20.7 | 1.048 |
| 8 | 23 | 6.2×54.8 | 2.0 | 17.5 | 20.8 | 0.840 |
| 9 | 282 | 5.5×45.0 | 2.0 | 18.5 | 18.6 | 0.983 |
| 10 | 282 | 6.1×45.2 | 3.6 | 17.3 | 18.3 | 0.946 |

# 第9章

# 结构可靠度分析与计算

教学目标

（1）掌握结构可靠度的基本概念。

（2）熟悉结构可靠度常用的计算方法。

教学要求

| 知识要点 | 能力要求 | 相关知识 |
|---|---|---|
| 结构可靠度的基本概念 | 掌握结构可靠度的基本概念 | （1）结构的功能要求；<br>（2）极限状态；<br>（3）结构抗力；<br>（4）结构功能函数；<br>（5）结构可靠度；<br>（6）可靠指标 |
| 结构可靠度计算 | 熟悉结构可靠度计算 | （1）均值一次二阶矩法；<br>（2）改进的一次二阶矩法；<br>（3）JC 法 |
| 相关随机变量的结构可靠度计算 | 了解随机变量相关的概念和变换 | （1）标准差；<br>（2）协方差；<br>（3）正交矩阵 |
| 可靠度计算 | 了解可靠度计算概念 | 功能函数 |
| 结构系统的基本模型 | 了解基本模型 | （1）串联模型；<br>（2）并联模型；<br>（3）混联模型 |
| 结构体系可靠度计算方法 | 了解其计算方法 | （1）区间估计法；<br>（2）PNET 法 |

## 基本概念

可靠性；可靠度；可靠指标。

## 引例

结构的可靠性是结构在规定的时间内和规定的条件下完成预定功能的能力。工程结构要求具有一定的可靠性，因为工程结构在设计、施工、使用过程中具有各种影响结构安全、适用、耐久的不确定性。结构的可靠度分析是对可靠性所进行的概率分析。

# 9.1　结构可靠度的基本概念

## 9.1.1　结构的功能要求和极限状态

结构的设计、施工和维护应使结构在规定的设计使用年限内以适当的可靠度且经济的方式满足规定的各项功能要求。《建筑结构可靠度设计统一标准》（GB 50068—2018）规定，结构在规定的设计使用年限内应满足下列功能要求。

① 能承受在施工和使用期间可能出现的各种作用。

② 保持良好的使用性能。

③ 具有足够的耐久性能。

④ 当发生火灾时，在规定的时间内可保持足够的承载力。

⑤ 当发生爆炸、撞击、人为错误等偶然作用时，结构能保持必要的整体稳定性，不出现与起因不相称的破坏后果，防止出现结构的连续倒塌；结构的整体稳固性设计，可根据《建筑结构可靠性设计统一标准》（GB 50068—2018）附录 B 的规定进行。

上述第①、④、⑤项为结构的安全性要求，第②项为结构的适用性要求，第③项为结构的耐久性要求。

这些功能要求概括起来称为结构的可靠性，即结构在规定的时间内（如设计基准期）和规定的条件下（正常设计、正常施工、正常使用维护）完成预定功能（安全性、适用性和耐久性）的能力。显然，增大结构设计的余量，如加大结构构件的截面尺寸或钢筋数量、提高材料性能等的要求，总是能够增加或改善结构的安全性、适应性和耐久性要求，但这将使结构造价提高，不符合经济性要求。因此，结构设计要根据实际情况，解决好结构可靠性与经济性之间的矛盾，既要保证结构具有适当的可靠性，又要尽可能降低结构造价，做到经济合理。

结构设计时，应根据下列要求采取适当的措施，使结构不出现或少出现可能的损坏，避免、消除或减少结构可能受到的危害：采用对可能受到的危害反应不敏感的结构类型；采用当单个构件或结构的有限部分被意外移除或结构出现可接受的局部损坏时，结构的其他部分仍能保存的结构类型；不宜采用无破坏预兆的结构体系。

使结构具有整体稳固性。宜采取下列措施满足对结构的基本要求：采用适当的材料；采用合理的设计和构造；对结构的设计、制作、施工和使用等制定相应的控制措施。

偶然作用发生时，要防止结构出现连续倒塌，保持结构必须的整体稳定性。进行结构整体稳定性设计时，应区分与结构整体稳定性有关的偶然作用的类型。当几个偶然作用同时出现或相继出现时，应考虑这些偶然作用的联合影响和后续影响。影响结构整体稳定性的偶然作用类型可按下列形式划分：①由自然或一般人类活动引起的危险；②蓄意破坏和恐怖袭击等故意的或人为制造的危险；③错误和疏忽；④其他引起结构连续倒塌的作用。

整个结构或结构的一部分超过某一特定状态就不能满足设计规定的某一功能要求，此特定状态称为该功能的极限状态。极限状态是区分结构工作状态可靠或失效的标志。极限状态可分为三类：承载能力极限状态、正常使用极限状态和耐久性极限状态。

（1）承载能力极限状态。

这种极限状态对应于结构或构件达到最大承载能力或不适于继续承载的变形状态。结构或构件出现下列状态之一时，应认为超过了承载能力极限状态。

① 结构或构件因超过材料强度而破坏，或因过度变形而不适于继续承载。

② 整个结构或结构的一部分作为刚体失去平衡。

③ 结构转变为机动体系。

④ 结构或构件丧失稳定。

⑤ 结构因局部破坏而发生连续倒塌。

⑥ 地基丧失承载力而破坏。

⑦ 结构或构件的疲劳破坏。

混凝土结构的承载能力极限状态计算应包括下列内容：①构件应进行承载力（包括失稳）计算；②直接承受重复荷载的构件应进行疲劳验算；有抗震设防要求时，应进行抗震承载力计算；③必要时尚应进行结构的倾覆、滑移、漂浮验算；④对于可能遭受偶然作用，且倒塌可能引起严重后果的重要结构，宜进行防连续倒塌设计。

承载能力极限状态可理解为结构或构件发挥允许的最大承载能力的状态。构件由于塑性变形而使其几何形状发生显著改变，虽未达到最大承载能力，但已彻底不能使用，也属于达到这种极限状态。

（2）正常使用极限状态。

这种极限状态对应于结构或构件达到正常使用或耐久性能的某项规定限值的状态。结构或构件出现下列状态之一时，应认为超过了正常使用极限状态。

① 影响正常使用或外观的变形。

② 影响正常使用或耐久性能的局部损伤。

③ 影响正常使用的振动。

④ 影响正常使用的其他特定状态。

混凝土结构或构件应根据其使用功能及外观要求，按下列规定进行正常使用极限状态验算：①对需要控制变形的构件，应进行变形验算；②对不允许出现裂缝的构件，应进行混凝土拉应力验算；③对允许出现裂缝的构件，应进行受力裂缝宽度验算；④对舒适度有要求的楼盖结构，应进行竖向自振频率验算。

正常使用极限状态可理解为结构或构件达到使用功能上允许的某个限值的状态。例如，某些构件必须控制变形、裂缝才能满足使用要求。因过大的变形会造成房屋内粉刷层剥落、填充墙和隔断墙开裂及屋面积水等后果；过大的裂缝会影响结构的耐久性；过大的变形、裂缝也会造成用户心理上的不安全感。

（3）耐久性极限状态。

这种极限状态对应于结构或构件在环境影响下出现的劣化达到耐久性能的某项规定限值或标志的状态。当结构或构件出现下列状态之一时，应认定为超过了耐久性极限状态。

① 影响承载能力和正常使用的材料性能劣化。

② 影响耐久性能的裂缝、变形、缺口、外观、材料削弱等。

③ 影响耐久性能的其他特定状态。

结构耐久性是指在服役环境作用和正常使用维护条件下，结构抵御结构性能劣化（或退化）的能力，因此，在结构全寿命性能变化过程中，原则上结构劣化过程的各个阶段均可以选作耐久性极限状态的基准。

## 9.1.2 结构抗力

结构抗力 $R$ 是指结构或构件承受作用效应的能力，如构件的承载力、刚度、抗裂度等。影响结构抗力的主要因素是材料性能（承载力、变形模量等物理力学性能）、几何参数及计算模式的精确性等。考虑到材料性能的变异性、几何参数及计算模式精确性的不确定性，所以由这些因素综合而成的结构抗力是随机变量。

## 9.1.3 结构功能函数

结构构件完成预定功能的工作状态可以用作用效应 $S$ 和结构抗力 $R$ 的关系来描述，这种表达式称为结构功能函数，用 $Z$ 来表示，即式(9-1)。

$$Z=R-S=g(R,S) \tag{9-1}$$

它可以用来表示结构的 3 种工作状态(图 9.1)：可靠状态、失效状态、极限状态。

**图 9.1 结构所处的状态**

当 $Z>0$ 时，结构能够完成预定的功能，处于可靠状态。

当 $Z<0$ 时，结构不能完成预定的功能，处于失效状态。

当 $Z=0$ 时，即 $R=S$，结构处于临界的极限状态。$Z=g(R,S)=R-S=0$ 称为极限状态方程。

结构功能函数的一般表达式 $Z=g(X_1, X_2, \cdots, X_n)=0$，其中 $X_i(i=1,2,\cdots,n)$ 为影响作用效应 $S$ 和结构抗力 $R$ 的基本变量，如荷载、材料性能、几何参数等。由于 $R$ 和 $S$ 都是非确定性的随机变量，故 $Z$ 也是随机变量。

## 9.1.4　结构可靠度和可靠指标

结构在规定的时间和规定的条件下完成预定功能的概率，称为结构的可靠度。可见，可靠度是对结构可靠性的一种定量描述，亦即概率度量。

结构能够完成预定功能的概率称为可靠概率 $P_s$；结构不能完成预定功能的概率称为失效概率 $P_f$。显然，二者是互补的，即 $P_s+P_f=1.0$。因此，结构可靠度也可用结构的失效概率来度量，失效概率越小，结构可靠度越大。

基本的结构可靠度问题只考虑有一个抗力 $R$ 和一个荷载效应 $S$ 的情况，现以此来说明失效概率的计算方法。设结构抗力 $R$ 和荷载效应 $S$ 都是服从正态分布的随机变量，$R$ 和 $S$ 是互相独立的。由概率论知，结构功能函数 $Z=R-S$ 也是正态分布的随机变量。$Z$ 的概率分布曲线如图 9.2 所示。

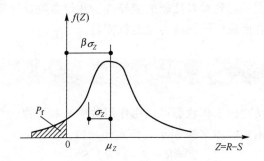

图 9.2　$Z$ 的概率分布曲线

$Z=R-S<0$ 的事件出现的概率就是失效概率 $P_f$，即式(9-2)。

$$P_f = P(Z=R-S<0) = \int_{-\infty}^{0} f(Z)\mathrm{d}Z \tag{9-2}$$

式中　$f(Z)$——结构功能函数 $Z$ 的概率密度分布函数。

失效概率 $P_f$ 可以用图 9.2 中的阴影面积表示。如结构抗力 $R$ 的平均值为 $\mu_R$，标准差为 $\sigma_R$；荷载效应的平均值为 $\mu_S$，标准差为 $\sigma_S$，则功能函数 $Z$ 的平均值及标准差见式(9-3)、式(9-4)。

$$\mu_Z = \mu_R - \mu_S \tag{9-3}$$

$$\sigma_Z = \sqrt{\sigma_R^2 + \sigma_S^2} \tag{9-4}$$

失效概率 $P_f$ 与功能函数平均值 $\mu_Z$ 到坐标原点的距离有关，取 $\mu_Z=\beta\sigma_Z$。由图 9.2 可见，$\beta$ 与 $P_f$ 之间存在着对应关系。$\beta$ 值越大，失效概率 $P_f$ 就小；$\beta$ 值越小，失效概率 $P_f$ 就越大。因此，$\beta$ 与 $P_f$ 一样，可作为度量结构可靠度的一个指标，故称 $\beta$ 为结构的可靠指标，可按式(9-5)计算。

$$\beta = \frac{\mu_Z}{\sigma_Z} = \frac{\mu_R - \mu_S}{\sqrt{\sigma_R^2 + \sigma_S^2}} \tag{9-5}$$

$\beta$ 与 $P_f$ 的对应关系见表 9-1。

表 9-1   $\beta$ 与 $P_f$ 的对应关系

| $\beta$ | $P_f$ | $\beta$ | $P_f$ |
|---|---|---|---|
| 1.0 | $1.59 \times 10^{-1}$ | 3.2 | $6.40 \times 10^{-4}$ |
| 1.5 | $6.68 \times 10^{-2}$ | 3.5 | $2.33 \times 10^{-4}$ |
| 2.0 | $2.28 \times 10^{-2}$ | 3.7 | $1.10 \times 10^{-4}$ |
| 2.5 | $6.21 \times 10^{-3}$ | 4.0 | $3.17 \times 10^{-5}$ |
| 2.7 | $3.50 \times 10^{-3}$ | 4.2 | $1.30 \times 10^{-5}$ |
| 3.0 | $1.35 \times 10^{-3}$ | — | — |

由图 9.2 可知，失效概率 $P_f$ 尽管很小，但总是存在的。因此，要使结构设计做到绝对的可靠($R > S$)是不可能的，合理的解答应该是把所设计的失效概率降低到人们可以接受的程度。

【例 9.1】 某钢筋混凝土轴心受压短柱，截面尺寸为 $A_c = b \times h = 300\text{mm} \times 500\text{mm}$，配有 4 根直径为 25mm 的 HRB335 钢筋，$A_s = 1964\text{mm}^2$。设荷载服从正态分布，轴力 $N$ 的平均值 $\mu_N = 1800\text{kN}$，变异系数 $\delta_N = 0.10$。钢筋屈服强度 $f_y$ 服从正态分布，其平均值 $\mu_{f_y} = 380\text{N/mm}^2$，变异系数 $\delta_{f_y} = 0.06$。混凝土轴心抗压强度 $f_c$ 也服从正态分布，其平均值 $\mu_{f_c} = 24.80\text{N/mm}^2$，变异系数 $\delta_{f_c} = 0.20$。不考虑结构尺寸的变异和计算模式的不准确性，试计算该短柱的可靠指标 $\beta$。

**解**：(1) 荷载效应 $S$ 的统计参数。

$$\mu_S = \mu_N = 1800\text{kN}, \sigma_S = \sigma_N = \mu_N \delta_N = 1800 \times 0.10 = 180\text{(kN)}$$

(2) 构件抗力 $R$ 的统计参数。

短柱的抗力由混凝土抗力 $R_c = f_c A_c$ 和钢筋的抗力 $R_s = f_y A_s$ 两部分组成，即 $R = R_c + R_s = f_c A_c + f_y A_s$。

混凝土抗力 $R_c$ 的统计参数：

$$\mu_{R_c} = A_c \mu_{f_c} = 300 \times 500 \times 24.8 \times 10^{-3} = 3720\text{(kN)}$$

$$\sigma_{R_c} = \mu_{R_c} \delta_{f_c} = 3720 \times 0.20 = 744\text{(kN)}$$

钢筋抗力 $R_s$ 的统计参数：

$$\mu_{R_s} = A_s \mu_{f_y} = 1964 \times 380 \times 10^{-3} \approx 746.3\text{(kN)}$$

$$\sigma_{R_s} = \mu_{R_s} \delta_{f_y} = 746.3 \times 0.06 \times 10^{-3} = 44.8\text{(kN)}$$

构件抗力 $R$ 的统计参数：

$$\mu_R = \mu_{R_c} + \mu_{R_s} = 3720 + 746.3 = 4466.3\text{(kN)}$$

$$\sigma_R = \sqrt{\sigma_{R_c}^2 + \sigma_{R_s}^2} = \sqrt{744.0^2 + 44.8^2} \approx 745.3\text{(kN)}$$

(3) 可靠指标 $\beta$ 计算。

$$\beta = \frac{\mu_R - \mu_S}{\sqrt{\sigma_R^2 + \sigma_S^2}} = \frac{4466.3 - 1800.0}{\sqrt{745.3^2 + 180.0^2}} \approx 3.48$$

根据表 9 - 1，线性插值可得相应的失效概率 $P_f$ 为 $3.42\times10^{-4}$。

# 9.2 结构可靠度计算

## 9.2.1 均值一次二阶矩法

均值一次二阶矩法（中心点法）是在结构可靠度研究初期提出的一种方法。其基本思路为利用随机变量的平均值（一阶原点矩）和标准差（二阶中心矩）的数学模型，分析结构的可靠度，并将极限状态功能函数在平均值（即中心点处）做 Taylor 级数展开，使之线性化，然后求解可靠指标。

设 $X_1$，$X_2$，$\cdots$，$X_n$ 是结构中 $n$ 个相互独立的随机变量，其平均值和标准差分别为 $\mu_{X_i}$ 和 $\sigma_{X_i}(i=1, 2, \cdots, n)$，由这些随机变量所表示的结构功能函数见式（9 - 6）。

$$Z=g(X_1, X_2, \cdots, X_n) \tag{9-6}$$

将功能函数 $Z$ 在随机变量的平均值处展开为 Taylor 级数并保留至一次，见式（9 - 7）。

$$Z_\mu = g(\mu_{X_1}, \mu_{X_2}, \cdots, \mu_{X_n}) + \sum_{i=1}^{n}\frac{\partial g}{\partial X_i}\bigg|_\mu (X_i - \mu_{X_i}) \tag{9-7}$$

$Z_\mu$ 的平均值为式（9 - 8）。

$$\mu_{Z_\mu} = E(Z_\mu) = g(\mu_{X_1}, \mu_{X_2}, \cdots, \mu_{X_n}) \tag{9-8}$$

$Z_\mu$ 的标准差为式（9 - 9）。

$$\sigma_{Z_\mu}^2 = E[Z_0 - E(Z_\mu)]^2 = \sum_{i=1}^{n}\left(\frac{\partial g}{\partial X_i}\bigg|_\mu\right)^2 \sigma_{X_i}^2 \tag{9-9}$$

可靠指标表示为式（9 - 9）。

$$\beta = \frac{\mu_{Z_\mu}}{\sigma_{Z_\mu}} = \frac{g(\mu_{X_1},\mu_{X_2},\cdots,\mu_{X_n})}{\sqrt{\sum_{i=1}^{n}\left(\frac{\partial g}{\partial X_i}\bigg|_\mu\right)^2 \sigma_{X_i}^2}} \tag{9-10}$$

由上述可以看出，均值一次二阶矩法概念清楚，计算比较简单，可导出解析表达式，直接给出可靠指标 $\beta$ 与随机变量统计参数之间的关系，分析问题方便灵活，但它有着以下缺点。

（1）不能考虑随机变量的分布概率。若基本变量的概率分布为非正态分布或非对数正态分布，则可靠指标的计算结果与其标准值有较大差异，不能采用。

（2）将非线性功能函数在随机变量的平均值处展开是不合理的，由于随机变量的平均值不在极限状态曲面上，展开后的线性极限状态平面可能会较大程度地偏离原来的极限状态曲面。可靠指标 $\beta$ 依赖于展开点的选择。

（3）对有相同力学含义但不同数学表达式的极限状态方程，应用均值一次二阶矩法不能求得相同的可靠指标，见例 9.2 的分析。

【例 9.2】 已知某钢梁截面的塑性抵抗矩 $W$ 服从正态分布，$\mu_W = 9.0\times10^5\,\text{mm}^3$，$\delta_W = 0.04$；钢梁材料的屈服强度 $f$ 服从对数正态分布，$\mu_f = 234\text{N/mm}^2$，$\delta_f = 0.12$。钢梁承受确定性弯矩 $M = 130.0\text{kN·m}$。试用均值一次二阶矩法计算该梁的可靠指标 $\beta$。

**解**：（1）取用抗力作为功能函数。

$$Z = fW - M = fW - 130.0 \times 10^6$$

极限状态方程为 $Z = fW - M = fW - 130.0 \times 10^6 = 0$

由式（9-9）得

$$\mu_Z = \mu_f \mu_W - M = 234 \times 9.0 \times 10^5 - 130.0 \times 10^6 = 8.06 \times 10^7 (\text{N} \cdot \text{mm})$$

由式（9-9）得

$$\sigma_Z^2 = \sum_{i=1}^{n} \left( \frac{\partial g}{\partial X_i} \bigg|_{\mu} \right)^2 \sigma_{X_i}^2 = \mu_f^2 \sigma_W^2 + \mu_W^2 \sigma_f^2 = \mu_f^2 \mu_W^2 (\delta_W^2 + \delta_f^2) = 7.10 \times 10^{14}$$

$$\sigma_Z \approx 2.66 \times 10^7 (\text{N} \cdot \text{mm})$$

由式（9-10）得

$$\beta = \frac{\mu_Z}{\sigma_Z} = \frac{8.06 \times 10^7}{2.66 \times 10^7} \approx 3.03$$

（2）取用应力作为功能函数。

$$Z = f - \frac{M}{W}$$

极限状态方程为 $Z = f - \frac{M}{W} = 0$

$$\mu_Z = \mu_f - \frac{M}{\mu_W} = 234 - \frac{130.0 \times 10^6}{9.0 \times 10^5} \approx 89.56 (\text{N/mm}^2)$$

$$\sigma_Z^2 = \sum_{i=1}^{n} \left( \frac{\partial g}{\partial X_i} \bigg|_{\mu} \right)^2 \sigma_{X_i}^2 = \sigma_f^2 + \left( \frac{M}{\mu_W^2} \right)^2 \sigma_W^2 = \mu_f^2 \delta_f^2 + \left( \frac{M}{\mu_W} \right)^2 \delta_W^2 \approx 1623.05$$

$$\sigma_Z \approx 40.29 \text{N/mm}^2$$

$$\beta = \frac{\mu_Z}{\sigma_Z} = \frac{89.56}{40.29} \approx 2.22$$

由上述比较可知，对于同一问题，由于所取的极限状态方程不同，计算出的可靠指标有较大的差异。

## 9.2.2 改进的一次二阶矩法

针对均值一次二阶矩法将结构功能函数线性化点取作基本随机变量均值点所带来的计算误差，人们开始在失效边界上寻求线性化点，该点通常在结构最大可能失效概率对应的设计验算点 $X^*$ 上，由此得到的方法称为改进的一次二阶矩法。

当线性化点选在设计验算点 $X^*(X_1^*, X_2^*, \cdots, X_n^*)$ 上时，线性化的极限状态方程为式（9-11）。

$$Z \approx g(X_1^*, X_2^*, \cdots, X_n^*) + \sum_{i=1}^{n}(X_i - X_i^*) \frac{\partial g}{\partial X_i} \bigg|_{X^*} = 0 \qquad (9-11)$$

$Z$ 的平均值为式（9-12）。

$$\mu_Z = g(X_1^*, X_2^*, \cdots, X_n^*) + \sum_{i=1}^{n}(\mu_{X_i} - X_i^*) \frac{\partial g}{\partial X_i} \bigg|_{X^*} \qquad (9-12)$$

由于设计验算点在失效边界上，故有 $g(X_1^*, X_2^*, \cdots, X_n^*) = 0$，因此，式（9-12）

可写为式(9-13)。

$$\mu_Z = \sum_{i=1}^{n}(\mu_{X_i} - X_i^*)\frac{\partial g}{\partial X_i}\Big|_{X^*} \tag{9-13}$$

假设各随机变量相互独立，$Z$ 的标准差为式(9-14)。

$$\sigma_Z^2 = \sum_{i=1}^{n}\left(\sigma_{X_i}\frac{\partial g}{\partial X_i}\Big|_{X^*}\right)^2 \tag{9-14}$$

引入分离函数式，将式(9-14)线性化，得式(9-15)、式(9-16)。

$$\sigma_Z = \sum_{i=1}^{n}\alpha_i\sigma_{X_i}\frac{\partial g}{\partial X_i}\Big|_{X^*} \tag{9-15}$$

$$\alpha_i = \frac{\sigma_{X_i}\frac{\partial g}{\partial X_i}\Big|_{X^*}}{\sqrt{\sum_{i=1}^{n}\left(\sigma_{X_i}\frac{\partial g}{\partial X_i}\Big|_{X_i}\right)^2}} \tag{9-16}$$

式中 $\alpha_i$——灵敏系数，表示第 $i$ 个随机变量对整个标准差的相对影响；在变量标准差已知的情况下，$\alpha_i$ 就完全由 $X_i^*$ 确定，$\alpha_i$ 值在 $\pm1$ 之间，且有 $\sum_{i=1}^{n}\alpha_i^2 = 1$。

可靠指标 $\beta$ 为式(9-17)。

$$\beta = \frac{\mu_Z}{\sigma_Z} = \frac{\sum_{i=1}^{n}(\mu_{X_i} - X_i^*)\frac{\partial g}{\partial X_i}\Big|_{X^*}}{\sum_{i=1}^{n}\left(\alpha_i\sigma_{X_i}\frac{\partial g}{\partial X_i}\Big|_{X^*}\right)} \tag{9-17}$$

整理式(9-17)，则可得式(9-18)。

$$\sum_{i=1}^{n}\frac{\partial g}{\partial X_i}\Big|_{X^*}(\mu_{X_i} - X_i^* - \beta\alpha_i\sigma_{X_i}) = 0$$

由于 $\sum_{i=1}^{n}\frac{\partial g}{\partial X_i}\Big|_{X^*} \neq 0$，必有

$$\mu_{X_i} - X_i^* - \beta\alpha_i\sigma_{X_i} = 0 \quad (i=1,2,\cdots,n) \tag{9-18}$$

从而可解得设计验算点为式(9-19)。

$$X_i^* = \mu_{X_i} - \beta\alpha_i\sigma_{X_i} \quad (i=1,2,\cdots,n) \tag{9-19}$$

求解所得的设计验算点应满足式(9-20)。

$$g(X_1^*, X_2^*, \cdots, X_n^*) = 0 \tag{9-20}$$

式(9-18)有 $n$ 个方程，加上式(9-19)有 $n+1$ 个方程，可解得 $X_i^*$ 及 $\beta$ 共 $n+1$ 个未知数。但由于一般 $g(\cdot)$ 为非线性函数，则通常采用迭代法解上述方程组，其求解步骤如图 9.3 所示。

【例 9.3】 某钢梁截面抵抗矩为 $W$，$\mu_W = 5.5\times10^4\,\text{mm}^3$，$\sigma_W = 0.3\times10^4\,\text{mm}^3$；钢材的屈服强度为 $f$，$\mu_f = 380.0\,\text{N/mm}^2$，$\sigma_f = 30.4\,\text{N/mm}^2$。钢梁在固定荷载 $p$ 作用下在跨中产生最大弯矩为 $M$，$\mu_M = 1.3\times10^7\,\text{N}\cdot\text{mm}$，$\sigma_M = 0.091\times10^7\,\text{N}\cdot\text{mm}$。随机变量 $W$、$f$ 和 $M_p$ 均为互不相关且服从正态分布的随机变量。试用改进的一次二阶矩法计算此梁的可靠指标。

**图 9.3 $X_i^*$ 的求解步骤**

**解**：建立极限状态方程 $Z=g(W,F,M)=Wf-M=0$。

（1）取平均值作为设计验算点的初值。

$$W^*=\mu_W=5.5\times10^4\,\text{mm}^3$$
$$f^*=\mu_f=380.0\text{N/mm}^2$$
$$M_P^*=\mu_M=1.3\times10^7\,\text{N}\cdot\text{mm}$$

（2）计算 $\alpha_i$ 值。

$$\left.\frac{\partial g}{\partial W}\right|_{X^*}=f^*,\quad \left.\frac{\partial g}{\partial f}\right|_{X^*}=W^*,\quad \left.\frac{\partial g}{\partial M_P}\right|_{X^*}=-1$$

代入式（9-16），有

$$\alpha_W=\frac{\left.\frac{\partial g}{\partial W}\right|_{X^*}\sigma_W}{\sqrt{\left(\left.\frac{\partial g}{\partial W}\right|_{X^*}\sigma_W\right)^2+\left(\left.\frac{\partial g}{\partial f}\right|_{X^*}\sigma_f\right)^2+\left(\left.\frac{\partial g}{\partial M_P}\right|_{X^*}\sigma_M\right)^2}}$$
$$=\frac{f^*\times\sigma_W}{\sqrt{(f^*\times\sigma_W)^2+(W^*\times\sigma_f)^2+(-1\times\sigma_M)^2}}\approx0.5138$$

$$\alpha_f=\frac{\left.\frac{\partial g}{\partial f}\right|_{X^*}\sigma_f}{\sqrt{\left(\left.\frac{\partial g}{\partial W}\right|_{X^*}\sigma_W\right)^2+\left(\left.\frac{\partial g}{\partial f}\right|_{X^*}\sigma_f\right)^2+\left(\left.\frac{\partial g}{\partial M_P}\right|_{X^*}\sigma_M\right)^2}}$$
$$=\frac{W^*\times\sigma_f}{\sqrt{(f^*\times\sigma_W)^2+(W^*\times\sigma_f)^2+(-1\times\sigma_M)^2}}\approx0.7535$$

$$\alpha_M = \frac{\left.\dfrac{\partial g}{\partial M_P}\right|_{X^*} \sigma_M}{\sqrt{\left(\left.\dfrac{\partial g}{\partial W}\right|_{X^*} \sigma_W\right)^2 + \left(\left.\dfrac{\partial g}{\partial f}\right|_{X^*} \sigma_f\right)^2 + \left(\left.\dfrac{\partial g}{\partial M_P}\right|_{X^*} \sigma_M\right)^2}}$$

$$= \frac{-1 \times \sigma_M}{\sqrt{(f^* \times \sigma_W)^2 + (W^* \times \sigma_f)^2 + (-1 \times \sigma_M)^2}} \approx -0.4101$$

（3）计算 $X_i^*$。

$W^* = \mu_W - \alpha_W \beta \sigma_W = 5.5 \times 10^4 - 0.5138 \times \beta \times 0.3 \times 10^4 \approx (5.5 - 0.1541\beta) \times 10^4$

$f^* = \mu_f - \alpha_f \beta \sigma_f = 380.0 - 0.7535 \times \beta \times 30.4 = 380.0 - 22.9064\beta$

$M^* = \mu_M - \alpha_M \beta \sigma_M = 1.3 \times 10^7 - (-0.4101) \times \beta \times 0.091 \times 10^7 \approx (1.3 + 0.0373\beta) \times 10^7$

（4）求解 $\beta$ 值。

将上述 $W^*$、$f^*$、$M^*$ 代入结构功能函数 $W^* f^* - M^* = 0$，得 $\beta_1 \approx 3.790$，$\beta_2 \approx 59.058$（舍去）

（5）求 $X_i^*$ 的新值。

将 $\beta = 3.790$ 代入式（9-19），求 $X_i^*$ 的新值。

$\quad W^* = 4.9 \times 10^4\,mm^3$，$\quad f^* = 289.1\,N/mm^2$，$\quad M^* = 1.448 \times 10^7\,N \cdot mm$。

重复上述计算，可得

$\quad\quad\quad \alpha_W = 0.4450$，$\quad \alpha_f = 0.7642$，$\quad \alpha_M = -0.4669$。

$\quad W^* = 5.0 \times 10^4\,mm^3$，$\quad f^* = 292.3\,N/mm^2$，$\quad M^* = 1.460 \times 10^7\,N \cdot mm$。

将上述值代入结构功能函数，解出 $\beta = 3.775$。

进行第三次迭代，求得 $\beta = 3.764$，与上次的 $\beta = 3.775$ 接近，已收敛。

取 $\beta = (3.764 + 3.775)/2 \approx 3.770$，相应的设计验算点 $X^*$ 为：

$\quad W^* = 4.9967 \times 10^4\,mm^3$，$\quad f^* = 292.4\,N/mm^2$，$\quad M^* = 1.460 \times 10^7\,N \cdot mm$。

根据表 9-1，直线插值法得相应的失效概率 $P_f$ 为 $9.173 \times 10^{-5}$。

## 9.2.3  JC 法

由于改进的一次二阶矩法克服了均值一次二阶矩法存在的缺点，故得到了广泛的应用。它的主要优点是在基本变量分布未知时，只要知道均值与标准差就可确定可靠指标 $\beta$。而它的缺点是，求得的 $\beta$ 值只有在基本变量服从正态分布且具有线性的极限状态方程时才是精确的。作为一种近似方法，当极限状态方程的非线性程度较低，失效曲面接近平面时，改进的一次二阶矩法才是可以采用的。在实际工程中，并不是所有的变量都是正态分布的。为解决这个问题，由拉克维茨（Rackwitz）、菲斯莱（Fiessler）、哈索弗尔（Hasofer）、林德（Lind）等提出了一种适合非正态分布的求解可靠指标 $\beta$ 的方法。该方法被国际结构安全性联合委员会（JCSS）所采用，故称为 JC 法。

JC 法的基本原理是将随机变量原来的非正态分布当量化为正态分布。当量化的条件示意图（图 9.4）如下。

（1）在设计验算点 $X_i^*$ 处有相同的分布函数，即当量正态变量 $X_i'$（其平均值为 $\mu_{X_i'}$，标准差为 $\sigma_{X_i'}$）的分布函数值 $F_{X_i'}(X_i^*)$ 与原非正态变量（其平均值为 $\mu_{X_i}$，标准差为 $\sigma_{X_i}$）的分

**图 9.4　当量化的条件示意图**

布函数值 $F_{X_i}(X_i^*)$ 相等。

（2）在设计验算点 $X_i^*$ 处有相同的概率密度，即当量正态变量概率密度函数值 $f_{X_i'}(X_i^*)$ 与原非正态变量概率密度函数 $f_{X_i}(X_i^*)$ 相等。

根据这两个条件求得当量化正态分布的平均值和标准差后，用改进的一次二阶矩法计算结构的可靠指标。

由条件（1）可得式（9-21）、式（9-22）。

$$F_{X_i'}(X_i^*) = F_{X_i}(X_i^*) \tag{9-21}$$

或

$$\Phi\left[\frac{X_i^* - \mu_{X_i'}}{\sigma_{X_i'}}\right] = F_{X_i}(X_i^*) \tag{9-22}$$

式中　$\Phi(\cdot)$——当量化正态分布函数。

从而求得当量化正态变量的平均值，见式（9-23）。

$$\mu_{X_i'} = X_i^* - \Phi^{-1}[F_i(X_i^*)]\sigma_{X_i'} \tag{9-23}$$

由条件（2）可得式（9-24）、式（9-25）或式（9-26）。

$$f_{X_i'}(X_i^*) = f_{X_i}(X_i^*) \tag{9-24}$$

或

$$\frac{\phi\left[\dfrac{X_i^* - \mu_{X_i'}}{\sigma_{X_i'}}\right]}{\sigma_{X_i'}} = f_{X_i}(X_i^*) \tag{9-25}$$

或

$$\frac{\phi[\Phi^{-1}F_{X_i}(X_i^*)]}{\sigma_{X_i'}} = f_{X_i}(X_i^*) \tag{9-26}$$

从而求得当量化正态变量的标准差，见式（9-27）。

$$\sigma_{X_i'} = \frac{\phi[\Phi^{-1}F_{X_i}(X_i^*)]}{f_{X_i}(X_i^*)} \tag{9-27}$$

式中　$\Phi^{-1}(\cdot)$——当量化正态分布反函数；

　　　$\phi(\cdot)$——当量化正态分布的概率密度函数。

在求得当量化正态变量的平均值 $\mu_{X_i'}$ 及标准差 $\sigma_{X_i'}$ 后，用 JC 法求 $\beta$ 的步骤便与改进的一次二阶矩方法一样。

随机变量 $X_i$ 服从对数正态分布，根据式（9-23）和式（9-27），得式（9-28）、式（9-29）。

$$\sigma_{X_i'} = X_i^* \sqrt{\ln(1 + \delta_{X_i}^2)} \tag{9-28}$$

$$\mu_{X_i'} = X_i^* \left[ 1 + \ln X_i^* - \ln\left( \frac{\mu_{X_i}}{\sqrt{1+\delta_{X_i}^2}} \right) \right] \tag{9-29}$$

**【例 9.4】** 某轴向受压短柱承受固定荷载 $N_G$ 和活荷载 $N_Q$ 作用，柱截面承载能力为 $R$。经统计分析后得各变量的统计信息见表 9-2。极限状态方程 $Z = g(R, N_G, N_Q) = R - N_G - N_Q = 0$，试用 JC 法求解其可靠指标和对应的失效概率。

表 9-2 各变量统计信息

| 变量 | $N_G$ | $N_Q$ | $R$ |
|---|---|---|---|
| 分布类型 | 正态 | 极值 I 型 | 对数正态 |
| 平均值 | 53.0kN | 70.0kN | 309.2kN |
| 标准差 | 3.7kN | 20.3kN | 52.6kN |
| 变异系数 | 0.07 | 0.29 | 0.17 |

**解：**（1）非正态变量的当量正态化。

$R$ 当量正态化：取 $R^*$ 的初始值为 $\mu_R$，则

$$\mu_{R'} = R^* \left[ 1 + \ln R^* - \ln\left( \frac{\mu_R}{\sqrt{1+\delta_R^2}} \right) \right] \approx 304.8 \text{(kN)}$$

$$\sigma_{R'} = R^* \sqrt{\ln(1+\delta_R^2)} \approx 52.2 \text{ (kN)}$$

$N_Q$ 当量正态化：$\sigma_{N_Q'} = \dfrac{\phi[\Phi^{-1} F_{N_Q}(N_Q^*)]}{f_{N_Q}(N_Q^*)}$

$$\mu_{N_Q'} = N_Q^* - \Phi^{-1}[F_{N_Q}(N_Q^*)]\sigma_{N_Q'}$$

$$F_{N_Q}(N_Q^*) = \exp[-\exp(-y)]$$

$$f_{N_Q}(N_Q^*) = \frac{1}{a}\exp(-y)\exp[-\exp(y)]$$

$$a = \sqrt{6}\sigma_{N_Q}/\pi$$

$$y = (N_Q^* - u)/a$$

$$u = \mu_{N_Q} - 0.577a$$

取 $N_Q^*$ 的初始值为 $\mu_{N_Q}$，得

$$a = 15.83, \quad u = 60.87, \quad y = 0.577。$$

$$F_{N_Q}(N_Q^*) = 0.5701, \quad f_{N_Q}(N_Q^*) = 0.0204\text{kN}。$$

$$\sigma_{N_Q'} = 19.4\text{kN}, \quad \mu_{N_Q'} = 66.57\text{kN}。$$

（2）求可靠指标 $\beta$ 及设计验算点 $R^*$、$N_G^*$、$N_Q^*$。

用改进的一次二阶矩法计算得 $\beta = 2.320$。

设计验算点 $R^* = 142.8\text{kN}$，$N_G^* = 53.8\text{kN}$，$N_Q^* = 89.0\text{kN}$。

（3）第二次迭代。

$R$ 的当量正态化：$\mu_{R'} = 251.0\text{kN}$，$\sigma_{R'} = 24.1\text{kN}$。

$N_Q$ 的当量正态化：$\sigma_{N_Q'} = 26.5\text{kN}$，$\mu_{N_Q'} = 62.2\text{kN}$。

用改进的一次二阶矩法计算得 $\beta=3.773$。

设计验算点 $R^*=190.0\text{kN}$，$N_G^*=135.6\text{kN}$，$N_Q^*=54.4\text{kN}$。

按上述步骤经 5 次迭代，最后求得可靠指标 $\beta$ 及设计验算点 $R^*$、$N_G^*$、$N_Q^*$ 值：$\beta=3.583$，设计验算点 $R^*=214.6\text{kN}$，$N_G^*=53.8\text{kN}$，$N_Q^*=160.8\text{kN}$。

## 9.3 相关随机变量的结构可靠度计算

9.2 节讨论的是基本变量互不相关条件下的可靠指标 $\beta$ 的计算方法。在实际工程中，随机变量存在着一定的相关性。研究表明，随机变量间的相关性对结构的可靠度有着明显的影响。因此，若随机变量相关，则在结构可靠度分析中应予以考虑。

### 9.3.1 变量相关的概念

由概率论可知，对于两个相关的随机变量 $X_1$ 和 $X_2$，相关性可用相关系数 $\rho_{X_1 X_2}$ 表示，见式(9-30)。

$$\rho_{X_1 X_2}=\frac{\text{Cov}(X_1,X_2)}{\sigma_{X_1}\sigma_{X_2}} \tag{9-30}$$

式中 $\text{Cov}(X_1,X_2)$——$X_1$ 和 $X_2$ 的协方差；

$\sigma_{X_1}$、$\sigma_{X_2}$——$X_1$ 和 $X_2$ 的标准差。

相关系数 $\rho_{X_1 X_2}$ 的值域为 $[-1,1]$。若 $\rho_{X_1 X_2}=0$，则表示 $X_1$ 和 $X_2$ 不相关；若 $\rho_{X_1 X_2}=1$，则表示 $X_1$ 和 $X_2$ 完全相关。

对于 $n$ 个基本变量 $X_1$，$X_2$，…，$X_n$，它们之间的相关性可用相关矩阵表示，见式(9-31)。

$$[CX]=\begin{bmatrix} \text{Var}[X_1] & \text{Cov}[X_1,X_2] & \cdots & \text{Cov}[X_1,X_n] \\ \text{Cov}[X_2,X_1] & \text{Var}[X_2] & \cdots & \text{Cov}[X_2,X_n] \\ \vdots & \vdots & \vdots & \vdots \\ \text{Cov}[X_n,X_1] & \text{Cov}[X_n,X_2] & \cdots & \text{Var}[X_n] \end{bmatrix} \tag{9-31}$$

【例 9.5】 梁 $AB$ 承受随机荷载 $P_1$ 和 $P_2$ 作用，如图 9.5 所示。设荷载是统计独立的，$P_1$ 均值为 4kN，标准差为 0.4kN；$P_2$ 均值为 6kN，标准差为 0.5kN。在支座 $B$ 处梁的剪力 $V_B$ 和弯矩 $M_B$ 分别：$V_B=\frac{1}{27}(13P_1+23P_2)$，$M_B=\frac{6}{27}(4P_1+5P_2)$。试求 $V_B$ 和 $M_B$ 的相关性。

图 9.5 承受随机荷载 $P_1$ 和 $P_2$ 作用的梁 $AB$

**解：**（1）$V_B$ 和 $M_B$ 的平均值和标准差。

$$\mu_{V_B} = \frac{1}{27}(13\mu_{P_1} + 23\mu_{P_2}) \approx 7.04(\text{kN})$$

$$\mu_{M_B} = \frac{6}{27}(4\mu_{P_1} + 5\mu_{P_2}) \approx 10.22(\text{kN} \cdot \text{m})$$

$$\sigma_{V_B} = \sqrt{\left(\frac{13}{27}\sigma_{P_1}\right)^2 + \left(\frac{23}{27}\sigma_{P_2}\right)^2} \approx 0.467(\text{kN})$$

$$\sigma_{M_B} = \sqrt{\left(\frac{24}{27}\sigma_{P_1}\right)^2 + \left(\frac{30}{27}\sigma_{P_2}\right)^2} \approx 0.660(\text{kN} \cdot \text{m})$$

（2）协方差 $\text{Cov}(V_B, M_B)$。

$$E[P_1 P_2] = E[P_1]E[P_2] \approx 24(\text{kN}^2)$$

$$E[P_1^2] = \sigma_{P_1}^2 + \mu_{P_1}^2 \approx 16.16(\text{kN}^2)$$

$$E[P_2^2] = \sigma_{P_2}^2 + \mu_{P_2}^2 \approx 36.25(\text{kN}^2)$$

$$E[V_B M_B] = E\left[\frac{1}{27}(13P_1 + 23P_2), \quad \frac{6}{27}(4P_1 + 5P_2)\right]$$

$$= \frac{6}{27^2}(52E[P_1^2] + 157E[P_1 P_2] + 115E[P_2^2])$$

$$\approx 72.24(\text{kN}^2 \cdot \text{m})$$

$$\text{Cov}(V_B, M_B) = E[V_B M_B] - \mu_{V_B}\mu_{M_B} \approx 0.29(\text{kN}^2 \cdot \text{m})$$

（3）相关系数 $\rho_{V_B M_B}$。

$$\rho_{V_B M_B} = \frac{\text{Cov}(V_B, M_B)}{\sigma_{V_B}\sigma_{M_B}} \approx 0.94$$

相关系数接近 1.0，说明 $V_B$ 和 $M_B$ 密切相关。

## 9.3.2 相关变量的变换

考虑一组新的变量 $\{Y\} = (Y_1, Y_2, \cdots, Y_n)^{\text{T}}$，其中 $Y_i(i=1, 2, \cdots, n)$ 是 $X_1$，$X_2$，$\cdots$，$X_n$ 的线性函数。通过适当的变换，可使 $\{Y\}$ 成为一组不相关的随机变量，其变换见式（9-32）、式（9-33）。

$$\{Y\} = [A]^{\text{T}}\{X\} \tag{9-32}$$

$$\{X\} = ([A]^{\text{T}})^{-1}\{Y\} \tag{9-33}$$

式中　$[A]$——正交矩阵，其列向量为标准正交特征向量。

$\{Y\}$ 的协方差矩阵 $[CY]$ 即为对角矩阵，见式（9-34）。

$$[CY] = \begin{bmatrix} \text{Var}[Y_1] & & 0 \\ & \text{Var}[Y_2] & \\ 0 & & \text{Var}[Y_n] \end{bmatrix} \tag{9-34}$$

并且可得式（9-35）。

$$[CY] = [A]^{\text{T}}[CX][A] \tag{9-35}$$

$[CY]$ 的对角线元素就等于 $[CX]$ 的特征值。

【例 9.6】 随机变量 $X_1$、$X_2$ 和 $X_3$，其平均值为 $E(X)=(2.831,1.0,0.745)^{\mathrm{T}}$，其协

方差矩阵 $[CX]=\begin{bmatrix}1.0 & 0.8 & 0.0\\0.8 & 1.0 & 0.3\\0.0 & 0.3 & 1.0\end{bmatrix}$，现求一组不相关的随机变量 $\{Y\}$。

**解**：（1）列特征方程，求特征值。

$$\begin{vmatrix}1.0-\lambda & 0.8 & 0.0\\0.8 & 1.0-\lambda & 0.3\\0.0 & 0.3 & 1.0-\lambda\end{vmatrix}=0$$

整理，得

$$(1.0-\lambda)\left[(1.0-\lambda)^2-0.73\right]=0$$

求得特征值 $\lambda_1=1.8544$，$\lambda_2=0.1456$，$\lambda_3=1.0000$。

（2）求 $\{Y\}$ 的协方差矩阵 $[CY]$。

由式(9-34)，得

$$[CY]=\begin{bmatrix}1.8544 & 0 & 0\\0 & 0.1456 & 0\\0 & 0 & 1.0000\end{bmatrix}$$

（3）求正交矩阵 $[A]$。

将 $\lambda_1=1.8544$，$\lambda_2=0.1456$，$\lambda_3=1.0000$ 分别代入方程 $([CX]-\lambda[I])\{V\}=0$，解得与之相应的标准化特征向量。

$$\{V_1\}=\begin{bmatrix}0.6621\\0.7071\\0.2483\end{bmatrix},\quad \{V_2\}=\begin{bmatrix}0.6621\\-0.7071\\0.2483\end{bmatrix},\quad \{V_3\}=\begin{bmatrix}0.3511\\0.0000\\-0.9363\end{bmatrix}$$

正交矩阵：

$$[A]=\begin{bmatrix}0.6621 & 0.6621 & 0.3511\\0.7071 & -0.7071 & 0.0000\\0.2483 & 0.2483 & -0.9363\end{bmatrix}$$

（4）求不相关的随机变量 $\{Y\}$。

不相关的随机变量 $\{Y\}=[A]^{\mathrm{T}}\{X\}=\begin{bmatrix}0.6621 & 0.7071 & 0.2483\\0.6621 & -0.7071 & 0.2483\\0.3511 & 0.0000 & -0.9363\end{bmatrix}\{X\}$

即 $\begin{Bmatrix}Y_1\\Y_2\\Y_3\end{Bmatrix}=\begin{bmatrix}0.6621 & 0.7071 & 0.2483\\0.6621 & -0.7071 & 0.2483\\0.3511 & 0.0000 & -0.9363\end{bmatrix}\begin{Bmatrix}X_1\\X_2\\X_3\end{Bmatrix}$

均值 $E[Y]=[A]^{\mathrm{T}}E[X]$

得 $\mu_{Y_1}=E[Y_1]=0.6621\times2.831+0.7071\times1.0+0.2483\times0.745\approx2.7665$

$\mu_{Y_2}=E[Y_2]=0.6621\times2.831-0.7071\times1.0+0.2483\times0.745\approx1.3523$

$\mu_{Y_3}=E[Y_3]=0.3511\times2.831+0.0000\times1.0-0.9363\times0.745\approx0.2964$

### 9.3.3　相关变量可靠指标的计算

对于彼此相关的变量 $\{X\}=(X_1,X_2,\cdots,X_n)^{\mathrm{T}}$，可以先把它们转换为互不相关的变量 $\{Y\}=(Y_1,Y_2,\cdots,Y_n)^{\mathrm{T}}$，再将不相关的正态变量 $\{Y\}=(Y_1,Y_2,\cdots,Y_n)^{\mathrm{T}}$ 标准化，得到标准正态化的不相关变量 $\{Z\}=(Z_1,Z_2,\cdots,Z_n)^{\mathrm{T}}$，最后按变量独立且服从正态分布的方法计算可靠指标 $\beta$。

**【例 9.7】** 某轴向受压短柱承受固定荷载 $X_2$ 和活荷载 $X_3$ 作用，柱截面承载能力为 $X_1$。它们都是服从正态分布的随机变量。各变量的统计信息为 $\mu_{X_1}=21.6788\text{kN}$，$\sigma_{X_1}=2.6014\text{kN}$；$\mu_{X_2}=10.4\text{kN}$，$\sigma_{X_2}=0.8944\text{kN}$；$\mu_{X_3}=2.1325\text{kN}$，$\sigma_{X_3}=0.5502\text{kN}$。它们的相关系数为 $\rho_{X_1X_2}=0.8$，$\rho_{X_1X_3}=0.6$，$\rho_{X_2X_3}=0.9$。极限状态方程 $Z=X_1-X_2-X_3=0$，试求其可靠指标 $\beta$。

**解：**（1）求正交矩阵 $[A]$。

由式（9-30）可得，$\{X\}$ 的协方差矩阵：

$$[CX]=\begin{bmatrix}6.7673 & 1.8614 & 0.8588\\ 1.8614 & 0.8000 & 0.4429\\ 0.8588 & 0.4429 & 0.3027\end{bmatrix}$$

$[CX]$ 的特征值为 $\lambda_1=7.4264$，$\lambda_2=0.4148$，$\lambda_3=0.0287$。

相应的特征向量：

$$\{V_1\}=\begin{bmatrix}0.9520\\0.2762\\0.1319\end{bmatrix},\{V_2\}=\begin{bmatrix}-0.2973\\0.7318\\0.6132\end{bmatrix},\{V_3\}=\begin{bmatrix}0.0728\\-0.6230\\0.7788\end{bmatrix}。$$

所以正交矩阵 $[A]$：

$$[A]=\begin{bmatrix}0.9520 & -0.2973 & 0.0728\\0.2762 & 0.7318 & -0.6230\\0.1319 & 0.6132 & 0.7788\end{bmatrix}$$

（2）确定 $Y_i$ 的平均值和标准差。

由 $E[Y]=[A]^{\mathrm{T}}E[X]$ 和式（9-35），得

$$\mu_{Y_1}=23.7920,\quad \mu_{Y_2}=2.4733,\quad \mu_{Y_3}=-3.2402$$
$$\sigma_{Y_1}=2.7251,\quad \sigma_{Y_2}=0.6440,\quad \sigma_{Y_3}=0.1694$$

（3）确定以 $Y_i$ 为变量的极限状态方程。

由式（9-33），得

$$X_1=0.9520Y_1-0.2973Y_2+0.0728Y_3$$
$$X_2=0.2762Y_1+0.7318Y_2-0.6230Y_3$$
$$X_3=0.1319Y_1+0.6132Y_2+0.7788Y_3$$

代入极限状态方程，得

$$Z=X_1-X_2-X_3=0.5439Y_1-1.6423Y_2-0.083Y_3=0$$

（4）计算可靠指标 $\beta$。

$$\mu_Z = 0.5439\mu_{Y_1} - 1.6423\mu_{Y_2} - 0.083\mu_{Y_3} \approx 9.1475$$

$$\sigma_Z = \sqrt{0.5439^2\sigma_{Y_1}^2 + 1.6423^2\sigma_{Y_2}^2 + 0.083^2\sigma_{Y_3}^2} \approx 1.8209$$

$$\beta = \frac{\mu_Z}{\sigma_Z} \approx 5.024$$

# 9.4 结构体系的可靠度计算

前几节介绍的结构可靠度分析方法，计算的是结构某一种失效模式、一个结构或一个截面的可靠度，其极限状态是唯一的。实际工程中，结构的构成是复杂的。从结构的材料来看，有脆性材料和延性材料；从结构力学的图式来看，有静定结构和超静定结构；从结构构件组成的系统来看，有串联系统、并联系统和混联系统等。不论从何种角度来研究其构成，结构总是由许多构件所组成的一个体系，根据结构的材料、结构的力学图式、结构构件组成的系统等来研究结构体系可靠度才能较真实地反映其可靠度。

结构体系的失效是结构的整体行为，单个构件的可靠性并不能代表整个体系的可靠性。对于结构的设计者来说，最关心的是结构体系的可靠性。由于结构体系的失效总是由结构构件的失效引起的，因此由结构各构件的失效概率估算整体结构的失效概率成为结构体系可靠度分析的主要研究内容。

## 9.4.1 结构体系可靠度

不同构件或不同构件集合的失效，将构成不同的结构体系失效形式。设结构体系有 $K$ 个失效形式，不同的失效形式有不同的功能函数。各功能函数表示见式(9-36)。

$$g_j(X) = g_j(X_1, X_2, \cdots, X_n) \quad (j = 1, 2, \cdots, k) \tag{9-36}$$

式中 $X_1$，$X_2$，$\cdots$，$X_n$——基本变量。

若用 $E_j$ 表示第 $j$ 个失效形式出现事件，则有式(9-37)。

$$E_j = [g_j(X) < 0] \tag{9-37}$$

$E_j$ 的逆事件为与第 $j$ 个失效形式相应的安全事件 $\overline{E_j}$，则有式(9-38)。

$$\overline{E_j} = [g_j(X) > 0] \tag{9-38}$$

于是结构体系安全事件表示 $\overline{E}$ 为式(9-39)。

$$\overline{E} = \overline{E_1} \cap \overline{E_2} \cap \cdots \cap \overline{E_k} \tag{9-39}$$

结构体系失效事件 $E$ 表示为式(9-40)。

$$E = E_1 \cup E_2 \cup \cdots \cup E_k \tag{9-40}$$

结构体系的可靠概率 $P_r$ 表示为式(9-41)。

$$P_r = \int_{(E_1 \cap \cdots \cap E_n)} \cdots \int f_{x_1, x_2, \cdots, x_n}(x_1, x_2, \cdots, x_n) dx_1 \cdots dx_n \tag{9-41}$$

结构体系的失效概率 $P_f$ 表示为式(9-42)。

$$P_f = \int_{(E_1 \cup \cdots \cup E_n)} \cdots \int f_{x_1, x_2, \cdots, x_n}(x_1, x_2, \cdots, x_n) dx_1 \cdots dx_n \tag{9-42}$$

式中　$f_{x_1,x_2,\cdots,x_n}(x_1，x_2，\cdots，x_n)$——各基本变量的联合概率密度函数。

由式(9-42)可见，求解结构体系的可靠度需要计算多重积分。对于大多数工程实际问题而言，不但各随机变量的联合概率难以得到，而且计算这一多重积分也非易事。所以，对于一般结构体系，并不直接利用上述公式求其可靠度，而是采用近似方法计算。

## 9.4.2　结构系统的基本模型

为对复杂的结构进行可靠性预测，通常需要把结构模型化为基本的结构系统。下面介绍结构系统的 3 种基本模型。

1. 串联模型

若结构中任一构件失效，则整个结构体系失效，具有这种逻辑关系的结构系统可用串联模型表示，如图 9.6 所示。所有的静定结构的失效分析均可采用串联模型。如静定桁架结构，其中每个杆件均可看成串联系统的一个元件，只要其中一个元件失效，整个系统就会失效。

图 9.6　串联模型

2. 并联模型

若结构中所有单元失效，则该结构体系失效，具有这种逻辑关系的结构系统可用并联模型表示，如图 9.7 所示。

图 9.7　并联模型

超静定结构的失效可用并联模型表示。如一个多跨的排架结构，每个柱子都可以看成并联系统的一个元件，只有当所有柱子均失效后，该结构体系才会失效。一个两端固定的刚梁，只有当梁两端和跨中形成了塑性铰（塑性铰截面当作一个元件）时，整个梁才失效。

并联系统中的元件的脆性或延性性质将影响系统的可靠度及其计算模型。脆性元件在失效后将逐个从系统中退出工作，因此在计算并联系统的可靠度时，要考虑元件的失效顺序。延性元件在失效后仍将在并联系统中维持原有的功能，因此只需考虑系统最终的失效形态。

3. 混联模型

实际的超静定结构通常有多个破坏模式，每一个破坏模式都可简化为一个并联体系，而多个破坏模式又可简化为串联体系，具有这种逻辑关系的结构系统可用混联模型表示，如图 9.8 所示。图 9.9 所示为单层单跨刚架，在荷载作用下，最终形成塑性铰结构而失效。失效的形态可能有 3 种，只要其中一种形态出现，就会使结构体系失效。因此这种结构是一串并联子系统组成的串联系统，即串–并联系统。

图 9.8　混联模型

(a) 单层单跨刚架塑性铰结构

(b) 串–并联系统

图 9.9　单层单跨刚架

对于由脆性元件组成的超静定结构，若超静定程度不高，当其中一个构件失效而退出工作后，继后的其他构件失效概率就会大大提高，几乎不影响结构体系的可靠度，这类结构的并联子系统可简化为一个元件，因而可按串联模型处理。

## 9.4.3　结构系统中功能函数的相关性

构件的可靠度取决于其荷载效应和抗力。对于实际的结构系统，构件的能力之间、荷载之间并非孤立的，而是互相联系的。同时，由于各种失效形式的极限状态方程中都包含上述随机变量，因此各失效形式之间也是相关的。所以在进行结构系统的可靠度分析时，必须考虑这种相关性。考虑失效形式之间的相关性，不仅可以得出比较合理的可靠指标，同时又可以使问题简单化。

设与失效形式 $i$、$j$ 对应的功能函数为 $Z_i$、$Z_j$，功能函数包含两个独立变量 $R$ 和 $S$，其平均值和标准值为 $\mu_R$、$\mu_S$ 和 $\sigma_R$、$\sigma_S$，则功能函数 $Z_i$、$Z_j$ 的表达式见式(9-43)。

$$\left.\begin{array}{l} Z_i = a_i R - b_i S \\ Z_j = a_j R - b_j S \end{array}\right\} \tag{9-43}$$

式中　$a_i$，$a_j$——失效形式 $i$，$j$ 相对应的抗力系数；

　　　$b_i$，$b_j$——失效形式 $i$，$j$ 相对应的作用效应系数。

$Z_i$ 和 $Z_j$ 的协方差见式（9-44）。

$$\text{Cov}(Z_i, Z_j) = E(Z_i Z_j) - E(Z_i)E(Z_j) = a_i a_j \sigma_R^2 + b_i b_j \sigma_S^2 \tag{9-44}$$

$Z_i$ 和 $Z_j$ 的相关系数见式（9-45）。

$$\rho_{Z_i, Z_j} = \frac{\text{Cov}(Z_i, Z_j)}{\sigma_{Z_i} \sigma_{Z_j}} = \frac{a_i a_j \sigma_R^2 + b_i b_j \sigma_S^2}{\sigma_{Z_i} \sigma_{Z_j}} \tag{9-45}$$

上述结果可以推广到功能函数含有多个随机变量的情况。功能函数 $Z_i$、$Z_j$ 见式（9-46）。

$$\left.\begin{array}{l} Z_i = \sum_p a_{ip} R_p - \sum_m b_{im} S_m \\ Z_j = \sum_p a_{jp} R_p - \sum_m b_{jm} S_m \end{array}\right\} \tag{9-46}$$

则其相关系数见式（9-47）。

$$\rho_{Z_i, Z_j} = \frac{\sum\limits_{p_j} a_{ip} a_{jp} \sigma_{R_p}^2 + \sum\limits_m b_{im} b_{jm} \sigma_{S_m}^2}{\sigma_{Z_i} \sigma_{Z_j}} \tag{9-47}$$

当功能函数为非线性函数时，可通过 Taylor 级数在验算点 $X^*$ 处展开，并取一次式计算相关系数的近似值（假定基本变量是不相关的），可得 $Z_i$ 和 $Z_j$ 的协方差为式（9-48）。

$$\text{Cov}(Z_i, Z_j) = \sum_{k=1}^n \left(\frac{\partial Z_i}{\partial x'_k}\right)_{X^*} \left(\frac{\partial Z_j}{\partial x'_k}\right)_{X^*} \tag{9-48}$$

其中，$x'_k = \dfrac{x_k - \mu_{x_k}}{\sigma_{x_k}}$。

相关系数见式（9-49）。

$$\rho_{Z_i, Z_j} = \frac{\text{Cov}(Z_i, Z_j)}{\sigma_{Z_i} \sigma_{Z_j}} = \frac{\sum\limits_k \left(\frac{\partial Z_i}{\partial x'_k}\right)_{X^*} \left(\frac{\partial Z_j}{\partial x'_k}\right)_{X^*}}{\sqrt{\sum\limits_k \left(\frac{\partial Z_i}{\partial x'_k}\right)_{X^*}^2} \sqrt{\sum\limits_k \left(\frac{\partial Z_j}{\partial x'_k}\right)_{X^*}^2}} = \sum_{k=1}^n a_{ik}^* a_{jk}^* \tag{9-49}$$

其中，$a_{ik}^* = \dfrac{\left(\frac{\partial Z_i}{\partial x'_k}\right)_{X^*}}{\sqrt{\sum\limits_k \left(\frac{\partial Z_i}{\partial x'_k}\right)_{X^*}^2}}$，$a_{jk}^* = \dfrac{\left(\frac{\partial Z_j}{\partial x'_k}\right)_{X^*}}{\sqrt{\sum\limits_k \left(\frac{\partial Z_j}{\partial x'_k}\right)_{X^*}^2}}$。

在结构系统中，两种失效形式的相关性具有下述特点。

（1）在同一结构系统中，来自同一个随机变量的两种失效形式完全相关。设失效形式 $i$ 和 $j$ 的功能函数为式（9-50）。

$$\left.\begin{array}{l} Z_i = aR + c \\ Z_j = bR + d \end{array}\right\} \tag{9-50}$$

式中　　　$R$——随机变量；

$a$、$b$、$c$、$d$——常量。

$Z_i$ 和 $Z_j$ 的相关系数见式(9-51)。

$$\rho_{Z_i,Z_j}=\frac{a\times b\sigma_R^2}{\sqrt{(a\sigma_R)^2}\sqrt{(b\sigma_R)^2}}=1 \qquad(9-51)$$

(2)同一结构系统中,两种失效形式一般是正相关的,即 $0\leqslant\rho_{Z_i,Z_j}\leqslant1$。

(3)同一结构系统中两种失效形式的相关性可按相关系数的大小分为高级相关与低级相关。通常定义 $\rho_{Z_i,Z_j}\geqslant\rho_0$ 为高级相关;$\rho_{Z_i,Z_j}<\rho_0$ 为低级相关。$\rho_0$ 为临界相关系数,可根据结构的重要性与经济性修正,一般取 $\rho_0=0.7\sim0.8$。

当 $\rho_{Z_i,Z_j}\geqslant\rho_0$ 时,可以用一种失效形式代替另一种失效形式,这样就可使结构系统的可靠度分析简化。当 $\rho_{Z_i,Z_j}<\rho_0$ 时,必须考虑各种失效形式对结构系统失效的影响。

## 9.4.4 结构体系可靠度计算方法

### 1. 区间估计法

实际结构的失效形式很多,要精确计算其失效概率是不可能的。通常采用一些近似计算方法,其中常用的有区间估计法。代表性的区间估计法有 A·Cornell 提出的宽界限法和 Ditevsen 提出的窄界限法。

(1)宽界限法。

宽界限法(一阶方法)指取两种极端状态作为上下限,利用基本事件的失效概率来研究多种失效形式结构体系的失效概率。

若所考虑的各构件的抗力是完全相关的,即 $\rho=1$,结构体系的可靠概率见式(9-52)。

$$P_s=\min(P_{s_1},P_{s_2},\cdots,P_{s_i},\cdots,P_{s_n}) \qquad(9-52)$$

式中 $P_{s_i}$——第 $i$ 个构件的可靠概率,若其失效概率为 $P_{f_i}$,则有 $P_{s_i}=1-P_{f_i}$。

式(9-52)表示只有第一个构件不破坏时,结构体系才不破坏,因各构件失效是完全相关的。

若各构件的抗力是相互独立的,并且作用效应也是独立的,则有式(9-53)。

$$P_s=\prod_{i=1}^n P_{s_i}=\prod_{i=1}^n(1-P_{f_i}) \qquad(9-53)$$

实际结构的抗力与作用效应既不会完全独立,也不会完全相关,一般介于二者之间。式(9-52)、式(9-53)可作为估计结构体系可靠概率 $P_s$ 的上下限,其关系见式(9-54)。

$$\prod_{i=1}^n P_{s_i}\leqslant P_s\leqslant\min P_{s_i} \qquad(9-54)$$

相应地,结构体系失效概率的 $P_f$ 的上下限为式(9-55)。

$$\max P_{f_i}\leqslant P_f\leqslant1-\prod_{i=1}^n(1-P_{f_i}) \qquad(9-55)$$

如果 $P_{f_i}$ 很小,则有 $1-\prod_{i=1}^n(1-P_{f_i})\approx\sum_{i=1}^n P_{f_i}$,可得式(9-56)。

$$\max P_{f_i} \leqslant P_f \leqslant \sum_{i=1}^{n} P_{f_i} \qquad (9-56)$$

上述公式虽不能完全确定结构体系的失效概率，但可以估计其失效概率的上下限。

**【例 9.8】** 如图 9.10 所示，有 10 条完全一样的链用环串联起来。拉力为 $T$，每条链的失效概率为 $P_{f_i} = 10^{-4}$，试就链的各种相关条件讨论该串联体系的失效概率。

**图 9.10 链环结构图**

**解：** 下面分 3 种情况进行讨论。

(1) 设每条链都是独立的，此时的失效概率 $P_f \approx 10 \times 10^{-4} = 0.001$。

(2) 设各条链的失效是完全相关的，此时有 $P_f = P_i = 10^{-4}$。

(3) 设任意两条链的失效是相关的，相关系数 $\rho_{ij} = \rho = 0.5$。由式（9-55），得

$$10^{-4} \leqslant P_f \leqslant 1.998 \times 10^{-3}$$

(2) 窄界限法。

由于宽界限法给出的结构体系失效概率的上下限过宽，一些学者研究了结构体系失效概率的窄界限法（二阶法）。考虑的出发点是针对失效形式间的关系，其界限必须是共同事件 $E_i E_j$ 发生的概率，如 $P(E_i E_j)$ 或 $P(\overline{E_i}\,\overline{E_j})$，从而根据概率论求出结构体系失效概率 $P_f$ 的上下限。

结构体系失效概率的上下限为式（9-57）。

$$P(E_i) + \max\left[\sum_{i=2}^{k}\left\{P(E_i) - \sum_{j=1}^{i-1} P(E_i E_j)\right\}, 0\right] \leqslant P_f \leqslant \sum_{i=1}^{n} P(E_i) -$$

$$\sum_{i=2}^{n} \max_{j \leqslant i} P(E_i E_j) \qquad (9-57)$$

$P(E_i E_j)$ 为共同事件 $E_i E_j$ 的概率，当所有随机变量都是正态分布且相关系数 $\rho_{ij} \geqslant 0$ 时，由事件 $i$、$j$ 的可靠指标 $\beta_i$ 和 $\beta_j$ 可得式（9-58）～式（9-60）。

$$\max[P(E_i), P(E_j)] \leqslant P(E_i E_j) \leqslant P(E_i) + P(E_j) \qquad (9-58)$$

$$P(E_i) = \Phi(-\beta_i)\Phi\left(-\frac{\beta_j - \rho_{ij}\beta_i}{\sqrt{1 - \rho_{ij}^2}}\right) \qquad (9-59)$$

$$P(E_j) = \Phi(-\beta_j)\Phi\left(-\frac{\beta_i - \rho_{ij}\beta_j}{\sqrt{1 - \rho_{ij}^2}}\right) \qquad (9-60)$$

在计算共同事件的失效概率 $P(E_i E_j)$ 时，可近似取其中的边界值，则可得式（9-61）、式（9-62）。

失效概率下限：

$$P(E_i E_j) = \min[P(E_i), P(E_j)] \qquad (9-61)$$

失效概率上限：

$$P(E_i E_j) = P(E_i) + P(E_j) \qquad (9-62)$$

**【例 9.9】** 简支钢梁跨度 $l = 6.1\text{m}$，在均匀荷载 $q$ 作用下有 3 种可能的失效形式：抗弯能力 $M_0$ 失效，抗剪能力 $V_0$ 失效，抗弯与抗剪能力共同失效。已知梁的抗弯能力为

$M_0$，$\mu_{M_0}=637\text{kN}\cdot\text{m}$，$\sigma_{M_0}=63.7\text{kN}\cdot\text{m}$；梁的抗剪能力为 $V_0$，$\mu_{V_0}=706.8\text{kN}$，$\sigma_{V_0}=106.0\text{kN}$。均匀荷载为 $q$，$\mu_q=87.6\text{kN/m}$，$\sigma_q=19.0\text{kN/m}$。随机变量 $M_0$、$V_0$ 和 $q$ 均服从正态分布，试用窄界限法求该梁的失效概率。

**解**：（1）3 种失效形式的功能函数。

经分析，抗弯能力失效发生在梁的中点截面，抗剪能力失效发生在梁支座处，抗弯与抗剪能力联合失效发生在 $\left(\dfrac{1}{2}-\dfrac{M_0}{V_0}\right)$ 处。其失效形式的功能函数如下。

抗弯能力失效形式的功能函数：

$$g_1(X)=M_0-\frac{1}{8}ql^2$$

抗剪能力失效形式的功能函数：

$$g_2(X)=V_0-\frac{1}{2}ql$$

抗弯与抗剪能力联合失效形式的功能函数：

$$g_3(X)=1-\frac{M}{M_0}-\frac{V}{V_0}=1-\left(\frac{ql^2}{8M_0}+\frac{qM_0}{2V_0^2}\right)$$

（2）计算单个失效形式概率 $P_{f_i}$。

功能函数 $g_1(X)$ 为线性方程，抗弯能力失效概率 $P_{f_1}$ 和可靠指标 $\beta_1$ 如下。

$$\beta_1=\frac{\mu_{M_0}-\dfrac{1}{8}\mu_q l^2}{\sqrt{\sigma_{M_0}^2+\left(\dfrac{1}{8}\sigma_q l^2\right)^2}}=1.92，\quad P_{f_1}=2.74\times10^{-2}。$$

功能函数 $g_2(X)$ 是线性方程，抗剪能力失效概率 $P_{f_2}$ 和可靠指标 $\beta_2$ 如下。

$$\beta_2=\frac{\mu_{V_0}-\dfrac{1}{2}\mu_q l}{\sqrt{\sigma_{V_0}^2+\left(\dfrac{1}{2}\sigma_q l\right)^2}}=3.51，\quad P_{f_2}=2.24\times10^{-4}。$$

功能函数 $g_3(X)$ 为非线性方程，用改进的一次二阶矩求抗弯和抗剪能力联合失效概率 $P_{f_3}$ 和可靠指标 $\beta_3$，有 $\beta_3=1.57$，$P_{f_3}=5.82\times10^{-2}$。

（3）计算相关系数。

由式（9-51）求得 $\rho_{g1g2}=0.451$，$\rho_{g1g3}=0.989$，$\rho_{g2g3}=0.569$。

（4）计算共同失效形式发生的概率。

对抗弯能力失效和抗剪能力失效，有

$$P(A)=\Phi(-\beta_1)\Phi\left(-\frac{\beta_2-\rho_{12}\beta_1}{\sqrt{1-\rho_{12}^2}}\right)\approx4.22\times10^{-5}$$

$$P(B)=\Phi(-\beta_2)\Phi\left(-\frac{\beta_1-\rho_{12}\beta_2}{\sqrt{1-\rho_{12}^2}}\right)\approx7.88\times10^{-5}$$

由式（9-58），得 $7.88\times10^{-5}\leqslant P(E_1E_2)\leqslant1.21\times10^{-4}$。

对抗剪能力失效、抗弯和抗剪能力共同失效，有

$$P(A)=\Phi(-\beta_1)\Phi\left(-\frac{\beta_3-\rho_{13}\beta_1}{\sqrt{1-\rho_{13}^2}}\right)\approx2.70\times10^{-2}$$

$$P(B)=\Phi(-\beta_3)\Phi\left(-\frac{\beta_1-\rho_{13}\beta_3}{\sqrt{1-\rho_{13}^2}}\right)\approx3.84\times10^{-4}$$

由式（9-58），得 $2.70\times10^{-2}\leqslant P(E_1E_3)\leqslant2.74\times10^{-2}$

对抗剪能力失效、抗剪和抗弯能力共同失效，有

$$P(A)=\Phi(-\beta_2)\Phi\left(-\frac{\beta_3-\rho_{23}\beta_2}{\sqrt{1-\rho_{23}^2}}\right)\approx1.56\times10^{-4}$$

$$P(B)=\Phi(-\beta_3)\Phi\left(-\frac{\beta_2-\rho_{23}\beta_3}{\sqrt{1-\rho_{23}^2}}\right)\approx4.30\times10^{-5}$$

由式（9-58），得 $1.56\times10^{-4}\leqslant P(E_1E_3)\leqslant1.96\times10^{-4}$

（5）求解失效概率窄界限范围。

由式（5-57），得

$$P(E_1)+\max\{[P(E_2)-P(E_2E_1)+P(E_3)-P(E_3E_1)-P(E_2E_3)],0]\}\leqslant$$
$$P_f\leqslant P(E_1)+P(E_2)+P(E_3)-\{P(E_2E_1)+\max[P(E_3E_1),P(E_3E_2)]\}$$

代入有关数据，得 $5.82\times10^{-2}\leqslant P_f\leqslant5.87\times10^{-2}$。

### 2. PNET 法

概率网络估算技术（Probability Network Evaluation Technique，PNET）法，是将网络技术用于结构体系可靠度分析，把结构体系所具有的失效形式，根据其间的相关分析，将失效形式分成若干组，每组中的失效形式间具有很高的相关性，选取各组中失效概率最大的失效形式作为各组的代表（该体系的主要失效形式）。根据 PNET 法的原理，设 $n$ 个代表的失效形式中第 $i$ 个失效形式的失效概率为 $P_{f_i}$，则结构体系的可靠概率见式（9-63）。

$$P_s=\prod_{i=1}^n(1-P_{f_i})=\prod_{i=1}^n P_{s_i} \tag{9-63}$$

相应的结构体系的失效概率见式（9-64）。

$$P_f=1-P_s=1-\prod_{i=1}^n(1-P_{f_i})=1-\prod_{i=1}^n P_{s_i} \tag{9-64}$$

当 $P_{f_i}$ 很小时，式（9-64）可近似为式（9-65）。

$$P_f=\sum_{i=1}^n P_{f_i} \tag{9-65}$$

PNET 法的基本思路为：对 $\rho_{ij}\geqslant\rho_0$ 的相关事件，假设为相互高级相关；低级相关事件（$\rho_{ij}<\rho_0$）假设为相互独立；将基本失效事件分为 $n$ 组，任一组包括的失效事件为 $E_1$，$E_2$，…，$E_k$。它们与其中的一个失效事件 $E_r$ 高级相关（即 $\rho_{rj}\geqslant\rho_0$，$j=1$，2，…，$k$），在此情况下，可以用 $E_r$ 作为代表，亦即该组的失效概率都可以由单个事件的失效概率来代表，即为式（9-66）。

$$P(E_1\bigcup E_2\bigcup\cdots\bigcup E_k)\approx P(E_r) \tag{9-66}$$

其中，$P(E_r)=\max(E_j,j=1,2,\cdots,k)$。进一步假设不同组的 $E_r$ 是相互独立的，即对 $E_q$ 和 $E_r$，有 $\rho_{qr}<\rho_0$。因此，结构体系的失效概率近似由式（9-67）计算。

$$P(E)\approx1-\prod_r P(\overline{E}_r) \tag{9-67}$$

用 PNET 法计算结构体系可靠概率的步骤如下。

(1) 选择 $\rho_0$ 值。

(2) 计算单个形式的失效概率，并按失效概率由大到小依次将各失效事件排序，如 $E_1$，$E_2$，$\cdots$，$E_n$。

(3) 取 $E_1$ 作为比较依据，依次计算其余各事件与 $E_1$ 的相关系数 $\rho_{12}$，$\rho_{13}$，$\cdots$，$\rho_{1n}$，其中 $\rho_{1j} \geqslant \rho_0$ 的事件 $E_j$ 可用 $E_1$ 代表。

(4) 对 $\rho_{ij} < \rho_0$ 的各事件，按失效概率由大到小依次排列，取失效概率最大的事件为依据，用第(3)步的方法，找出它所代表的事件。重复上述步骤，直到各失效事件都找到代表事件为止。

(5) 根据各代表事件的概率，由 $P(E) \approx 1 - \prod_r P(\overline{E}_r)$ 求得结构体系的失效概率。

由于 PNET 法采用 $\rho_0$ 作为衡量失效事件相关性的标准，因此，$\rho_0$ 的取值与所得可靠度密切相关。如果取 $\rho_0 = 1$，则得出过低的可靠度，是偏保守的；如果取 $\rho_0 = 0$，则得出过高的可靠度，所得的结果作为设计依据是偏危险的。

**【例 9.10】** 在图 9.11 所示的梁索体系中，梁长 $2l = 9.7536\text{m}$，梁为等截面。梁承受的均匀荷载 $q$ 服从正态分布，$\mu_q = 29.186\text{kN/m}$，$\sigma_q = 5.837\text{kN/m}$。梁达到塑性极限的抗弯能力 $M$ 服从正态分布，$\mu_M = 135.58\text{kN} \cdot \text{m}$，$\sigma_M = 18.981\text{kN} \cdot \text{m}$。钢索材料的屈服强度 $f_y$ 也服从正态分布，$\mu_{f_y} = 413.6\text{N/mm}^2$，$\sigma_{f_y} = 41.36\text{N/mm}^2$。索 1 和索 2 截面面积分别为 $6.45 \times 10^{-2}\text{mm}^2$ 和 $3.32 \times 10^{-2}\text{mm}^2$。设每条钢索的抗拉能力和荷载 $q$ 都是统计独立的，梁的抗弯能力也是统计独立的，但各截面完全相关。试求该体系的失效概率。

**图 9.11  梁索体系示意图**

**解**：(1) 失效形式及功能函数。

该梁索体系可能有 4 种失效形式，如图 9.12 所示。根据虚功原理可依次得到失效形式的功能函数：

$$g_1(X) = 6M - \frac{1}{2}ql^2, \quad g_2(X) = F_1 l + 2F_2 l - 2ql^2$$

$$g_3(X) = M + F_2 l - \frac{1}{2}ql^2, \quad g_4(X) = 2M + F_1 l + 2F_2 l - ql^2$$

(2) 计算单个形式失效概率 $P_{f_i}$。

由式(9-64)、式(9-65)分别计算单个形式失效概率。

$\beta_1 = 3.32$，$P_{f_1} = \Phi(-3.32) = 4.5 \times 10^{-4}$；$\beta_2 = 3.65$，$P_{f_2} = \Phi(-3.65) = 1.33 \times 10^{-4}$；$\beta_3 = 4.51$，$P_{f_3} = \Phi(-4.51) = 3.25 \times 10^{-6}$；$\beta_4 = 4.51$，$P_{f_4} = \Phi(-4.51) = 3.25 \times 10^{-6}$。

(3) 选取失效形式代表。

失效形式1 ... (a)

失效形式2 ... (b)

失效形式3 ... (c)

失效形式4 ... (d)

**图 9.12　该梁索体系的 4 种可能失效形式**

按失效概率由大到小依次排列，分别为失效形式 1、失效形式 2、失效形式 3 和失效形式 4。取 $\rho_0 = 0.8$，以失效形式 1 为依据，求 $g_1(X)$ 与 $g_2(X)$、$g_3(X)$、$g_4(X)$ 的相关系数，分别为

$$\rho_{12} = 0.412, \rho_{13} = 0.534, \rho_{14} = 0.534。$$

由此可见，当取 $\rho_0 = 0.8$ 时，失效形式 2、失效形式 3、失效形式 4 均不能用失效形式 1 代表。

以失效形式 2 为依据，求 $g_2(X)$ 与 $g_3(X)$、$g_4(X)$ 的相关系数，分别为

$$\rho_{23} = 0.856, \rho_{24} = 0.856。$$

由此可见，当取 $\rho_0 = 0.8$ 时，失效形式 3、失效形式 4 可用失效形式 2 代表。

（4）结构体系失效概率。

由上述分析可知，该梁索系统可由失效形式 1 和失效形式 2 来代表。由式（9-64）可得结构体系的失效概率。

$$P_f = 1 - [(1 - 4.5 \times 10^{-4}) \times (1 - 1.33 \times 10^{-4})] = 5.830 \times 10^{-4}$$

如果用宽界限法，可得 $4.5 \times 10^{-4} \leqslant P_f \leqslant 5.895 \times 10^{-4}$。

如果用窄界限法，可得 $5.822 \times 10^{-4} \leqslant P_f \leqslant 5.855 \times 10^{-4}$。

# 本 章 小 结

结构在规定的时间内（如设计基准期）和规定的条件下（正常设计、正常施工、正常使用维护）完成预定功能（安全性、适用性和耐久性）的能力，称为结构的可靠性。结构能力的概率度量即可靠度。可见，可靠度是对结构可靠性的一种定量描述。

结构能够完成预定功能的概率称为可靠概率；结构不能完成预定功能的概率称为失效概率。二者是互补的。因此，结构可靠度也可用结构的失效概率来度量，失效概率愈小，结构可靠度愈大。

整个结构或结构的一部分超过某一特定状态就不能满足设计规定的某一功能要求，此

特定状态称为该功能的极限状态。极限状态是区分结构工作状态可靠或失效的标志。极限状态可分为三类：承载能力极限状态、正常使用极限状态和耐久性极限状态。

## 思 考 题

1. 结构的功能要求有哪些？
2. 简述结构功能函数的意义和结构极限状态设计的要求。
3. 何谓结构的可靠性和可靠度？
4. 可靠指标与失效概率有什么关系？说明可靠指标的几何意义。
5. 简述均值一次二阶矩法和改进的一次二阶矩法的基本思路，并分析其优缺点。
6. 简述相关随机变量可靠度的计算方法。
7. 非正态随机变量当量化为正态分布的基本假定是什么？
8. 何谓结构体系可靠度？简述结构系统的 3 种基本模型。
9. 简述 PNET 法的基本思路。

## 习 题

1. 已知一伸臂梁如图 9.13 所示。梁所能承担的极限弯矩为 $M_u$，若梁内弯矩 $M > M_u$ 时，梁便失效。现已知各变量均服从正态分布，其各自的平均值及标准差为：荷载统计参数，$\mu_p = 4\text{kN}$，$\sigma_p = 0.8\text{kN}$；跨度统计参数，$\mu_l = 6\text{m}$，$\sigma_l = 0.1\text{m}$；极限弯矩统计参数，$\mu_{M_u} = 20\text{kN} \cdot \text{m}$，$\sigma_{M_u} = 2\text{kN} \cdot \text{m}$。试用均值一次二阶矩法计算该梁的可靠指标 $\beta$。

**图 9.13 习题 1 图**

2. 假定钢梁承受确定性的弯矩 $M = 128.8\text{kN} \cdot \text{m}$，钢梁截面的塑性抵抗矩 $W$ 和屈服强度 $f$ 都是随机变量，已知分布类型和统计参数如下。

抵抗矩 $W$：正态分布，$\mu_W = 884.9 \times 10^{-6}\text{m}^3$，$\delta_W = 0.05$；

屈服强度 $f$：对数正态分布，$\mu_f = 262\text{MPa}$，$\delta_f = 0.10$；

该梁的极限状态方程：$Z = fW - M = 0$。

试用改进的一次二阶矩法求该梁的可靠指标 $\beta$。

3. 某随机变量 $X$ 服从极值 I 型分布，其统计参数为：$\mu_X = 300$，$\delta_X = 0.12$。试计算 $x^* = \mu_X$ 处的当量化正态参数。

4. 某结构体系有 4 种失效形式，其功能函数分别 $g_1$、$g_2$、$g_3$ 和 $g_4$。经计算对失效形式 1，$\beta_1 = 3.32$，$P_{f1} = \Phi(-3.32) = 4.5 \times 10^{-4}$；失效形式 2，$\beta_2 = 3.65$，$P_{f2} = \Phi(-3.65) = 1.33 \times 10^{-4}$；失效形式 3，$\beta_3 = 4.51$，$P_{f3} = \Phi(-4.51) = 3.25 \times 10^{-6}$；失效形式 4，

$\beta_4 = 4.51$，$P_{f3} = \Phi(-4.51) = 3.25 \times 10^{-6}$。已知 $g_1$ 与 $g_2$ 的相关系数为 $0.412$，$g_1$ 与 $g_3$ 的相关系数为 $0.534$，$g_1$ 与 $g_4$ 的相关系数为 $0.534$；$g_2$ 与 $g_3$ 的相关系数为 $0.856$，$g_2$ 与 $g_4$ 的相关系数为 $0.534$。试用窄界限法计算该结构体系的失效概率。

5. 单跨 2 层刚架如图 9.14(a)所示。已知各随机变量及统计特征，竖向杆的抗弯力矩 $M_1 = (111, 16.7)$kN·m；水平杆的抗弯力矩 $M_2 = (277, 41.5)$kN·m；荷载 $F_1 = (91, 22.7)$kN，$F_2 = (182, 27.2)$kN，$p = (15.9, 4)$kN。刚架可能出现塑性铰的位置如图 9.14(b)所示，共 14 个，失效形式为 8 个，相应的功能函数及其对应的可靠指标和失效概率列于表 9-3 中。试用 PNET 法求该刚架体系的可靠度。

(a)　　　　　　　　　(b)

**图 9.14　习题 5 图**

**表 9-3　失效形式的功能函数及其对应的可靠指标和失效概率**

| 失效形式 | 塑性铰的位置 | 功能函数 $Z_i$ | 可靠指标 $\beta_i$ | 失效概率 $P_{fi}$ |
|---|---|---|---|---|
| 1 | 5、6、7 | $4M_2 - F_2 L_2 / 2$ | 2.98 | $1.44 \times 10^{-3}$ |
| 2 | 1、2、4、6、8、9 | $6M_1 + 2M_2 - 3L_1 P - F_2 L_2 / 2$ | 3.06 | $1.11 \times 10^{-3}$ |
| 3 | 1、2、4、6、7、8 | $4M_1 + 3M_2 - 3L_1 P - F_2 L_2 / 2$ | 3.22 | $0.64 \times 10^{-3}$ |
| 4 | 3、4、6、8、9 | $4M_1 + 2M_2 - F_2 L_2 / 2$ | 3.28 | $0.52 \times 10^{-3}$ |
| 5 | 1、2、3、4 | $4M_1 - 3L_1 P$ | 3.38 | $0.36 \times 10^{-3}$ |
| 6 | 1、2、4、6、9、10、11 | $8M_1 + 2M_2 - 4L_1 P - F_2 L_2 / 2$ | 3.50 | $0.23 \times 10^{-3}$ |
| 7 | 1、2、6、7、11、13 | $4M_1 + 6M_2 - 4L_1 P - F_1 L_2 / 2 - F_2 L_2 / 2$ | 3.64 | $0.14 \times 10^{-3}$ |
| 8 | 1、2、6、7、10、11 | $4M_1 + 4M_2 - 4L_1 P - F_1 L_2 / 2$ | 3.72 | $0.10 \times 10^{-3}$ |

# 第10章
# 概率极限状态设计法

## 教学目标

（1）掌握结构设计的目标和原则。
（2）掌握直接概率设计法。
（3）熟练应用概率极限状态的实用设计表达式。

## 教学要求

| 知识要点 | 能力要求 | 相关知识 |
| --- | --- | --- |
| 结构设计的目标与原则 | （1）掌握结构设计的目标；<br>（2）掌握结构设计的原则 | （1）结构安全等级；<br>（2）可靠度；<br>（3）耐久性；<br>（4）设计使用年限 |
| 直接概率设计法 | （1）掌握直接概率设计法概念；<br>（2）掌握直接概率设计法计算方法 | （1）可靠指标；<br>（2）失效概率 |
| 概率极限状态的实用设计表达式 | （1）掌握概率极限状态设计法概念；<br>（2）熟练应用概率极限状态的实用设计表达式 | （1）承载能力极限状态；<br>（2）正常使用极限状态；<br>（3）结构抗震设计 |

**基本概念**

可靠度；耐久性；设计基准期；基本组合；偶然组合；短期效应；长期效应。

**引例**

以概率理论为基础的极限状态设计法简称为概率极限状态设计法。其将结构的极限状态分为承载能力极限状态、正常使用极限状态和耐久性极限状态三大类。对应不同的设计状况，采用不同的极限状态进行设计。

# 10.1　结构设计的目标与原则

结构的设计、施工和维护应使结构在规定的设计使用年限内，以适当的可靠度且经济的方式，满足规定的各项功能要求。

## 10.1.1　建筑结构安全等级与可靠度

结构设计时，应根据结构破坏可能造成的后果，即危害人的生命、造成经济损失、对社会或环境产生影响等的严重性，采用不同的安全等级。《建筑结构可靠性设计统一标准》（GB 50068—2018）将建筑结构的安全等级划分为三级，见表 10-1。建筑结构抗震设计中的甲类建筑和乙类建筑的安全等级宜为一级；丙类建筑的安全等级宜为二级；丁类建筑的安全等级宜为三级。《高耸结构设计标准》（GB 50135—2019）则将高耸结构的安全等级划分为三级见表 10-2。

表 10-1　建筑结构的安全等级

| 安全等级 | 破坏后果 | 建筑类型 |
|---|---|---|
| 一级 | 很严重：对人的生命、经济、社会或环境影响很大 | 大型的公共建筑等重要结构 |
| 二级 | 严重：对人的生命、经济、社会或环境影响较大 | 普通的住宅和办公楼等一般结构 |
| 三级 | 不严重：对人的生命、经济、社会或环境影响很小 | 小型建筑或临时性储存建筑等次要结构 |

表 10-2　高耸结构的安全等级

| 安全等级 | 破坏结果 | 高耸结构类型 |
|---|---|---|
| 一级 | 很严重 | 特别重要的高耸结构 |
| 二级 | 严重 | 一般的高耸结构 |
| 三级 | 不严重 | 次要的高耸结构 |

注：① 对特殊的高耸结构，其安全等级可根据具体情况另行确定。

　　② 对风力发电塔，安全等级应为二级。

大量的一般结构宜列为二级；重要结构提高一级；次要结构可降低一级。同一建筑结构内的各种结构构件宜与结构采用相同的安全等级，但也允许对部分结构构件根据其重要程度和综合经济效果进行适当调整。如提高某一结构构件的安全等级所需额外费用很少，又能减轻整个结构的破坏而大大减少人员伤亡和财产损失，则可将该结构构件的安全等级比整个结构的安全等级提高一级；相反，如某一结构构件的破坏并不影响整个结构或其他结构构件，则可将其安全等级降低一级。

## 10.1.2 耐久性和设计使用年限

工程结构设计时应对环境影响进行评估，当结构所处的环境对其耐久性有较大影响时，应根据不同的环境类别采用相应的结构材料、设计构造、防护措施、施工质量要求等，并应制定结构在使用期间的定期检修和维护制度，使结构在设计使用年限内不致因材料的劣化而影响其安全或正常使用。

耐久性是材料抵抗自身和自然环境双重因素长期作用的能力，即保证其经久耐用的能力。耐久性越好，材料的使用寿命越长。耐久性设计就是根据结构的环境类别和设计使用年限进行设计的，主要解决环境作用与材料抵抗环境作用能力的问题。要求在规定的设计使用年限内，结构能够在自然环境和人为环境的化学和物理作用下，不出现无法接受的承载力减小、使用功能降低和不能接受的外观破损等耐久性问题，所以还要掌握设计基准期和设计使用年限的概念。

设计基准期就是指结构设计时，为确定可变作用及与时间有关的材料性能等取值而选用的时间参数。例如，现行的建筑结构设计规范中的荷载统计参数是按设计基准期为 50 年确定的，桥梁结构设计基准期为 100 年，水泥混凝土路面结构设计基准期不大于 30 年，沥青混凝土路面结构设计基准期不大于 15 年。

设计使用年限指结构在正常设计、正常施工、正常使用和维护下所应达到的使用年限，在这个年限内，结构只需要进行正常的维护而不需要进行大修就能够按预期目的使用。建筑结构设计使用年限见表 10-3。如果达不到这个年限，则意味着在设计、施工、使用和维护的某一环节中出现了不正常情况，应查找原因。

表 10-3 建筑结构设计使用年限

| 建筑类型 | 设计使用年限/年 |
| --- | --- |
| 临时性建筑结构 | 5 |
| 易于替换的结构构件 | 25 |
| 普通房屋和构筑物 | 50 |
| 标志性建筑和特别重要的建筑结构 | 100 |

结构的可靠度或失效概率与结构的使用年限有关。当结构的实际使用年限超过设计使用年限后，结构失效概率将会比设计时的预期大，但并不意味着该结构会立即丧失功能或报废。

## 10.1.3　设计状况与极限状态设计

由于结构在建造和使用过程中所承受的作用和所处环境不同，设计时所采用的结构体系、可靠度水平、基本变量和作用组合等应有所不同。因此，建筑结构设计时，应根据结构在建造和使用过程中所承受的作用和所处环境条件，分为下列 4 种设计状况。

（1）持久设计状况。在结构使用过程中一定出现、持续期很长的状况。持续期一般与设计使用年限为同一数量级，如房屋结构承受家具和正常人员荷载的状况。

（2）短暂设计状况。在结构施工和使用过程中出现概率较大，而与设计使用年限相比持续时间很短的状况，如结构施工时承受堆料和施工荷载的状况。

（3）偶然设计状况。在结构使用过程中出现的概率很小、持续期很短的状况，如结构遭受火灾、爆炸、撞击等作用的状况。

（4）地震设计状况。结构遭受地震时的设计状况。

对于 4 种设计状况均应进行承载能力极限状态设计；对持久设计状况尚应进行正常使用极限状态设计，并宜进行耐久性极限状态设计；对短暂设计状况和地震设计状况可根据需要进行正常使用极限状态设计；对偶然设计状况可不进行正常使用极限状态和耐久性极限状态设计。

## 10.1.4　目标可靠指标

为了使结构设计既安全又经济合理，因此必须确定一个公众所能接受的建筑结构的失效概率或可靠指标，这个失效概率或可靠指标就称为目标失效概率（允许失效概率）或目标可靠指标（允许可靠指标），它代表了设计所要预期达到的结构可靠度，是预先给定作为结构设计依据的可靠指标。

建筑结构或构件应在设计基准期内和规定的条件下，不能完成预定功能的概率（失效概率）$P$ 低于目标失效概率（允许失效概率）$[P]$［式（10 - 1）］。

$$P \leqslant [P] \tag{10-1}$$

式中　$P$——失效概率；

　　　$[P]$——目标失效概率（允许失效概率）。

由于可靠指标与失效概率是一一对应的关系，则有式（10 - 2）。

$$\beta \geqslant [\beta] \tag{10-2}$$

式中　$\beta$——可靠指标；

　　　$[\beta]$——目标可靠指标（允许可靠指标）。

目标可靠指标与工程造价、使用维护费用、投资风险等有关。如目标可靠指标定得较高，则相应的工程造价较大，而使用维护费用较低，投资风险较小；反之，目标可靠指标定得较低，工程造价较低，但使用维护费用就会较高，投资风险就会较大。因此，结构设计的目标可靠指标应综合考虑社会公众对事故的接受程度、可能的投资水平、结构重要性、结构破坏性质及其失效后果等因素，以优化方法确定。目标可靠指标 $[\beta]$ 的确定应遵循下面几个原则。

（1）建立在规范类比法或校准法的基础上，运用近似概率法对各类结构设计规范所设计的各种构件进行分析，反算出规范在各种情况下相应的可靠指标 $\beta$。然后，在统计分析的基础上，针对不同情况做适当调整，确定合理且统一的目标可靠指标 $[\beta]$。

（2）目标可靠指标 $[\beta]$ 与结构的安全等级有关。安全等级要求愈高，目标可靠指标就应该愈大。

（3）目标可靠指标 $[\beta]$ 与结构的破坏性质有关。延性破坏结构的目标可靠指标可稍低于脆性破坏结构的目标可靠指标。延性破坏的构件在破坏前有明显的预兆，如构件的裂缝过宽、变形较大等，其破坏过程较缓慢，属于延性破坏的有钢筋混凝土受拉、受弯等构件的破坏。脆性破坏则具有突发的性质，构件在破坏前无明显的预兆，一旦破坏，其承载力将急剧降低甚至断裂，如轴心受压、受剪、受扭等构件的破坏。

（4）目标可靠指标 $[\beta]$ 与不同的极限状态有关。承载能力极限状态下的目标可靠指标应高于正常使用极限状态下的目标可靠指标。因为承载能力极限状态是关系到结构构件是否安全的根本问题，而正常使用极限状态的验算则是在满足承载能力极限状态的前提下进行的，只影响到结构构件的正常适用性。

《建筑结构可靠性设计统一标准》（GB 50068—2018）和《公路工程结构可靠性设计统一标准》（JTG 2120—2020）根据结构的安全等级和破坏类型，在校准法的基础上，规定了承载能力极限状态设计时的目标可靠指标 $[\beta]$，见表 10-4～表 10-6。表中规定的目标可靠指标 $[\beta]$ 是各类材料结构设计规范应采用的最低目标可靠指标 $[\beta]$。

表 10-4 结构构件的目标可靠指标 $[\beta]$

| 构件破坏类型 | 安全等级 | | |
|---|---|---|---|
| | 一级 | 二级 | 三级 |
| 延性破坏 | 3.7 | 3.2 | 2.7 |
| 脆性破坏 | 4.2 | 3.7 | 3.2 |

表 10-5 公路桥涵与隧道结构的承载能力极限状态下的目标可靠指标 $[\beta]$

| 构件破坏类型 | 结构安全等级 | | |
|---|---|---|---|
| | 一级 | 二级 | 三级 |
| 延性破坏 | 4.7 | 4.2 | 3.7 |
| 脆性破坏 | 5.2 | 4.7 | 4.2 |

表 10-6 公路路面结构的承载能力极限状态目标可靠指标 $[\beta]$

| 结构安全等级 | 公路等级 | | 结构安全等级 | 公路等级 | 结构安全等级 | 公路等级 | |
|---|---|---|---|---|---|---|---|
| 一级 | 高速 | 一级 | 二级 | 二级 | 三级 | 三级 | 四级 |
| | 1.64 | 1.28 | | 1.04 | | 0.84 | 0.52 |

为促进房屋使用性能的改善，根据国外有关标准，结合国内对建筑结构构件正常使用极限状态可靠度所做的分析研究成果，对结构构件正常使用的可靠指标做出了规定。对于正常使用极限状态，其可靠指标一般应根据结构构件作用效应的可逆程度选取：可逆程度

较高的结构构件的可靠指标取较低值；可逆程度较低的结构构件的可靠指标取较高值。《结构可靠性总原则》（ISO2394：1998）规定，对可逆的正常使用极限状态的结构构件，其可靠指标取 0；对不可逆的正常使用极限状态的结构构件，其可靠指标取 1.5。

不可逆极限状态指产生超越状态的作用被移去后，仍将永久保持超越状态的一种极限状态。可逆极限状态指产生超越状态的作用被移去后，将不再保持超越状态的一种极限状态。例如，有一简支梁在某一数值的荷载作用后，其挠度超过了允许值，卸去该荷载后，若梁的挠度小于允许值，则为可逆极限状态，其可靠指标取为 0；若梁的挠度还是超过允许值，则为不可逆极限状态，其可靠指标取 1.5。当可逆程度介于可逆与不可逆二者之间时，取 0～1.5。

结构构件持久设计状况耐久性极限状态设计的可靠指标，宜根据其可逆程度取 1.0～2.0。

# 10.2 直接概率设计法

## 10.2.1 一般概念

所谓直接概率设计法就是根据预先给定的目标可靠指标 $[\beta]$ 及各基本变量的统计特征，通过可靠度计算式反求结构构件抗力，然后进行构件截面设计的一种方法。简单来讲，就是要使所设计结构的可靠度满足规定的某个概率，也就是说要使失效概率 $P_f$ 在规定的时间段内不应超过规定失效概率 $[P_f]$。直接概率设计法的设计表达式可以用式（10 - 1）和式（10 - 2）来表示。

目前，直接概率设计法主要应用于以下方面。

（1）在特定情况下，直接设计某些重要的工程（如核电站的安全壳、海上采油平台、大坝等）。

（2）根据预先给定的目标可靠度，核准分项系数模式中的分项系数。

（3）对不同设计条件下的结构可靠度进行一致性对比。

## 10.2.2 直接概率法的基本方法

若结构构件抗力 $R$ 和荷载效应 $S$ 都服从正态分布，并已知统计参数 $\mu_R$、$\mu_S$、$\sigma_R$ 和 $\sigma_S$，且极限状态方程是线性的，那么，根据可靠指标计算式可以直接求出结构构件抗力 $R$ 的平均值，见式（10 - 3）。

$$\mu_R - \mu_S = \beta \sqrt{\sigma_R^2 + \sigma_S^2} \qquad (10 - 3)$$

从式（10 - 3）可以看出，对于所设计的结构构件，当 $\mu_R$ 和 $\mu_S$ 之差越大或者 $\mu_R$、$\mu_S$ 之差越小时，可靠指标 $\beta$ 就越大，也就意味着失效概率越小，结构越可靠。

当给定结构的可靠指标 $\beta$，且已知荷载效应的统计参数 $\mu_S$、$\sigma_S$ 和结构构件抗力的统计参数 $x_R$、$\sigma_R$ 时，则可直接应用式（10 - 2）设计结构，把式（10 - 3）代入式（10 - 2）整理后可得式（10 - 4）。

$$\mu_R - \mu_S = \beta \sqrt{(\mu_R \sigma_R)^2 + (\mu_S \delta_S)^2} \qquad (10-4)$$

求解式(10-4) 即得 $\mu_R$，再由 $R_K = \mu_R / x_R$ 求出抗力标准值 $R_K$，而后根据 $R_K$ 进行截面设计。

当极限状态方程为非线性，或者其中含有非正态基本变量的情况时，就不能采用上述方法来简单求解。这时可利用一次二阶矩法的验算点法，求解某一基本变量 $X_i$ 的平均值 $\mu_{xi}$。在一般情况下，直接求出 $\mu_{xi}$ 是不可能的，要进行非线性与非正态的双重迭代才能求出，计算过程比较复杂。直接概率设计法的计算框图如图 10.1 所示。

**图 10.1 直接概率设计法的计算框图**

【例 10.1】 已知某拉杆采用 Q235A$_3$ 钢材，承受的轴向拉力和截面承载力服从正态分布，$\mu_N = 219$kN，$\sigma_N = 0.08$，$x_R = 1.16$，$\sigma_R = 0.09$，可靠指标 $\beta = 3.3$，试求该拉杆所需的截面面积(假定不计截面尺寸变异和计算式精确度的影响)。

**解：**
$$\mu_R - \mu_N = \beta \sqrt{(\mu_R \cdot \sigma_R)^2 + (\mu_N \sigma_N)^2}$$
$$\mu_R - 219 - 3.3 \times \sqrt{(0.09 \times \mu_R) + (219 \times 0.08)^2} = 0$$

解得 $\mu_R \approx 335$ （kN）

则抗力标准值为

$$R_k = \mu_R / x_R = 335/1.16 \approx 288.79 (\text{kN})$$

$$R_k = f_{yk} \times A_S$$

$$f_{yk} = 235 \text{N/mm}^2$$

$$A_S = 288.79 \times 10^3 / 235 \approx 1228.89 (\text{mm}^2)$$

所以拉杆所需的截面面积 $A_S$ 为 1228.89mm²。

# 10.3 概率极限状态的实用设计表达式

为了满足可靠度的要求，在实际结构设计中要采取以下几个措施。

（1）计算荷载效应时，取足够大的荷载；多种荷载作用时考虑荷载的合理组合。

（2）在计算结构构件抗力时，取足够低的强度指标。

（3）对安全等级不同的建筑结构，采用一个重要性系数来进行调整。

在采用上述措施以后，第 10.1 节给定的可靠指标可得到满足，而不必进行烦杂的概率运算。同时，考虑到工程结构设计人员长期以来习惯于采用基本变量的标准值和各种系数进行结构设计，而且在可靠度理论上也已建立了分项系数的确定方法，因而，《建筑结构可靠性设计统一标准》（GB 50068—2018）和《公路工程结构可靠性设计统一标准》（JTG 2120—2020）都规定了在设计验算处，把以可靠指标 $\beta$ 表示的极限状态方程转化为以基本变量和相应的分项系数表达的极限状态设计表达式。下面介绍这两种标准所采用的设计表达式及有关参数的取值规定。

## 10.3.1 承载能力极限状态设计表达式

结构或结构构件按承载力极限状态设计时，应考虑下列状态：①结构或结构构件破坏或过度变形，此时结构的材料强度起控制作用；②整个结构或其一部分失去静力平衡，此时结构材料或地基的强度不起控制作用；③地基破坏或过度变形，此时岩土的强度起控制作用；④结构或结构构件疲劳破坏，此时结构材料的疲劳强度起控制作用。

（1）结构或结构构件破坏或过度变形的承载能力极限状态设计［式(10 - 5)］。

$$r_0 S_d \leqslant R_d \tag{10 - 5}$$

式中 $r_0$——结构重要性系数，见表 10 - 7；

$S_d$——作用组合的效应设计值；

$R_d$——结构或结构构件的抗力设计值。

表 10 - 7 结构重要性系数 $r_0$

| 结构重要性系数 | 持久设计状况和短暂设计状况 | | | 偶然设计状况和地震设计状况 |
|---|---|---|---|---|
| | 安全等级 | | | |
| | 一级 | 二级 | 三级 | |
| $r_0$ | 1.1 | 1.0 | 0.9 | 1.0 |

（2）整个结构或其一部分失去静力平衡的承载能力极限状态设计，应符合下式规定。

$$r_0 S_{\text{d,dst}} \leqslant R_{\text{d,stb}} \qquad (10-6)$$

式中　$S_{\text{d,dst}}$——不平衡作用效应的设计值；

　　　$R_{\text{d,stb}}$——平衡作用效应的设计值。

（3）地基破坏或过度变形的承载能力极限状态设计，可采用分项系数法进行，但其分项系数的取值与式（10-5）中所包含的结构重要性系数的取值有区别；地基破坏或过度变形的承载力设计，也可采用容许应力法进行。

（4）结构或结构构件疲劳破坏的承载能力极限状态设计，可采用现行有关标准的方法进行。

承载能力极限状态设计表达式中的作用组合，应符合下列规定：①作用组合应为可能同时出现的作用的组合；②每个作用组合中应包括一个主导可变作用或一个偶然作用或一个地震作用；当结构中永久作用位置的变化对静力平衡或类似的极限状态设计结果很敏感时，该永久作用的有利部分和不利部分应分别作为单个作用；③当一种作用产生的几种效应非完全相关时，对产生有利效应的作用，其分项系数的取值应予以降低；④对不同的设计状况应采用不同的作用组合。

承载能力极限状态的作用组合分为基本组合、偶然组合和地震组合。对持久设计状况和短暂设计状况应采用作用的基本组合；对偶然设计状况应采用作用的偶然组合；对地震设计状况应采用作用的地震组合。

**1. 基本组合**

基本组合的效应设计值应按式（10-7）中最不利值确定。

$$S_{\text{d}} = S\left( \sum_{i \geqslant 1} \gamma_{G_i} G_{ik} + \gamma_P P + \gamma_{L_1} \gamma_{Q_1} Q_{1k} + \sum_{j>1} \gamma_{Q_j} \Psi_{cj} \gamma_{L_j} Q_{jk} \right) \qquad (10-7)$$

式中　$S(\bullet)$——作用组合的效应函数；

　　　$G_{ik}$——第 $i$ 个永久作用的标准值；

　　　$P$——预应力作用的有关代表值；

　　　$Q_{1k}$——第 1 个可变作用的标准值；

　　　$Q_{jk}$——第 $j$ 个可变作用的标准值；

　　　$\gamma_{G_i}$——第 $i$ 个永久作用的分项系数，按表 10-8 采用；

　　　$\gamma_P$——预应力作用的分项系数，按表 10-8 采用；

　　　$\gamma_{Q_1}$——第 1 个可变作用的分项系数，按表 10-8 采用；

　　　$\gamma_{Q_j}$——第 $j$ 个可变作用的分项系数，按表 10-8 采用；

　$\gamma_{L_1}$、$\gamma_{L_j}$——第 1 个和第 $j$ 个考虑结构设计使用年限的荷载调整系数，按表 10-9 采用；

　　　$\Psi_{cj}$——第 $j$ 个可变作用的组合值系数，应按现行有关标准的规定采用。

表 10-8　建筑结构作用的分项系数

| 作用分项系数 | 当作用效应对承载力不利时 | 当作用效应对承载力有利时 |
| --- | --- | --- |
| $\gamma_G$ | 1.3 | $\leqslant 1.0$ |
| $\gamma_P$ | 1.3 | $\leqslant 1.0$ |
| $\gamma_Q$ | 1.5 | 0 |

表 10 - 9　考虑结构设计使用年限的荷载调整系数 $\gamma_L$

| 结构设计使用年限/年 | $\gamma_L$ |
|---|---|
| 5 | 0.9 |
| 50 | 1.0 |
| 100 | 1.1 |

当作用与作用效应按线性关系考虑时，基本组合的效应设计值按式（10 - 8）中最不利值确定。

$$S_d = \sum_{i \geqslant 1} \gamma_{G_i} S_{G_{ik}} + \gamma_P S_P + \gamma_{Q_1} \gamma_{L_1} S_{Q_{1k}} + \sum_{j > 1} \gamma_{Q_j} \Psi_{cj} \gamma_{L_j} S_{Q_{jk}}) \tag{10 - 8}$$

式中　$S_{G_{ik}}$——第 $i$ 个永久作用标准值的效应；

　　$S_P$——预应力作用有关代表值的效应；

　　$S_{Q_{1k}}$——第 1 个可变作用标准值的效应；

　　$S_{Q_{jk}}$——第 $j$ 个可变作用标准值的效应。

2. 偶然组合

对于偶然组合，荷载效应组合的设计值宜按下列规定确定：①偶然作用的代表值不乘分项系数，这是因为偶然作用标准值的确定本身带有主观的臆测因素；②与偶然作用同时出现的其他可变作用可根据观测资料和工程经验采用适当的代表值。具体的设计表达式及各种系数的取值，应符合专门规范的规定。

偶然组合的效应设计值见式（10 - 9）。

$$S_d = S\Big( \sum_{i \geqslant 1} G_{ik} + P + A_d + (\Psi_{f_1} 或 \Psi_{Q_1}) Q_{1k} + \sum_{j > 1} \Psi_{Q_j} Q_{jk} \Big) \tag{10 - 9}$$

式中　$A_d$——偶然作用的设计值；

　　$\Psi_{f_1}$——第 1 个可变作用的频遇值系数，应按有关标准的规定采用；

$\Psi_{Q_1}$、$\Psi_{Q_j}$——第 1 个和第 $j$ 个可变作用的准永久值系数，应按有关标准的规定采用。

当作用与作用效应按线性关系考虑时，偶然组合的效应设计值按式（10 - 10）计算。

$$S_d = \sum_{i \geqslant 1} S_{G_{ik}} + S_P + S_{Ad} + (\Psi_{f_1} 或 \Psi_{Q_1}) S_{Q_{1k}} + \sum_{j > 1} \Psi_{Q_j} S_{Q_{jk}} \tag{10 - 10}$$

式中　$S_{A_d}$——偶然作用设计值的效应。

3. 地震组合

结构构件的地震作用效应和其他作用效应的组合，应按式（10 - 11）计算。

$$S_d = \gamma_G S_{GE} + \gamma_{Eh} S_{Eh,k} + \gamma_{Ev} S_{Ev,k} + \Psi_w \gamma_w S_{w,k} \tag{10 - 11}$$

式中　$S_d$——结构构件内力组合的设计值，包括组合的弯矩、轴力、剪力设计值；

　　$S_{Eh,k}$——水平地震作用标准值的效应，尚应乘以相应的增大系数或调整系数；

　　$S_{Ev,k}$——竖向地震作用标准值的效应，尚应乘以相应的增大系数或调整系数；

　　$S_{w,k}$——风荷载标准值的效应；

　　$\gamma_G$——重力荷载分项系数，一般情况下取 1.2，当重力荷载效应对构件承载力有利时，不应大于 1.0；

$S_{GE}$——重力荷载代表值的效应，有吊车时，尚应包括悬吊物重力标准值的
效应；

$\gamma_w$——风荷载分项系数，应采用1.5；

$\gamma_{Eh}$、$\gamma_{Ev}$——分别为水平、竖向地震作用分项系数，按表10-10采用；

$\Psi_w$——风荷载组合系数，一般结构应取0.0，风荷载起控制作用时应取0.2。

**表 10-10　地震作用分项系数**

| 地震作用 | $\gamma_{Eh}$ | $\gamma_{Ev}$ |
|---|---|---|
| 仅计算水平地震作用 | 1.3 | 0.0 |
| 仅计算竖向地震作用 | 0.0 | 1.3 |
| 同时计算水平和竖向地震作用（水平地震为主） | 1.3 | 0.5 |
| 同时计算水平和竖向地震作用（竖向地震为主） | 0.5 | 1.3 |

当进行建筑结构抗震设计时，结构性能基本设防目标应符合下列规定：①遭遇多遇地震影响，结构主体不受损伤或不需修复即可继续使用；②遭遇设防地震影响，结构主体可能发生损坏，但经一般修复仍可继续使用；③遭遇罕遇地震影响，结构主体不致倒塌或发生危及生命的严重破坏。

## 10.3.2　正常使用极限状态设计表达式

对承载能力极限状态，安全与失效之间的分界线是清晰的，如钢材的屈服、混凝土的压坏、结构的倾覆、地基的滑移，都是清晰的物理现象；对正常使用极限状态，能正常使用与不能正常使用之间的分界线是模糊的，难以找到清晰的物理分界线来区分能正常使用与不能正常使用，在很大程度上要依靠工程经验来确定。

对于正常使用极限状态，结构或结构构件应根据不同的设计要求，分别采用作用的标准组合、频遇组合和准永久组合。结构或结构构件按正常使用极限状态设计时，应符合式（10-12）的规定。

$$S_d \leqslant C \tag{10-12}$$

式中　$S_d$——作用组合的效应设计值；

$C$——设计对变形、裂缝等规定的相应限值，应按有关结构设计标准的规定采用。

正常使用极限状态的可逆与不可逆的划分很重要。标准组合宜用于不可逆正常使用极限状态；频遇组合宜用于可逆正常使用极限状态；准永久组合宜用在长期效应是决定性因素时的正常使用极限状态。

正常使用极限状态的可逆与不可逆不能只按所验算构件的情况确定，还需要与周边构件联系起来考虑。以钢梁的挠度为例，钢梁的挠度本身当然是可逆的，但如钢梁下有隔墙，钢梁与隔墙之间又未做专门处理，钢梁的挠度会使隔墙损坏，这种情况则仍被认为是不可逆的，应采用标准组合进行设计验算；如钢梁的挠度不会损坏其他构件（结构的或非结构的），只影响到人的舒适感，则可采用频遇组合进行设计验算；如钢梁的挠度对各种性能要求均无影响，只是个外观问题，则可采用准永久组合进行设计验算。

1. **标准组合**

标准组合宜用于一个极限状态被超越时，将产生严重的永久性损害的情况，即不可逆正常使用极限状态。

标准组合的效应设计值见式(10-13)。

$$S_d = S\left( \sum_{i \geqslant 1} G_{ik} + P + Q_{1k} + \sum_{j > 1} \Psi_{c_j} Q_{jk} \right) \tag{10-13}$$

当作用与作用效应按线性关系考虑时，标准组合的效应设计值见式(10-14)。

$$S_d = \sum_{i \geqslant 1} S_{G_{ik}} + S_P + S_{Q_{1k}} + \sum_{j > 1} \Psi_{c_j} S_{Q_{jk}} \tag{10-14}$$

2. **频遇组合**

频遇组合宜用于一个极限状态被超越时，将产生局部损害、较大变形或短暂振动的情况，即可逆正常使用极限状态。

频遇组合的效应设计值见式(10-15)。

$$S_d = S\left( \sum_{i \geqslant 1} G_{ik} + P + \Psi_{f1} Q_{1k} + \sum_{j > 1} \Psi_{q_j} Q_{jk} \right) \tag{10-15}$$

当作用与作用效应按线性关系考虑时，频遇组合的效应设计值见式(10-16)。

$$S_d = \sum_{i \geqslant 1} S_{G_{ik}} + S_P + \Psi_{f1} S_{Q_{1k}} + \sum_{j > 1} \Psi_{q_j} S_{Q_{jk}} \tag{10-16}$$

3. **准永久组合**

准永久组合宜用于长期效应是决定性因素时的正常使用极限状态。

准永久组合的效应设计值见式(10-17)。

$$S_d = S\left( \sum_{i \geqslant 1} G_{ik} + P + \sum_{j \geqslant 1} \Psi_{q_j} Q_{jk} \right) \tag{10-17}$$

当作用与作用效应按线性关系考虑时，频遇组合的效应设计值，见式(10-18)。

$$S_d = \sum_{i \geqslant 1} S_{G_{ik}} + S_P + \sum_{j \geqslant 1} \Psi_{q_j} S_{Q_{jk}} \tag{10-18}$$

值得注意的是：组合值系数仅存在于基本组合及标准组合之中；频遇组合中，当可变荷载多于一种时，除第一种可变荷载采用频遇值外，其他种可变荷载采用准永久值。通常情况下，针对同一工况：基本组合下的荷载效应值＞标准组合下的荷载效应值＞频遇组合下的荷载效应值＞准永久组合下的荷载效应值。根据这一点可验算计算结果的正确性。

【**例 10.2**】 已知某屋面板在各种荷载引起的弯矩标准值分别为：永久荷载 2000N·m，活荷载 1200N·m，风荷载 300N·m，雪荷载 200N·m。若安全等级为二级，试求按承载能力极限状态设计时的荷载效应 $M$。若各种可变荷载的组合值系数、频遇值系数、准永久系数分别为：活荷载 $\Psi_{c_1} = 0.7$，$\Psi_{f_1} = 0.5$，$\Psi_{q_1} = 0.4$，风荷载 $\Psi_{c_2} = 0.6$，$\Psi_{q_2} = 0$，雪荷载 $\Psi_{c_3} = 0.7$，$\Psi_{q_3} = 0.2$，再试求在正常使用极限状态下的荷载效应标准组合的弯矩设计值 $M_K$、荷载设计频遇组合的弯矩设计值 $M_f$ 和荷载效应准永久组合的弯矩设计值 $M_q$。

**解**：(1) 按承载能力极限状态，计算荷载效应 $M$。

$$M = \gamma_0 \left( \gamma_G \cdot M_{G_k} + \gamma_{Q_1} \cdot M_{1k} + \sum_{i=2}^{3} \gamma_{q_i} \Psi_{c_i} M_{ik} \right)$$

$$= 1.0 \times (1.3 \times 2000 + 1.5 \times 1200 + 1.5 \times 0.6 \times 300 + 1.5 \times 0.7 \times 200)$$
$$= 4880 \ (\text{N} \cdot \text{m})$$

（2）按正常使用极限状态计算荷载效应 $M_k$、$M_f$、$M_q$。

荷载效应的标准组合：

$$M_k = M_{Gk} + M_{1k} + \sum_{i=2}^{3} \Psi_{c_i} M_{ik}$$
$$= 2000 + 1200 + 0.6 \times 300 + 0.7 \times 200$$
$$= 3520 \ (\text{N} \cdot \text{m})$$

荷载效应的频遇组合：

$$M_f = M_{Gk} + \Psi_{f_1} M_{1k} + \sum_{i=2}^{3} \Psi_{q_i} M_{ik}$$
$$= 2000 + 0.5 \times 1200 + 0 \times 300 + 0.2 \times 200$$
$$= 2640 \ (\text{N} \cdot \text{m})$$

荷载效应的准永久组合：

$$M_q = M_{Gk} + \sum_{i=1}^{3} \Psi_{q_i} M_{ik}$$
$$= 2000 + 0.4 \times 1200 + 0 \times 300 + 0.2 \times 200$$
$$= 2520 \ (\text{N} \cdot \text{m})$$

## 10.3.3 结构抗震设计表达式

根据《建筑结构可靠性设计统一标准》（GB 50068—2018）的规定，建筑结构应采用极限状态设计法进行抗震计算。在进行建筑结构抗震设计的具体方法上，《建筑抗震设计规范（2016 年版）》（GB 50011—2010）采用第二阶段设计法。

第一阶段设计是为了满足第一水准抗震设防目标"小震不坏"要求，按小震作用效应与其他荷载作用效应的基本结合，验算构件截面的抗震承载力，以及在小震作用下验算结构的弹性变形，用以满足在第一水准下具有必要的承载力可靠度和满足第二水准的损坏可修的目标。

第二阶段设计是对特殊要求的建筑、地震时易倒塌的结构及有明显薄弱的不规则结构，除进行第一阶段设计外，还要进行结构薄弱部位的弹塑性层间变形验算，并采取相应的抗震构造措施，实现第三水准的设防要求，以满足"大震不倒"的抗震设防目标要求。

1. 截面抗震设计表达式

为了保证建筑结构的可靠性，按极限状态设计法进行抗震设计时，结构的地震作用效应不大于结构的抗力，即应采用下列设计表达式。

$$S \leqslant R / \gamma_{RE} \tag{10-19}$$

式中  $\gamma_{RE}$——承载力抗震调整系数，反映了各类构件在多遇地震烈度下的承载能力极限状态的可靠指标的差异，除另有规定外，应按表 10-11 采用；

   $S$——结构构件内力组合的设计值，按《建筑抗震设计规范（2016 年版）》（GB 50011—2010）采用。

R——结构构件承载力设计值［对砌体、钢、木结构的构件和连接分别按有关规定中非抗震设计承载力公式计算；钢筋混凝土结构的构件和连接按《混凝土结构设计规范（2015 年版）》（GB 50010—2010）确定，其中受剪承载力按非抗震设计承载力乘以 0.8 计算］。

表 10 - 11　承载力抗震调整系数

| 材料 | 结构构件 | 受力状态 | $\gamma_{RE}$ |
|---|---|---|---|
| 钢 | 柱、梁、支撑、节点板件、螺栓、焊缝<br>柱、支撑 | 强度 | 0.75 |
| | | 稳定 | 0.80 |
| 砌体 | 两端均有构造柱、芯柱的抗震墙 | 受剪 | 0.9 |
| | 其他抗震墙 | 受剪 | 1.0 |
| 混凝土 | 梁 | 受弯 | 0.75 |
| | 轴压比小于 0.15 的柱 | 偏压 | 0.75 |
| | 轴压比不小于 0.15 的柱 | 偏压 | 0.80 |
| | 抗震墙 | 偏压 | 0.85 |
| | 各类构件 | 受剪、偏拉 | 0.85 |

注：当仅计算竖向地震作用时，各类结构构件承载力抗震调整系数均宜采用 1.0。

《建筑抗震设计规范（2016 年版）》（GB 50011—2010）各章有规定，凸出屋面小建筑、天窗架、高低跨厂房交接处的柱子、框架柱、底层框架－抗震墙结构的柱子、梁端和抗震墙底部加强部位等的地震作用效应，应乘以相应的效应调整系数 $\eta$。

2. 抗震变形验算的设计表达式

抗震设防 3 个水准的要求采用多遇地震作用下的层间弹性位移验算和结构薄弱层（部位）弹性层间位移的验算。

（1）多遇地震作用下的抗震变形验算表达式。
楼层内最大的弹性层间位移应符合下列要求。

$$\Delta\mu_e \leqslant [\theta_c]h \tag{10-20}$$

式中　$\Delta\mu_e$——多遇地震作用标准值产生的楼层内的最大弹性层间位移（计算时，除弯曲变形为主的高层建筑外，可不扣除结构整体弯曲变形；应计入扭转变形，各作用分项系数均应采用 1.0；钢筋混凝土结构构件的截面刚度可采用弹性刚度）；

$[\theta_c]$——弹性层间位移角限值，宜按表 10 - 12 采用；

$h$——计算楼层层高。

表 10 - 12　弹性层间位移角限值

| 结构类型 | $[\theta_c]$ |
|---|---|
| 钢筋混凝土框架 | 1/550 |
| 钢筋混凝土框架-抗震墙、板柱-抗震墙、框架-核心筒 | 1/800 |

续表

| 结构类型 | $[\theta_c]$ |
|---|---|
| 钢筋混凝土抗震墙、筒中筒 | 1/1000 |
| 钢筋混凝土框支层 | 1/1000 |
| 多层、高层钢结构 | 1/250 |

（2）罕遇地震作用下薄弱层的弹塑性变形验算表达式。

薄弱层的弹塑性层间位移应符合式（10-21）的要求。

$$\Delta\mu_p \leqslant [\theta_p]h \qquad (10-21)$$

式中　$[\theta_p]$——弹塑性层间位移角限值，可按表 10-13 采用［对钢筋混凝土框架结构，当轴压比小于 0.40 时，可提高 10%；当柱高的箍筋构造比《建筑抗震设计规范（2016 年版）》（GB 50011—2010）规定的最小配筋特征值大30%时，可提高 20%，但累计不超过 25%］；

　　　　$h$——薄弱层楼层高度或单层厂房上柱高度；

　　　　$\Delta\mu_p$——罕遇地震作用下薄弱层的弹塑性层间位移。

**表 10-13　弹塑性层间位移角限值**

| 结构类型 | $[\theta_p]$ |
|---|---|
| 单层钢筋混凝土柱排架 | 1/30 |
| 钢筋混凝土框架 | 1/50 |
| 底部框架砖房中的框架—抗震墙 | 1/100 |
| 钢筋混凝土框架—抗震墙、板柱—抗震墙、框架—核心筒 | 1/100 |
| 钢筋混凝土抗震墙、筒中筒 | 1/120 |
| 多、高层钢结构 | 1/50 |

弹塑性层间位移可按式（10-22）计算。

$$\Delta\mu_p = \eta_p \Delta\mu_e \qquad (10-22)$$

式中　$\Delta\mu_e$——罕遇地震作用下按弹性分析的层间位移；

　　　　$\eta_p$——弹塑性层间位移增大系数（当薄弱层的屈服强度系数不小于相邻层该系数平均值的 0.8 时，可按表 10-14 采用；当不大于该平均值的 0.5 时，可按表内相应数值的 1.5 倍采用；其他情况采用内插法取值）。

**表 10-14　弹塑性层间位移增大系数**

| 结构类型 | 总层数 n 或部位 | 楼层屈服强度系数 $\xi_y$ | | |
|---|---|---|---|---|
| | | **0.5** | **0.4** | **0.3** |
| 多层均匀框架结构 | 2～4 | 1.30 | 1.40 | 1.60 |
| | 5～7 | 1.50 | 1.65 | 1.80 |
| | 8～12 | 1.80 | 2.00 | 2.20 |

续表

| 结构类型 | 总层数 n 或部位 | 楼层屈服强度系数 $\xi_y$ | | |
|---|---|---|---|---|
| | | 0.5 | 0.4 | 0.3 |
| 单层厂房 | 上柱 | 1.30 | 1.60 | 2.00 |

注：楼层屈服强度系数是按构件实际配筋和材料强度标准值计算的楼层受剪承载力和按罕遇地震作用标准值计算的楼层弹性地震剪力的比值；对排架柱，指按实际配筋面积、材料强度标准值和轴向力计算的正截面受弯承载力与罕遇地震作用标准值计算的弹性地震弯矩的比值。

# 本 章 小 结

本章介绍了以概率理论为基础的极限状态设计法。对于所有设计状况均应进行承载能力极限状态设计；对持久设计状况尚应进行正常使用极限状态设计，并宜进行耐久性极限状态设计；对短暂设计状况和地震设计状况可根据需要进行正常使用极限状态设计；对偶然设计状况可不进行正常使用极限状态和耐久性极限状态设计。

以结构设计的目标为基础，分别简述了根据预先给定的目标可靠指标及各基本变量的统计特征，通过可靠度计算式反求结构构件抗力，然后进行构件截面设计的直接概率设计法。

在实际结构设计中采取：①计算荷载效应时，取足够大的荷载；多种荷载作用时考虑荷载的合理组合；②在计算结构构件抗力时，取足够低的强度指标；③对安全等级不同的建筑结构，采用一个重要性系数来进行调整而不必进行繁杂的概率运算，同时，考虑到工程结构设计人员长期以来习惯于采用基本变量的标准值和各种系数进行结构设计，而且在可靠度理论上也已建立了分项系数的确定方法，把以可靠指标表示的极限状态方程转化为以基本变量和相应的分项系数表示的极限状态设计表达式。

# 思 考 题

1. 什么是结构的设计状况？包括哪几种？各需进行何种极限状态设计？
2. 结构的设计基准期和设计使用年限是否相同？为什么？
3. 怎样确定结构构件设计的目标可靠指标？
4. 什么是结构的设计使用年限？与结构使用寿命有何不同？
5. 试说明可变荷载的标准值与准永久值、组合值之间的关系。
6. 直接概率设计法的基本思路是什么？
7. 在概率极限状态的实用设计表达式中，如何体现结构的安全等级和目标可靠指标？
8. 结构抗震三水准是什么？简述结构抗震验算设计表达式。

# 习 题

1. 已知某钢拉杆，其抗力和荷载的统计参数为 $\mu_N = 237\text{kN}$，$\sigma_N = 19.8\text{kN}$，$\delta_R =$

$0.07$，$K_R=1.12$，且轴向拉力 $N$ 和截面承载力 $R$ 都服从正态分布。当目标可靠指标 $[\beta]=3.7$ 时，不考虑截面尺寸变异的影响，求结构抗力的标准值。

2. 钢筋混凝土轴心受压短柱，截面尺寸为 $b\times h=300\text{mm}\times500\text{mm}$，配有 HRB335 钢筋，$A_s=1964\text{mm}^2$。设荷载服从正态分布，轴力 $N$ 平均值 $\mu_N=1800\text{kN}$，变异系数 $\delta_N=0.10$。钢筋屈服强度 $f_y$ 服从正态分布，其平均值 $\mu_{f_y}=380\text{N/mm}^2$，变异系数 $\delta_{f_y}=0.06$。混凝土轴心抗压强度 $f_c$ 也服从正态分布，其平均值 $\mu_{f_c}=24.80\text{N/mm}^2$，变异系数 $\delta_{f_c}=0.20$。不考虑结构尺寸的变异和计算模式的不准确性，试计算该短柱的可靠指标 $\beta$。

3. 受永久荷载 $q$ 作用的钢筋混凝土拱，其拉杆轴力 $N=ql^2/(8f)$，其中 $l=15\text{m}$，$f=3\text{m}$。钢筋混凝土拉杆截面尺寸为 $b\times h=250\text{mm}\times200\text{mm}$。设永久荷载为正态分布，平均值 $\mu_q=14\text{kN/m}$，变异系数 $\delta_q=0.07$；钢材屈服强度 $f_y$ 为正态分布，平均值 $\mu_{f_y}=374\text{kN/m}$，变异系数 $\delta_{fy}=0.08$。目标可靠指标为 3.2，不考虑结构尺寸的变异和计算公式精度的不准确性，求此拉杆的配筋面积。

4. 一简支板，板跨 $L_0=4\text{m}$，荷载的标准值：永久荷载（包括板自重）$g_k=10\text{kN/m}$，楼板活荷载 $q_k=2.5\text{kN/m}$，结构安全等级为二级，试求简支板跨中截面荷载效应设计值 $M$。

5. 当习题 2 中荷载的准永久值系数为 0.5 时，求按正常使用极限状态设计时板跨中截面荷载效应的标准组合和准永久组合弯矩值。

# 参 考 文 献

[1] 白国梁. 荷载与结构设计方法[M]. 北京：高等教育出版社，2003.

[2] 白晓红. 荷载与结构设计方法[M]. 北京：中国建材工业出版社，2017.

[3] 陈基发，沙志国. 建筑结构荷载设计手册. [M]. 2 版. 北京：中国建筑工业出版社，2004.

[4] 高谦，吴顺川，万林海，等. 土木工程可靠性理论及其应用[M]. 中国建材工业出版社，2007.

[5] 贡金鑫. 工程结构可靠度计算方法[M]. 大连：大连理工大学出版社，2003.

[6] 胡卫兵，何建. 高层建筑与高耸结构抗风计算及风振控制[M]. 北京：中国建材工业出版社，2003.

[7] 柳炳康. 荷载与结构设计方法[M]. 武汉：武汉理工大学出版社，2003.

[8] 沈蒲生. 混凝土结构设计[M]. 5 版. 北京：高等教育出版社，2020.

[9] 武清玺. 结构可靠性分析及随机有限元法[M]. 北京：机械工业出版社，2005.

[10] 许成祥，何培玲. 荷载与结构设计方法[M]. 2 版. 北京：北京大学出版社，2012.

[11] 张建仁，刘扬，许福友，等. 结构可靠度理论及其在桥梁工程中的应用[M]. 北京：人民交通出版社，2003.

[12] 张新培. 建筑结构可靠度分析与设计[M]. 北京：科学出版社，2001.

[13] 赵国藩，金伟良，贡金鑫. 结构可靠度理论[M]. 北京：中国建筑工业出版社，2000.

[14] 赵阳，方有珍，孙静怡. 荷载与结构设计方法[M]. 重庆：重庆大学出版社，2001.

[15] 李国强，黄宏伟，郑步全. 工程结构荷载与可靠度设计原理[M]. 2 版. 北京：中国建筑工业出版社，2002.